"十四五"高等教育学校教材

先进制造理论研究与工程技术系列/电气工程及其自动化系列

电气控制与可编程
控制器实用技术

主　编　包建华　金　鑫
副主编　宋聚明

哈爾濱工業大學出版社

内 容 简 介

本书在编写过程中力求做到以实际工程应用和便于教学为目标,介绍电气控制技术和可编程控制器的原理及应用技术。本书在电气控制技术方面着重介绍常用低压电器、电气控制的基本环节和典型电气控制线路,阐述电气控制分析和设计的一般方法;在可编程控制器技术方面主要介绍三菱 FX$_{3U}$ 系列 PLC 的工作原理、硬件结构、指令系统、编程方法、控制系统设计和综合应用。

本书注重内容的先进性和实用性,每章配有大量的例题和适量的习题,图文并茂,便于教学和自学。每章开头都撰写了一个内容提要模块,便于读者把握该章重难点知识和知识点间的内在逻辑关系。本书所述综合控制系统设计以编者自主研发的 PLC 综合实验实训装置为平台,所有应用实例都通过软硬件调试以保证正确运行,突出工程应用能力的训练和培养。

本书可作为高等院校自动化、电气工程及其自动化、机器人工程、机械设计制造及其自动化、机械电子工程等相关专业的教材,也可作为工程技术人员更新知识结构和进行技术开发的参考用书。

图书在版编目(CIP)数据

电气控制与可编程控制器实用技术/包建华,金鑫
主编. —哈尔滨:哈尔滨工业大学出版社,2024.2
(先进制造理论研究与工程技术系列)
ISBN 978-7-5767-1203-2

Ⅰ.①电…　Ⅱ.①包…②金…　Ⅲ.①电气控制 ②可编程序控制器　Ⅳ.①TM571.2 ②TM571.6

中国国家版本馆 CIP 数据核字(2024)第 020915 号

策划编辑　王桂芝
责任编辑　周一疃
出版发行　哈尔滨工业大学出版社
社　　址　哈尔滨市南岗区复华四道街 10 号　邮编 150006
传　　真　0451-86414749
网　　址　http://hitpress.hit.edu.cn
印　　刷　辽宁新华印务有限公司
开　　本　787 mm×1 092 mm　1/16　印张 18.75　字数 468 千字
版　　次　2024 年 2 月第 1 版　2024 年 2 月第 1 次印刷
书　　号　ISBN 978-7-5767-1203-2
定　　价　59.80 元

前　言

　　电气控制与可编程控制器起源于同一体系,在理论和应用上是一脉相承的,只是所处的发展阶段不同。因此,本书将电气控制与可编程控制器的技术合在一起编写,能够更好地体现出它们之间的内在联系,也更利于对可编程控制器技术的学习理解和工程应用。

　　可编程控制器是集计算机技术、自动化技术、通信技术于一体的通用工业控制装置,在工业控制的各个领域得到了广泛应用。近年来,可编程控制器技术发展异常迅猛,各生产厂家也推出了许多功能强大的新型 PLC。本书以小型 PLC 为蓝本,以目前三菱电机公司主流小型 FX$_{3U}$ 系列第三代可编程控制器为机型进行介绍。本书讲解内容注重基础性和典型性,理论紧密联系实际,突出应用,在内容阐述上力求语言表述准确和简明。本书图文并茂、通俗易懂,便于教学和自学。

　　本书由两部分组成。第一篇为电气控制技术(第 1、2 章),介绍电气控制中常用的低压电器和典型电气控制线路,为可编程控制器技术的学习奠定必要的基础;第二篇为可编程控制器实用技术(第 3~9 章),介绍可编程控制器的组成和工作原理,三菱 FX 系列可编程控制器,FX$_{3U}$ 系列 PLC 的基本指令、步进指令及编程,FX$_{3U}$ 系列 PLC 的功能指令及应用,GX Works2 编程软件的使用,FX$_{3U}$ 系列 PLC 的特殊功能模块和通信网络,三菱 FX$_{3U}$ 系列 PLC 控制系统设计和综合应用。书末附有三个附录,分别给出了低压电器产品型号编制方法、FX$_{3U}$ 系列 PLC 的特殊软元件和 FX 系列 PLC 功能指令汇总表。

　　本书可作为高等学校自动化、电气工程及其自动化、机器人工程、机械设计制造及其自动化、机械电子工程等相关专业的教材,也可作为工程技术人员更新知识结构和进行技术开发的参考用书。

　　本书由江苏师范大学电气工程及自动化学院包建华、金鑫担任主编,宋聚明担任副主编。包建华编写了第 3 章、第 4 章、第 5 章和第 7 章,金鑫编写了第 1 章、第 2 章和第 6 章,宋聚明编写了第 8 章和第 9 章。江苏师范大学科文学院的仝瑶瑶、常莹莹、王启斌参与了第 1 章、第 2 章插图的校核和书中实验程序的验证工作。全书由包建华统稿。

　　在确定本书编写提纲的过程中,刘海宽教授、胡福年教授、张兴奎副教授和杜星瀚博士给出了一些好的建议和思路,在此表示衷心的感谢。

　　限于编者水平,书中难免存在疏漏及不足之处,恳请广大读者批评指正!

编　者

2023 年 11 月

目　　录

第一篇

电气控制技术

第1章 常用低压电器

低压电器在低压供电配电系统、电力拖动系统和自动控制系统中都起着非常重要的作用，也是组成成套电气设备的基础元件，是电气控制的基础。本章主要介绍常用低压电器的组成结构、工作原理、技术参数和选型规则，为电气工程设计打下基础。

1.1 低压电器概述

根据国家现行标准规定，低压电器是指工作在交流 50 Hz 或 60 Hz、额定电压为 1 000 V 及以下、直流额定电压为 1 500 V 及以下的各种电器。在我国的电力用户中，最常用的电压等级为三相交流电压 380 V，在一些特定行业环境下会使用其他电压等级。直流常用的电压等级有 110 V、220 V 和 440 V，主要用于动力；而 6 V、12 V、24 V 和 36 V 主要用于控制。

1.1.1 低压电器分类

低压电器有很多分类方法，根据工作原理和用途主要分为以下几种。

1. 按工作原理分类

（1）电磁式电器。

电磁式电器是指依据电磁感应原理来工作的电器，如交流接触器、直流接触器、中间继电器等，如图 1.1 所示。

(a) 交流接触器　　　　　　(b) 直流接触器　　　　　　(c) 中间继电器

图 1.1　电磁式电器

（2）非电量控制电器。

非电量控制电器是指靠外力或某种非电物理量的变化而动作的电器，如刀开关、行程开关、按钮、速度继电器、液位继电器、热继电器等，如图 1.2 所示。

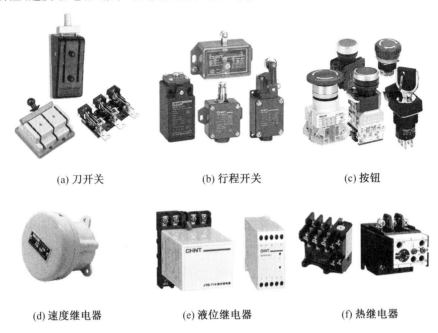

　　(a) 刀开关　　　　　　　　(b) 行程开关　　　　　　　　(c) 按钮

　　(d) 速度继电器　　　　　(e) 液位继电器　　　　　　(f) 热继电器

图 1.2　　非电量控制电器

本书将从应用角度介绍各种控制电器的主要性能、结构特点及基本用法，而非着重于控制电器的设计原理和结构上的细节。读者在学习中应尽量结合生产实践或观看实物，以增加感性认识。

2. 按用途分类

（1）控制电器。

控制电器是指用于各种控制电路和控制系统的电器，如接触器、继电器、起动器等，如图 1.3 所示。

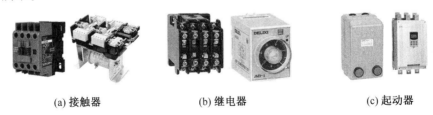

　　(a) 接触器　　　　　　　(b) 继电器　　　　　　　(c) 起动器

图 1.3　　控制电器

（2）主令电器。

主令电器是指用于自动控制系统中发送控制指令的电器，如控制按钮、主令开关、行程开关、转换开关等，如图 1.4 所示。

|(a) 控制按钮|(b) 主令开关|(c) 行程开关|(d) 转换开关|

图 1.4　主令电器

（3）保护电器。

保护电器是指用于保护用电设备的电器,如熔断器、热继电器、避雷器等,如图 1.5 所示。

(a) 熔断器　　　　　　(b) 热继电器　　　　　　(c) 避雷器

图 1.5　保护电器

（4）执行电器。

执行电器是指用于完成某种动作或传动功能的电器,如电磁铁、电磁阀、电磁离合器、电磁制动器等,如图 1.6 所示。

(a) 电磁铁　　　(b) 电磁阀　　　(c) 电磁离合器　　　(d) 电磁制动器

图 1.6　执行电器

1.1.2　低压电器基础知识

低压电器一般由两个部分组成,即感测部分和执行部分。感测部分负责感知外界信号的变化,进行有规律的动作;执行部分负责根据外界变化产生相应动作,实现电路的通断。使用最多的低压电器是电磁式的,下面主要介绍电磁式低压电器的基础知识。

1. 电磁机构

电磁机构的主要作用是将电磁能转化为机械能,从而带动触头动作,进而接通或断开电路。电磁机构的结构形式如图1.7所示,电磁机构由衔铁(动铁芯)、铁芯(静铁芯)和线圈三部分组成,当线圈流过的电流达到一定值时,将产生足够强的磁场,衔铁在磁场作用下克服弹簧阻力,产生位移,进而带动触点运动,实现对电路的通断控制。

在交流电磁机构中,为避免线圈中交流电流过零时造成衔铁抖动,需要在电磁机构铁芯端部开槽嵌入一个金属短路环,使之在电流过零时产生叠加磁场,进而保持衔铁可靠动作,消除电流过零时产生的抖动。

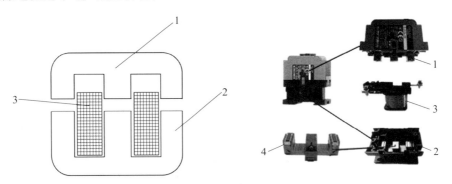

图1.7 电磁机构的结构形式
1— 衔铁;2— 铁芯;3— 线圈;4— 短路环

2. 触头系统

触头系统如图1.8所示。触头是有触点电器的执行部分,其通过触头的闭合、断开来控制电路接通和分断。因此,要求触头导电、导热性能良好。根据接触面积和通断电流的大小关系进行区分,触头的结构形式有桥式和指式两种,通常桥式触头所流过的电流小于指式触头所流过的电流。

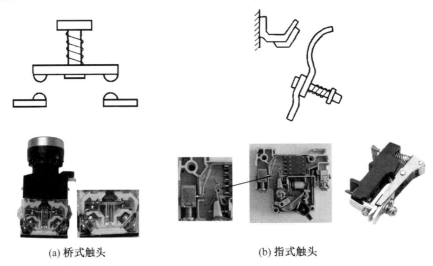

(a) 桥式触头   (b) 指式触头

图1.8 触头系统

3. 灭弧系统

触点从接通到断开的过程中,电流在大于 80 mA 时,触头间的空气会被电离而产生蓝色电弧。电弧的高温会加速触头表面的氧化和电气绝缘材料的老化,也可能产生飞弧,造成电源短路事故、附近设备损毁甚至人员伤害。常见的灭弧措施有利用电流在磁场中受力的原理将电弧拉长直至拉断的磁吹式灭弧,还有在电弧产生路径中插入绝缘介质或改变触头表面材料等方法。灭弧系统的具体形式有灭弧罩、灭弧栅和磁吹式灭弧装置等,如图 1.9 所示。

  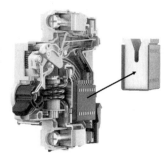

(a) 灭弧罩　　　　　　　　(b) 灭弧栅　　　　　　　(c) 磁吹式灭弧装置

图 1.9　灭弧系统

1.1.3　常用国产低压电器的命名规则

为便于了解低压电器产品型号、文字符号和各种低压电器的特点,根据我国《低压电器产品型号编制方法》(JB/T 2930—2007)(参见附录 A),将低压电器分为 15 大类。产品的类组代号用两位或三位汉语拼音字母表示:第一位为类别代号;第二、三位为组别代号,代表产品名称。本章介绍的常用国产低压电器包括刀开关、熔断器、断路器、接触器、控制继电器和主令电器。下面给出这几种常用国产低压电器的命名规则。

(1) 刀开关 H。

刀开关命名格式如图 1.10 所示。

 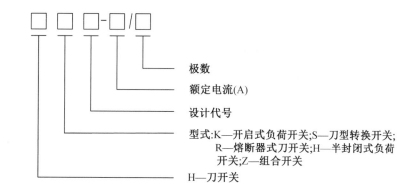

HK2–63/2
开启式刀开关

极数

额定电流(A)

设计代号

型式:K—开启式负荷开关;S—刀型转换开关;
　　　R—熔断器式刀开关;H—半封闭式负荷
　　　开关;Z—组合开关

H—刀开关

图 1.10　刀开关命名格式

（2）熔断器 R。

熔断器命名格式如图 1.11 所示。

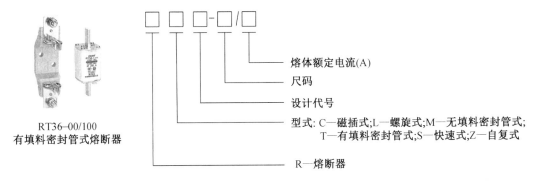

RT36—00/100
有填料密封管式熔断器

熔体额定电流(A)

尺码

设计代号

型式: C—磁插式;L—螺旋式;M—无填料密封管式;
T—有填料密封管式;S—快速式;Z—自复式

R—熔断器

图 1.11　熔断器命名格式

（3）断路器 D。

断路器命名格式如图 1.12 所示。

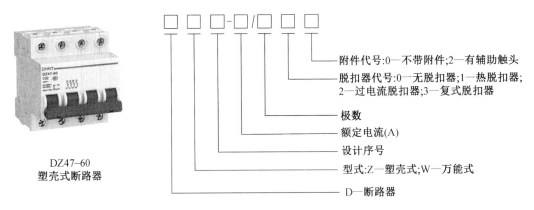

DZ47—60
塑壳式断路器

附件代号:0—不带附件;2—有辅助触头

脱扣器代号:0—无脱扣器;1—热脱扣器;
2—过电流脱扣器;3—复式脱扣器

极数

额定电流(A)

设计序号

型式:Z—塑壳式;W—万能式

D—断路器

图 1.12　断路器命名格式

（4）接触器 C。

接触器命名格式如图 1.13 所示。

（5）控制继电器 J。

控制继电器命名格式如图 1.14 所示。

（6）主令电器 L。

主令电器命名格式如图 1.15 所示。

CJ20-10
交流接触器

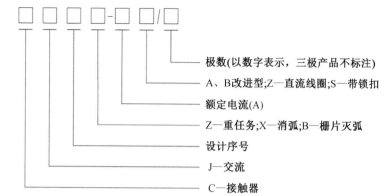

极数(以数字表示,三极产品不标注)

A、B改进型;Z—直流线圈;S—带锁扣

额定电流(A)

Z—重任务;X—消弧;B—栅片灭弧

设计序号

J—交流

C—接触器

CZ40-20
直流接触器

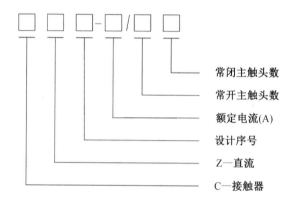

常闭主触头数

常开主触头数

额定电流(A)

设计序号

Z—直流

C—接触器

图 1.13　接触器命名格式

JSZ6-2 通电延时型时间继电器

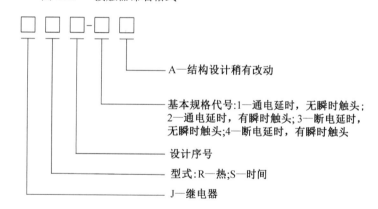

A—结构设计稍有改动

基本规格代号:1—通电延时,无瞬时触头;
2—通电延时,有瞬时触头;3—断电延时,
无瞬时触头;4—断电延时,有瞬时触头

设计序号

型式:R—热;S—时间

J—继电器

图 1.14　控制继电器命名格式

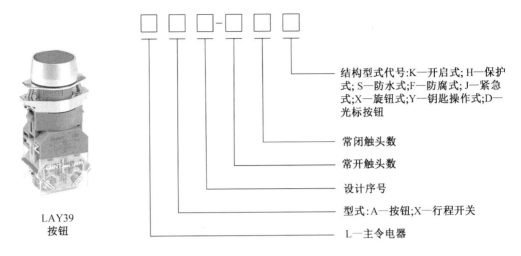

图 1.15　　主令电器命名格式

1.1.4　低压电器发展现状

低压电器的发展取决于国民经济发展和现代工业自动化发展的需要,以及新技术、新工艺、新材料的研究与应用水平。当今低压电器已经向高性能、高可靠性、电子化、智能化、现场总线技术,以及模块化、组合化等方向发展,具体特点如下。

（1）高性能。

额定短路分断能力和额定短时耐受电流进一步提高。

（2）高可靠性。

除满足较高的性能指标要求外,还可做到不降容使用,可以满容量长期使用而不会发生过热,从而实现安全运行。

（3）电子化。

现代化企业已经采用 PC 控制系统代替由电气机械元件组成的系统,PC 控制系统已成为机械电气控制系统的主流。这类系统要求电器产品具有高可靠性、高抗干扰性,还要求触点能可靠接通低电压、弱电流,触头断开时的电弧不能干扰电子电路的正常运行。

（4）智能化。

随着专用集成电路和高性能微处理器的出现,断路器实现了脱扣器的智能化,使断路器的保护功能大大加强,可实现过载长延时、短路短延时、短路瞬时、接地、欠压保护等功能,可以在断路器上或远程显示电压、电流、频率、有功功率、无功功率、功率因数等系统中运行参数,从而避免因高次谐波的影响而发生误动作。新型智能断路器如图 1.16 所示。

图 1.16　新型智能断路器

（5）现场总线技术。

新一代低压电器产品实现了可通信、网络化，能与多种开放式的现场总线连接，进行双向通信，从而实现电器产品的遥控、遥信、遥测、遥调功能。现场总线技术的应用不仅能对配电质量进行监控，减少损耗，而且能对同一区域电网中多台断路器实现区域联锁，实现配电保护自动化，进一步提高配电系统的可靠性。工业现场总线领域使用的总线有Profibus、Modbus、DeviceNet 等，其中 Modbus 和 Profibus 总线应用范围广泛。现场总线网络架构示意图如图 1.17 所示。

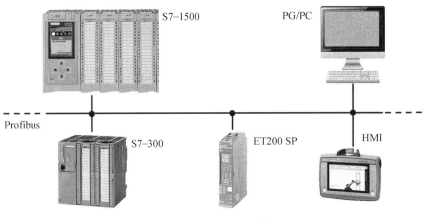

(a) 西门子Profibus现场总线

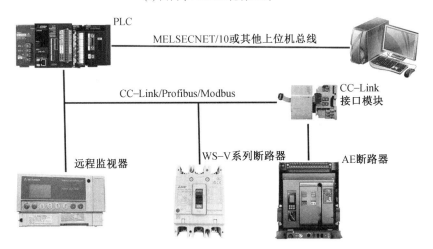

(b) 三菱WS系列可通信智能型断路器接入网络

图 1.17　　现场总线网络架构示意图

（6）模块化、组合化。

将不同功能的模块按不同的需求组合成模块化组合电器是当今低压电器行业的发展方向。例如，ABB 公司推出的 Tmax 系列塑壳断路器，其热磁式、电子式、电子可通信式脱扣器均可互换，附件全部采用模块化结构，不需要打开盖子就可以安装。通过在接触器的本体上加装辅助触头组件、延时组件、自锁组件、接口组件、机械联锁组件及浪涌电压组件等，可以适应不同场合的要求，从而扩大产品适用范围，简化生产工艺，方便用户安装、使用及维修。图 1.18 所示为安装有 ABB 公司 Tmax 塑壳断路器的配电箱外观。

随着国内电力建设水平的提高及低压电器生产技术的不断进步，以智能化、可通信为主要特征的新一代低压电器将成为高端应用产品。

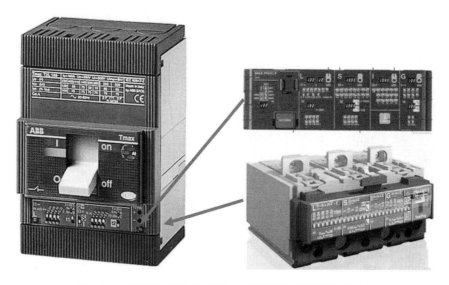

图 1.18 　安装有 ABB 公司 Tmax 塑壳断路器的配电箱外观

1.2 　典型低压电器

1.2.1 　开关电器

常用的开关电器有刀开关、转换开关、断路器等,它们广泛应用于配电线路中,用作电源的隔离、保护和控制。

1.刀开关

刀开关是一种手动电器,由操作手柄、触刀、静插座和绝缘底板组成。刀开关(开启式负荷开关)实物图如图 1.19 所示。刀开关按刀数可分为单极、双极和三极,其符号如图 1.20 所示。刀开关的主要技术参数有额定电压、额定电流、通断能力等。通断能力一般是指在规定条件下,能在额定电压下接通和分断的电流值。

刀开关安装注意事项:手柄要向上,避免可能因自身重力自动下落而引起误动作合闸;电源进线接上端,负载线接下端,这样拉闸后刀片与电源隔离,防止意外事故发生。

2. 转换开关

转换开关是一种多挡位、控制多回路的组合开关,用途广泛,又称万能开关。转换开关由动触头、静触头、转轴、手柄定位机构等组成。转换开关实物图如图 1.21 所示。转换开关常用于电气设备中非频繁通断的电路、转接电源和负载,控制小容量感应电动机。转换开关结构示意图如图 1.22 所示,其符号如图 1.23 所示。

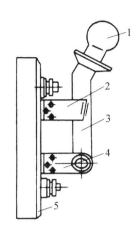

图 1.19　　刀开关(开启式负荷开关) 实物图

1— 操作手柄;2— 静插座;3— 触刀;4— 铰链;5— 绝缘底板

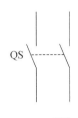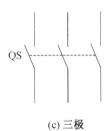

(a) 单极　　　　　　　　(b) 双极　　　　　　　　(c) 三极

图 1.20　　刀开关的符号

图 1.21　　转换开关实物图

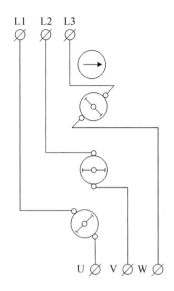

图 1.22 转换开关结构示意图

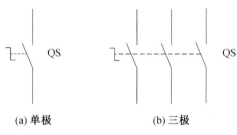

(a) 单极   (b) 三极

图 1.23 转换开关的符号

3. 断路器

断路器又称自动开关或空气开关,由触头、灭弧系统和各种脱扣器组成。脱扣器包括过电流脱扣器、欠电压脱扣器、热脱扣器、分励脱扣器和自由脱扣器等。断路器实物图如图 1.24 所示。断路器常用于低电压配电电路的不频繁通断控制,在电路发生短路、过载或欠电压一类故障时,能自动分断故障电路,起保护作用。断路器的主要技术参数有额定电压、额定电流、极数、脱扣器类型等。断路器工作原理及符号如图 1.25 所示。

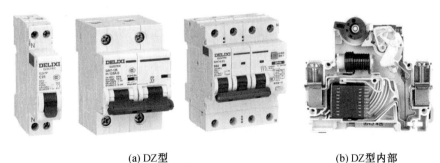

(a) DZ 型   (b) DZ 型内部

图 1.24 断路器实物图

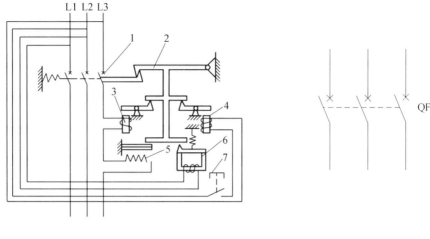

(a) 断路器工作原理　　　　　　　　　　　(b) 断路器的符号

图 1.25　　断路器工作原理及符号

1— 主触头;2— 自由脱扣机构;3— 过电流脱扣器;4— 分励脱扣器;5— 热脱扣器;

6— 欠电压脱扣器;7— 按钮

1.2.2　熔断器

熔断器是一种利用熔体熔化切断电路的保护电器,广泛应用于低压配电系统及用电设备中作为短路和过电流保护。熔断器主要由熔体、安装熔体的熔管和支座三部分组成。熔体是熔断器的核心,通常用低熔点的铅锡合金、锌、铜、银的丝状或片状材料制成,新型的熔体通常设计成灭弧栅状或具有变截面片状结构。熔断器实物图如图 1.26 所示。

电流通过熔体时产生的热量与电流的平方及电流通过的时间成正比,因此电流越大,熔体熔断的时间越短,这一特性称为熔断器的安秒特性,即熔断器的熔断时间与熔断电流的关系。熔断器的安秒特性曲线如图 1.27 所示。图 1.27 中,I_{min} 为最小熔化电流,即通过熔断器电流小于此电流时,熔断器不会熔断。熔体的额定电流 I_N 是熔体长期工作而不致熔断的电流,所选择的熔体额定电流 I_N 应小于 I_{min}。熔断器安秒特性数值关系见表 1.1。

(a) RT14型熔断器　　　(b) HDLRT0型熔断器　　　(c) HR3系列熔断器

图 1.26　熔断器实物图

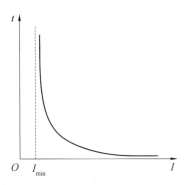

图 1.27　熔断器的安秒特性曲线

表 1.1　熔断器安秒特性数值关系

熔断电流	$1.25 \sim 1.3 I_N$	$1.6 I_N$	$2 I_N$	$2.5 I_N$	$3 I_N$	$4 I_N$
熔断时间	∞	1 h	40 s	8 s	4.5 s	2.5 s

熔断器的选择主要包括类型选择、额定电压选择和额定电流选择,其类型选择要根据线路要求、使用场合、安装条件来确定。熔断器的额定电压应大于或等于线路的工作电压。熔断器的额定电流大小与负载的大小及性质有关,对于阻性负载的短路电流保护应使熔断器的额定电流等于或略大于电路的工作电流。电容器设备中,电容器的电流是经常变化的。一般情况下,熔体的额定电流应是电容器额定电流的 1.6 倍。熔断器的符号如图 1.28 所示。

图 1.28　熔断器的符号

1.2.3　主令电器

主令电器是在自动控制系统中专用于发布控制指令的电器,其按作用分为控制按钮、位置开关和万能转换开关等。

1. 控制按钮

在低压控制电路中,控制按钮发布手动控制指令。控制按钮一般用红色表示停止按钮,绿色表示起动按钮。控制按钮实物图如图 1.29 所示。控制按钮结构示意图如图 1.30 所示,它由按钮帽、复位弹簧、触头和外壳等组成。操作时,将按钮帽向下按,桥式动触头就向下运动,先常闭静触头分断,再常开静触头接通。一旦操作人员的手指离开按钮帽,则在复位弹簧的作用下,先常开静触头分断,再常闭静触头闭合。控制按钮的符号如图 1.31 所示。

图 1.29　　控制按钮实物图

图 1.30　　控制按钮结构示意图

1— 按钮帽;2— 复位弹簧;3— 桥式动触头;4— 常闭静触头;5— 常开静触头

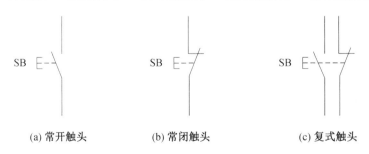

(a) 常开触头　　　　　　(b) 常闭触头　　　　　　(c) 复式触头

图 1.31　　控制按钮的符号

2. 位置开关

在电气控制系统中,位置开关用来实现顺序控制、定位控制和位置状态的检测。位置开关可分为行程开关、接近开关和光电开关等几种。

(1) 行程开关。

行程开关是一种利用生产机械的某些运动部件的碰撞来发出控制指令的主令电器,当行程开关用于位置保护时,其又称限位开关。从结构上看,行程开关由操作机构、触头系统和外壳三部分组成。选用行程开关时,应根据不同使用场合,满足额定电压、额定电流、复位方式等方面的要求。行程开关实物图如图 1.32 所示,其符号如图 1.33 所示。

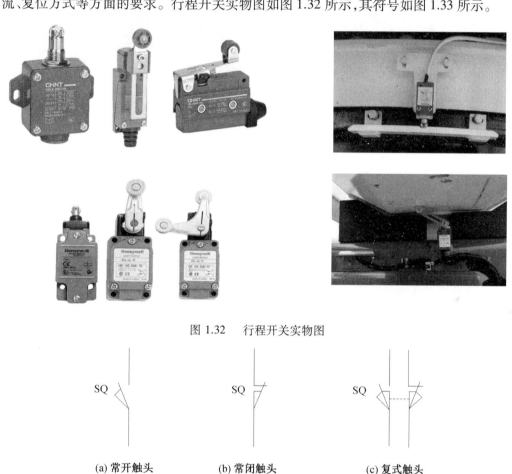

图 1.32   行程开关实物图

图 1.33   行程开关的符号

(a) 常开触头   (b) 常闭触头   (c) 复式触头

(2) 接近开关。

接近开关又称无触点行程开关,是一种以不直接接触方式进行控制的位置开关。它不仅能代替有触点行程开关来完成行程控制和限位保护等,还可用于高速计数、测速、检测零件尺寸等。接近开关由感应头、高频振荡器、放大器和外壳组成,其主要技术参数有工作电压、输出电流、动作距离等。接近开关实物图如图 1.34 所示,其符号如图 1.35 所示。接近开关的文字符号与行程开关相同。

图 1.34 接近开关实物图

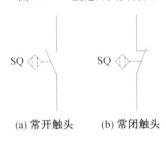

(a) 常开触头 　　(b) 常闭触头

图 1.35 接近开关的符号

（3）光电开关。

光电开关是光电传感器的俗称，其也是一种无触点位置开关，不仅能代替有触点的行程开关完成行程控制和限位保护，还可用于计数、测速和检测等。光电开关的主要技术指标有电源电压、检测距离、输出方式、响应时间、检测方式等。光电开关实物图如图 1.36 所示。

图 1.36 光电开关实物图

3. 万能转换开关

万能转换开关是一种多挡位、控制多回路的组合开关。LW6 系列万能转换开关由操作机构、面板、手柄及触头座等主要部件组成。万能转换开关实物图如图 1.37 所示。

图 1.38（a）所示为 LW6 系列万能转换开关中某一层的结构原理示意图。图 1.38（b）所示为图形表示法表示电路通断状况的一个实例。在 0 位时，1、3 两路接通；在左位时，仅

1 路导通;在右位时,仅 2 路导通。

(a) LW5型　　　　　　　　　(b) LW5型内部　　　　　　　　　(c) LW6型

图 1.37　万能转换开关实物图

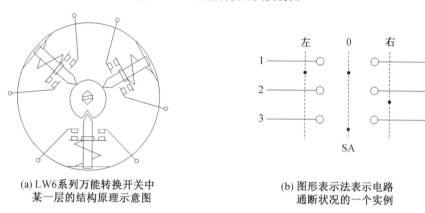

(a) LW6系列万能转换开关中　　　　　(b) 图形表示法表示电路
某一层的结构原理示意图　　　　　　通断状况的一个实例

图 1.38　万能转换开关

1.2.4　接触器

　　接触器是用来接通或切断电动机或其他负载主电路的一种控制电器,在电力拖动自动控制线路中被广泛应用。接触器具有动作迅速、控制容量大、使用安全方便、能频繁操作和远距离操作等优点,主要用作电动机、小型发电机、电热设备、电焊机和电容器组等各种设备的主控开关。接触器能接通和断开负载电流,但不能切断短路电流,因此其常与熔断器和热继电器等配合使用。交流接触器实物图如图 1.39 所示。

图 1.39　交流接触器实物图

　　接触器主要由电磁机构、触头系统、灭弧装置三部分组成。电磁机构包括线圈和铁芯,铁芯由静铁芯和动铁芯(即衔铁)组成。触头系统由主触头和辅助触头组成,主触头接在控制对象的主电路中控制其通断,辅助触头一般容量较小,用来切换控制电路。每对触头均由静触头和动触头共同组成,动触头与电磁机构的衔铁相连。当线圈通电后,产生的电磁力克服弹簧的反作用力,将衔铁吸合并使动、静触头接触,从而接通主电路。当线圈断电时,由于电磁吸力消失,因此衔铁依靠弹簧的反作用力而跳开,动触头和静触头也随之分离,切断主电路。接触器按其主触头控制的电路中电流种类分类,有交流接触器和直流接触器两大类型。

接触器的主要技术参数如下。

(1) 额定电压。指主触头的额定电压。

(2) 额定电流。指主触头的额定电流。

(3) 吸引线圈的额定电压。

(4) 额定操作频率。指每小时允许的操作次数。

(5) 机械寿命和电气寿命。接触器是频繁操作的电器,应有较长的机械寿命和电气寿命。

接触器的符号如图 1.40 所示。

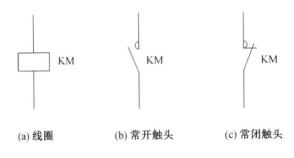

　　(a) 线圈　　　　　　(b) 常开触头　　　　　(c) 常闭触头

图 1.40　　接触器的符号

1.2.5　继电器

继电器是一种根据特定形式的输入信号而动作的自动控制电器,其输入量可以是电流电压等电量,也可以是温度、时间、速度、压力等非电量,而输出则是触头的动作或电路参数的变化。

继电器的种类很多,按输入信号的性质可分为电压继电器、电流继电器、时间继电器、温度继电器、速度继电器、压力继电器等;按工作原理可分为电磁式继电器、感应式继电器、电动式继电器、热继电器、电子式继电器等。

其中,电磁式继电器的结构及工作原理与接触器类似,也是由电磁机构和触头系统构成的,但没有灭弧装置,其主要区别在于以下几点。

(1) 继电器的触头容量一般不会超过 10 A,小型继电器的触头容量一般只有 1 A 或 2 A;接触器的触头容量最小也有 10 A 到 20 A。因此,继电器用来切换小电流的控制电路和保护电路,而接触器则用来控制大电流的电路。

(2) 接触器的触头通常有三个主触头,另外还有若干个辅助触头;继电器的触头一般不分主辅,而且数量较多。

（3）继电器可以对多种输入量的变化做出反应；接触器只在一定的电压信号下动作。

电磁式继电器包括电压继电器、电流继电器和中间继电器，其符号如图 1.41 所示。电压继电器的文字符号为 KV，电流继电器的文字符号为 KI，中间继电器的文字符号为KA。电压继电器和电流继电器实物图如图 1.42 所示。

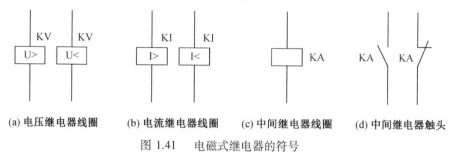

(a) 电压继电器线圈　　　　(b) 电流继电器线圈　　　(c) 中间继电器线圈　　　(d) 中间继电器触头

图 1.41　　电磁式继电器的符号

(a) 电压继电器　　　　　　　　(b) 电流继电器

图 1.42　　电压继电器和电流继电器实物图

下面对几种应用较多的继电器进行说明。

1. 中间继电器

中间继电器是电磁式继电器的一种，它实质上是电压继电器，触头对数多，触头容量较大（额定电流为 5 ~ 10 A），动作灵敏度高。中间继电器主要起信号中继作用，其实物图如图 1.43 所示。

图 1.43　　中间继电器实物图

2. 时间继电器

时间继电器是一种利用电磁原理或机械动作原理实现触头延时接通或断开的自动控制电器,经常用于按时间原则进行控制的场合。时间继电器实物图如图 1.44 所示。时间继电器按动作原理分,可分为直流电磁式时间继电器、空气阻尼式时间继电器、电动式时间继电器和电子式时间继电器等几种。

图 1.44　时间继电器实物图

(1)直流电磁式时间继电器。

直流电磁式时间继电器仅能做断电延时,延时时间一般不超过 5 s。

(2)空气阻尼式时间继电器。

空气阻尼式时间继电器既可以做成通电延时型,也可以做成断电延时型,其结构简单、延时范围大、寿命长、价格低。但空气阻尼式时间继电器的延时误差大,无调节刻度显示,一般适用于延时精度要求不高的场合。

(3)电动式时间继电器。

电动式时间继电器有通电延时和断电延时两种,延时时间宽(0 ~ 72 h),但机械结构复杂,价格贵。

(4)电子式时间继电器。

电子式时间继电器体积小、延时范围宽、使用寿命长。

在选用时间继电器时,首先应考虑满足控制系统所提出的工艺要求和控制要求,并应根据对延时方式的要求选用通电延时型或断电延时型。同时,选用时除考虑延时范围和精确度外,还要考虑控制系统对可靠性、经济性和工艺安装尺寸等提出的要求。时间继电器的符号如图 1.45 所示。

3. 热继电器

热继电器是利用电流的热效应原理实现电动机过载保护的自动控制电器。热继电器主要由热元件、双金属片和触头系统等构成,双金属片是热继电器的感测元件,它由两种不同线膨胀系数的金属机械碾压而成。热继电器实物图如图 1.46 所示,其结构示意图如图 1.47 所示,其符号如图 1.48 所示。

工作时,热继电器的热元件串接在电动机定子绕组中,电动机正常工作时,热元件产生的热量虽然能使双金属片弯曲,但不能使热继电器动作。当电动机过载时,流过热元件的电流增大,经过一定时间后,双金属片推动导板使热继电器触头动作,切断电动机的控制线路。

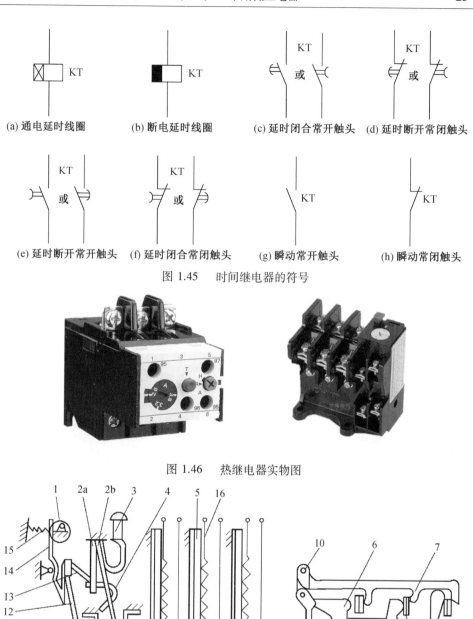

(a) 通电延时线圈　　(b) 断电延时线圈　　(c) 延时闭合常开触头　(d) 延时断开常闭触头

(e) 延时断开常开触头　(f) 延时闭合常闭触头　(g) 瞬动常开触头　　(h) 瞬动常闭触头

图 1.45　时间继电器的符号

图 1.46　热继电器实物图

(a) 结构示意图　　　　　　　　(b) 差动式断相保护示意图

图 1.47　热继电器的结构示意图

1—电流调节凸轮;2a、2b—簧片;3—手动复位按钮;4—弓簧;5—主双金属片;6—外导板;
7—内导板;8—常闭静触头;9—动触头;10—杠杆;11—复位调节螺钉;12—补偿双金属片;
13—推杆;14—连杆;15—压簧;16—热元件

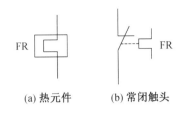

(a) 热元件　　　　(b) 常闭触头

图 1.48　热继电器的符号

电动机的断相运行是电动机烧毁的主要原因之一。因此,要求热继电器还应具备断相保护功能,如图 1.47(b) 所示。热继电器的导板采用差动机构,在断相工作时,其中两相电流增大,一相逐渐冷却,这样可使热继电器的动作时间缩短,以便更有效地保护电动机。

4. 速度继电器

速度继电器又称反接制动继电器,主要用作笼型异步电动机的反接制动控制。速度继电器主要由转子、定子和触头三部分组成。速度继电器实物图如图 1.49 所示,其结构示意图如图 1.50 所示,其符号如图 1.51 所示。转子是一个圆柱形永久磁铁;定子是一个笼型空心圆柱,由硅钢片叠成,并装有笼型绕组。

图 1.49　速度继电器实物图

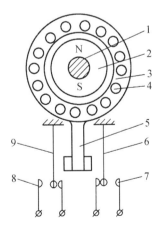

图 1.50　速度继电器的结构示意图

1— 转轴;2— 转子;3— 定子;4— 绕组;5— 摆锤;6、9— 簧片;7、8— 静触头

(a) 转子　　　　　(b) 常开触头　　　　(c) 常闭触头

图 1.51　速度继电器的符号

速度继电器转子的轴与被控电动机的轴相连接,定子空套在转子上。当电动机转动时,速度继电器的转子随之转动,定子内的闭环导体便切割磁场,产生感应电动势,从而产生电流,此电流与旋转的转子磁场作用产生转矩,于是定子开始转动,当转到一定角度时,装在定子轴上的摆锤推动簧片(动触片) 动作,使常闭触头分断,常开触头闭合。当电动机转速低于某一数值时,定子产生的转矩减小,触头在簧片作用下复位。

5. 固态继电器

随着微电子和功率电子技术的发展,现代自动化控制设备中新型的以弱电控制强电的电子器件应用越来越广泛。固态继电器(solid state relay,SSR) 是由微电子电路、分立电子器件和电力电子功率器件组成的无触点开关,其用隔离器件实现了控制端与负载端的隔离。固态继电器的输入端用微小的控制信号达到直接驱动大电流负载的目的。固态继电器实物图如图 1.52 所示。

图 1.52　固态继电器实物图

用户在选用固态继电器时应对被控负载的浪涌特性进行分析,然后选择相应继电器,使所选继电器在保证稳态工作前提下能够承受这个浪涌电流。固态继电器的符号如图 1.53 所示。

图 1.53　固态继电器的符号

1.2.6　编码器

编码器是一种将旋转位移转换成一串数字脉冲信号的旋转式传感器,这些脉冲能用来控制角位移。如果编码器与齿轮条或螺旋丝杠结合在一起,也可用于测量直线位移。按照工作原理,编码器可分为增量式编码器和绝对式编码器两种类型。增量式编码器将位移转换成周期性的电信号,再把这个电信号转变成计数脉冲,用脉冲的个数表示位移的大小;绝对式编码器的每一个位置对应一个确定的数字码,因此它的示值只与测量的起始和终止位置有关,而与测量的中间过程无关。

编码器选型时一般根据其分辨率进行选择,分辨率即编码器工作时每圈输出的脉冲数,需要注意编码器的分辨率是否满足设计使用精度要求。编码器由一个中心有轴的光电码盘组成,其上有环形通、暗的刻线,由光电发射和接收器件读取,获得脉冲信号。光电编码器实物图如图 1.54 所示,其原理图如图 1.55 所示。

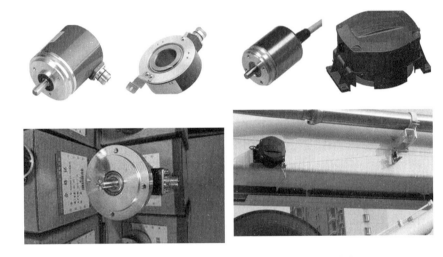

(a) 增量式编码器　　　　　　　　　　(b) 绝对式编码器

图 1.54　光电编码器实物图

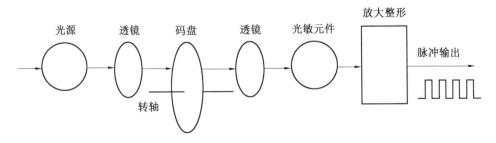

图 1.55　光电编码器原理图

1.2.7 开关电源

开关电源是利用现代电力电子技术控制开关管开通和关断的时间比率,维持稳定输出电压的一种电源。开关电源实物图如图 1.56 所示。随着电力电子技术的发展和创新,开关电源技术也在不断进步。目前,开关电源以其小型、轻量和高效率的特点而被广泛应用于几乎所有的电子设备中,是当今电子信息产业飞速发展不可缺少的一种电源方式。

开关电源可分为 AC/DC 和 DC/DC 两大类。开关电源产品广泛应用于工业自动化控制、军工设备、科研设备、LED 照明、通信设备、电力设备、仪器仪表、医疗设备、半导体制冷制热、空气净化器、液晶显示器、视听产品、安防监控、数码产品等领域。

图 1.56 开关电源实物图

思 考 题

1.1 什么是低压电器,按用途如何分类?

1.2 常用典型控制电器有哪几种? 画出它们的图形并标出文字符号。

1.3 什么是主令电器? 常用的主令电器有哪些?

1.4 接触器由哪几部分组成,其主要作用是什么?

1.5 常用的灭弧方法有哪些?

1.6 某接触器型号为 CZ20 - 15,此接触器属于交流还是直流? 此类接触器接入错误类型的电流会发生什么问题?

1.7 电压继电器和电流继电器在电路中各起什么作用? 它们的线圈和触点各接于什

么电路中?

1.8 在电动机控制回路中,热继电器和熔断器各起什么作用? 二者是否能够互相替换,为什么?

1.9 固态继电器与接触器相比有什么优势?

第2章 电气控制线路

具有特定功能的电气控制线路由按钮、开关、接触器、继电器等低压电器组成,具有线路原理简单、易于掌握以及施工、调试、检修方便等诸多优点,在传统机械设备和简易电气控制领域中得到了广泛应用。本章遵循电气各类图纸设计的相关国家标准,重点介绍三相异步电动机的基本控制线路,以及几类典型功能电路的原理和设计方法,为后续理解和学习可编程控制器技术奠定基础。

2.1 电气控制线路图概述

2.1.1 电气控制线路图的类型

电气控制系统图将电气控制系统中各种电气元件及其连接用一定的图形表示出来,用于表达电气控制系统的结构、原理等设计意图,便于电气系统的安装、调试、使用和维护。常用的电气控制系统图主要有三种:电气原理图(图 2.1)、电气元件布置图(图 2.2)和电气安装接线图(图 2.3)。为便于阅读和交流,在绘制电气控制系统图时必须采用国家统一规定的图形符号、文字符号和绘图方法。

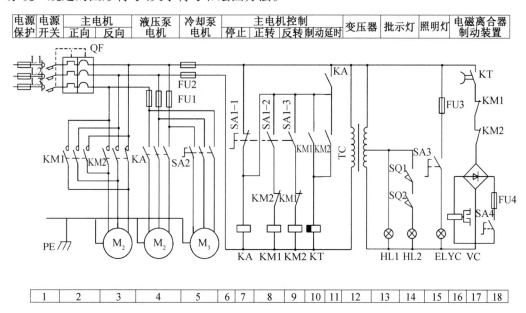

图 2.1 车床的电气原理图

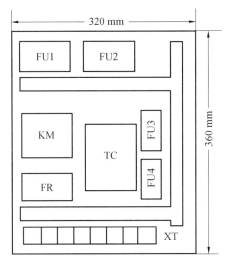

图 2.2　　电气元件布置图

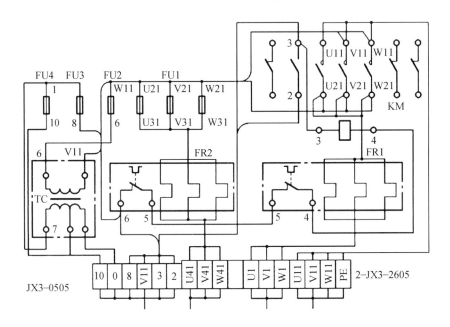

图 2.3　　电气安装接线图

2.1.2　绘制电气原理图的原则

　　电气原理图是指用国家标准规定的图形符号和文字符号代表各种元件,依据控制要求和各电器的动作原理,用线条代表导线连接起来的图形。电气原理图一般分为主电路和控制电路两部分。主电路是电气控制线路中强电流通过的部分,是由电机及与它相连接的电器元件(如组合开关、接触器的主触点、热继电器的热元件、熔断器等)组成的线路。控制电路中通过的电流较小,包括控制回路、照明电路、信号电路及保护电路。其中,控制回路由按钮、继电器、接触器的吸引线圈和辅助触点等组成。电气原理图能够清楚地表明电路的功能,对于分析电路的工作原理十分方便。

根据简单清晰的原则,电气原理图采用电气元件展开的形式绘制。电气原理图中包括所有电气元件的导电部件和接线端子,但不按照电气元件的实际位置来绘制,也不反映电气元件的尺寸大小及安装方式。

绘制电气原理图应遵循以下原则。

(1)电气原理图中,所有电器元件的图形符号、文字符号、接线端子标记必须采用国家规定的统一标准。

(2)电气原理图中,无论是主电路还是控制电路都垂直布置,电源电路绘成水平线,主电路绘制在图的左侧,控制电路绘制在图的右侧,控制电路中的耗能元件画在电路的最下端。图中各元件尽可能按动作顺序从上到下、从左到右排列。

(3)采用电器元件展开图的画法。同一电器元件的不同部分(如线圈、触点)按便于读图的原则可以不画在一起,但需要用同一文字符号标出。若有多个同一种类的电器元件,可在文字符号后加上数字序号加以区别,如 KM1、KM2 等。

(4)在原理图中,所有电器按自然状态画出。自然状态是指各种电器在没有通电或没有外力作用时的状态。接触器、电磁式继电器的自然状态是指其线圈未加电压,触点未动作时的状态;按钮、行程开关等触点的自然状态是指不受外力作用时的状态;控制器的自然状态是指手柄处于零位时的状态。

(5)在原理图中将图分成若干个图区,并标明各图区电路的用途和作用。

(6)原理图常采用在图的下方沿横坐标方向划分的方式,并用数字标明图区。同时,在图的上方沿横坐标方向划区,分别标明该区电路的功能。

(7)原理图上应尽可能减少线条和避免线条交叉。各导线之间有电的联系时,在导线的交叉处画一个实心圆点,无直接电联系的交叉导线连接处不画实心圆点。

2.2　鼠笼式异步电动机全压起动控制线路

三相笼型异步电动机的控制线路通常由接触器、熔断器、热继电器和按钮等低压电器组成。

2.2.1　单向全压起动控制线路

图 2.4 所示为三相笼型异步电动机单向全压起动控制线路。这是一个常用的简单控制线路,由刀开关 QS、熔断器 FU1、接触器 KM 的主触头、热继电器 FR 的热元件和三相交流电动机 M 组成主电路,由起动按钮SB2、停止按钮SB1、接触器 KM 的线圈及其常开辅助触头、热继电器 FR 的常闭触头和熔断器 FU2 构成控制电路。

1.线路的工作原理

起动时,合上 QS,接入三相电源。按下SB2,交流接触器 KM 的吸引线圈通电,接触器主触头闭合,电动机接通电源直接起动运转,同时与SB2 并联的接触器常开辅助触头 KM 闭合,使接触器吸引线圈经两条路通电。这样,当SB2 复位时,接触器 KM 的线圈仍可通过 KM 的常开辅助触头继续通电,从而保持电动机的连续运行。这种依靠接触器自身辅

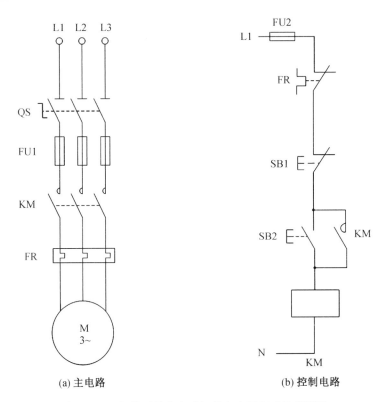

(a) 主电路　　　　　　　　　(b) 控制电路

图 2.4　三相笼型异步电动机单向全压起动控制线路

助触头而使其线圈保持通电的现象称为自锁,起自锁作用的辅助触头称为自锁触头。

　　若要使电动机停止运转,则按下停止按钮 SB1,接触器 KM 的吸引线圈失电,KM 已经闭合的常开主触头断开,将三相电源切断,电动机 M 停止旋转,同时 KM 已经闭合的常开辅助触头也断开。因此,即使松开按钮后,SB1 的常闭触头在复位弹簧的作用下恢复到原来的常闭状态,接触器的线圈也已经不再能依靠自锁触头通电。

2. 线路保护环节

（1）短路保护。

熔断器 FU1 作为主电路的短路保护,FU2 作为控制电路的短路保护。

（2）过载保护。

当电动机长时间过载时,热继电器 FR 动作,其常闭触点 FR 断开控制电路,使接触器断电释放,电动机停止旋转,实现电动机的过载保护。

（3）零电压保护。

零电压保护是依靠接触器本身的电磁机构来实现的。当电源电压因某种原因而失电压(或严重欠电压)时,接触器的衔铁自动释放,电动机停止旋转。而当电源电压恢复正常时,接触器线圈也不能自动通电,只有在操作人员再次按下起动按钮 SB2 后,电动机才会起动,这就是零电压保护。有了零电压保护,可以防止电动机低电压运行,避免因电动机同时起动而造成的电压严重下降,更重要的是防止电源电压恢复时电动机突然起动运转,造成设备和人身事故。

通过上述分析可以看出,电气控制的基本方法是通过按钮发布命令信号,由接触器通过对输入能量的控制来实现对控制对象的控制,用继电器测量和反映控制过程中各个量的变化。例如,热继电器反映被控对象温度的变化,并在适当时发出控制信号,再通过接触器实现对主电路的各种必要控制。

2.2.2　点动控制线路

某些生产机械常常要求既能正常起动和制动,又能在进行调整工作时采用点动控制。图 2.5 所示为实现点动控制的几种电气控制线路。

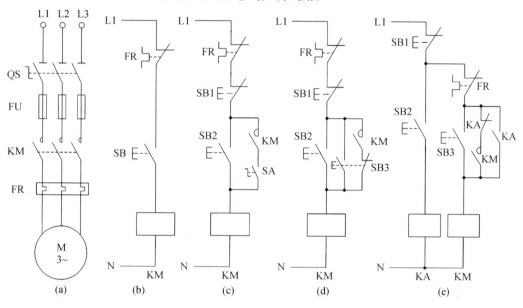

图 2.5　实现点动控制的几种电气控制线路

图 2.5(b) 所示为最基本的点动控制线路。当按下起动按钮 SB 时,接触器 KM 线圈通电吸合,主触头闭合,电动机接通电源旋转;当松开起动按钮 SB 时,接触器 KM 线圈断电释放,主触头断开,电动机电源被切断,停止旋转。

图 2.5(c) 所示为带手动开关 SA 的点动控制线路。当需要点动时,将开关 SA 打开,操作 SB2 即可实现点动控制;当需要连续工作时,合上开关 SA,接触器 KM 的自锁触头接入就能实现连续控制,停机时需按停止按钮 SB1。

图 2.5(d) 增加了一个复合按钮 SB3。当点动控制时,按下点动按钮 SB3,其常闭触头先断开自锁电路,常开触头后闭合,接通起动控制电路,接触器 KM 线圈通电,主触头闭合,电动机起动旋转;当松开点动按钮 SB3 时,接触器 KM 线圈断电,主触头断开,电动机停止转动。若连续工作,则按起动按钮 SB2 即可,停机时需按停止按钮 SB1。

图 2.5(e) 所示为利用中间继电器实现点动的控制线路。利用点动起动按钮 SB2 控制中间继电器 KA,KA 的常开触头并联在 SB3 两端,控制接触器 KM,再控制电动机实现点动。当需要连续控制时,按下 SB3 按钮即可;当需要停转时,按下 SB1 按钮即可。

2.2.3　正反转控制线路

在许多加工现场中,经常要求电动机能够实现可逆运行。电动机的可逆运行就是正反转控制,如机床工作台的前进和后退、主轴的正转和反转、起重机吊钩的上升和下降及电梯的升降等,这些控制工艺都要求能够实现电动机的正反转切换。众所周知,三相异步电动机的旋转方向取决于磁场的旋转方向,而磁场的旋转方向又是由电源的相序决定的,所以电源的相序决定了电动机的旋转方向。任意改变电源的相序,电动机的旋转方向也会随之改变。将接至电动机的三相电源进线中的任意两相对调,即可使电动机反转。因此,可逆运行控制线路实质上是两个方向相反的单向运行线路。但为避免误动作引起电源相间短路,要在这两个方向相反的单向运行线路中加设必需的互锁。按照应用场合的不同,电动机正反转控制线路又可分为非频繁切换的"正 — 停 — 反"和频繁切换的"正 — 反 — 停"两种控制线路。

1. "正 — 停 — 反"控制线路

对于普通电动机且不需要频繁切换电动机的场合,通常会选择"正 — 停 — 反"控制线路,即电动机切换方向前必须先让电动机停机,然后才可以切换方向。电动机"正 — 停 — 反"控制线路如图 2.6 所示。

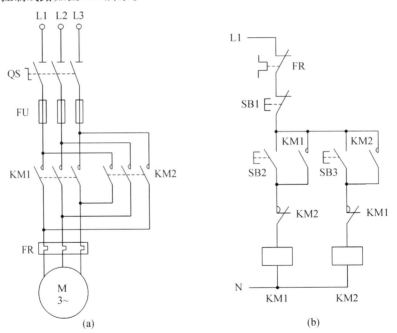

图 2.6　电动机"正 — 停 — 反"控制线路

当需要正转时,按下 SB2 按钮,SB2 的常开触头闭合使正转接触器 KM1 的线圈得电,与 SB2 并联的 KM1 常开辅助触头闭合,使接触器 KM1 吸引线圈继续通电,串联在电动机回路中的 KM1 主触头持续闭合,从而保持电动机的持续运行;当需要反转时,由于 KM1 线圈此时是通电的,其串联在反转通路上的常闭辅助触头是断开的,因此直接按下反转按钮是不起作用的,必须按下停止按钮 SB1,使 KM1 线圈先失电,串联在电动机回路中的 KM1 主触头持续断开,切断电动机定子电源,电动机才停转。同时,串联在反转通路中的 KM1 常闭辅助触头恢复到导通状态,此时按下反转起动按钮 SB3 才能使反转接触器 KM2 线圈吸合并自锁,从而使电动机反转。同样,电动机由反转切换到正转的过程中也需要先按下停止按钮。

通过分析可知,上述两个接触器的常闭辅助触头 KM1、KM2 起相互控制作用,将其中一个接触器的常闭辅助触头串入另一个接触器线圈电路中,当任一接触器线圈先带电后,即使按下相反方向起动按钮,另一接触器也无法得电。这种利用两个接触器的常闭辅助触头互相控制的方法称为互锁,两个起互锁作用的触头称为互锁触头。

2."正 — 反 — 停"控制线路

有时为提高劳动生产率,要求直接实现正反转的变换控制。这时,通常会选择"正 — 反 — 停"控制线路,即电动机可直接进行正反转切换,而不需要在切换前先将电动机停机。需要注意的是,此时电动机必须选择带制动的电机或切换时有相应的延时,否则,尤其是大惯量的场合,直接切换时会出现过流,从而对电动机造成伤害。电动机"正 — 反 — 停"控制线路如图 2.7 所示。

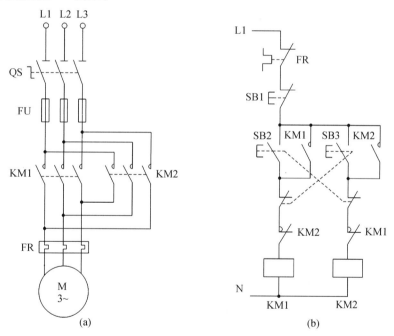

图 2.7　电动机"正 — 反 — 停"控制线路

正转时按下 SB2 按钮,正转接触器 KM1 线圈得电,与 SB2 并联的 KM1 常开辅助触头闭合,使接触器 KM1 吸引线圈继续通电,串联在电动机回路中的 KM1 主触点持续闭合,从而使电动机保持连续运行。

反转时按下 SB3 按钮,其常闭触头先断开,即先将 KM1 线圈电路断开,使 KM1 串联在反转电路中的常闭辅助触头恢复至闭合状态,然后 SB3 的常开触头闭合,从而使电动机反转。

电动机由反转切换到正转也一样,其控制关键就在于按下 SB2 或 SB3 时,首先是按钮常闭触头断开,然后才是按钮常开触头闭合。因此,在改变电动机旋转方向时,就不用按停止按钮了,可直接操作正反转按钮实现电动机运转方向的改变。图 2.7 所示的控制线路中既有接触器触头的互锁,又有按钮的联锁,保证了控制线路的可靠性。

2.2.4　自动往返行程控制线路

自动往返行程控制线路实际上是一种电动机正反转控制电路,它是利用行程开关实现往返运动控制的,龙门刨床、导轨磨床等都属于这种控制。自动往返循环控制线路如图 2.8 所示。

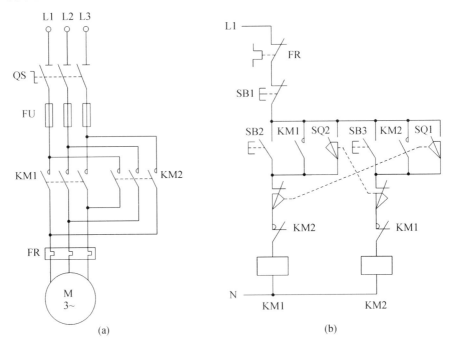

图 2.8　自动往返循环控制线路

图 2.8 中,限位开关 SQ1 放在左端需要反向的位置,而 SQ2 放在右端需要反向的位置,挡铁(撞块)安装在运动部件上。起动时,利用正转或反转起动按钮。按下正转起动按钮 SB2,接触器 KM1 通电吸合并自锁,电动机正向旋转带动机床运动部件左移,当运动部件移至左端并碰到 SQ1 时,将 SQ1 压下,其常闭触头先断开,切断接触器 KM1 的线圈电路,然后其常开触头闭合,接通反转接触器 KM2 线圈电路并自锁,电动机由正转变为反转,带动运动部件向右移动,直到压下右端 SQ2 限位开关,SQ2 常闭触头先切断 KM2 线圈电路,SQ2 常开触头接通 KM1 线圈电路,电动机再由反转变为正转,驱动运动部件向左移动,如此循环往复。需要停机时,按下停止按钮 SB1 即可停止运转。

由上面分析可以看出,运动部件每经过一个自动往返循环,电动机要进行两次反接制动过程,会出现较大的反接制动电流和机械冲击。因此,这种电路只适用于电动机容量较小、循环周期较长、电动机转轴具有足够刚性的拖动系统。另外,在选择接触器容量时,应比一般情况下选择的容量大一些。

2.3　鼠笼式异步电动机降压起动控制线路

当笼型电动机容量较大（大于 10 kW）时,一般都采用降压起动方式来起动。起动时降低加在电动机定子绕组上的电压,起动后再将电压恢复到额定值,使之在正常电压下运行。常用的降压起动方式有定子串电阻降压起动、Y(星形)－△(三角形)降压起动和自耦变压器降压起动。

2.3.1　定子串电阻降压起动控制线路

定子串电阻降压起动主要用于电动机正常运行时定子绕组按 Y 形连接,不能采用 Y－△ 降压起动方式的情况。这种情况下可采用定子绕组串联电阻(或电抗器)的降压起动方式,即在电动机起动时,将电阻(或电抗器)串联在定子绕组与电源之间。由于串联电阻(或电抗器)起到了分压作用,因此电动机定子绕组上所承受的电压只是额定电源电压的一部分,这样就限制了起动电流。当电动机的转速上升到一定值时,再将电阻(或电抗器)短接,电动机在额定电压下正常运行。图 2.9 所示为定子串电阻降压起动控制线路。

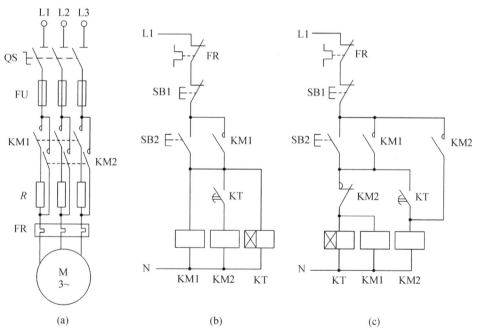

图 2.9　定子串电阻降压起动控制线路

图 2.9(b)所示控制线路工作原理如下:合上电源开关 QS,按起动按钮 SB2,KM1 得电吸合并自锁,电动机串联电阻 R 起动,接触器 KM1 得电的同时,时间继电器 KT 得电吸合,其延时闭合常开触头延时闭合,使接触器 KM2 不能立即得电,经过一段延时后,KM2 得电

动作,将主回路电阻 R 短接,电动机在全电压下进入稳定正常运转。从主回路上看,只要 KM2 得电,就能使电动机在全电压下正常运行。但图 2.9(b) 的控制线路在电动机起动后 KM1 和 KT 一直得电动作,这没有必要,图 2.9(c) 控制线路就解决了这个问题。当 KM2 得电后,用其常闭辅助触头将 KM1 和 KT 的线圈电路切断失电,同时 KM2 自锁,这样在电动机起动后,只有 KM2 得电使之正常运行。

2.3.2　Y − △ 降压起动控制线路

由于交流电动机起动时的起动电流是其额定电流的 4 ~ 7 倍,因此当笼型电动机容量较大时(大于 10 kW),一般都采用降压起动方式来起动。起动时降低加在电动机定子绕组上的电压,起动后再将电压恢复到额定值,使之在正常电压下运行。三相笼型电动机正常运行时定子绕组接成三角形,而且三相绕组六个抽头均引出的笼型异步电动机起动时常常采用 Y − △ 降压起动方法来达到限制起动电流的目的。起动时,定子绕组先接成星形,待转速上升到接近额定转速时,将定子绕组的接线由星形接成三角形,电动机便进入全电压正常运行状态。图 2.10 所示为 Y − △ 降压起动控制线路。

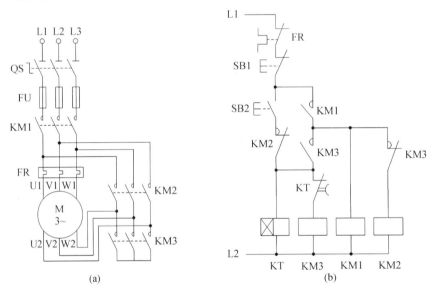

图 2.10　Y − △ 降压起动控制线路

Y − △ 降压起动控制线路的工作原理如下:合上总开关 QS,按下 SB2 起动按钮,时间继电器 KT、接触器 KM3 线圈通电吸合,KM3 的常开辅助触头动作,使得接触器 KM1 线圈也通电吸合并自锁,电动机定子绕组接成星形降压起动,随着电动机转速的升高,起动电流下降,当时间继电器 KT 设定的延时时间到后,其常闭触点断开,KM3 线圈断电释放,接触器 KM2 线圈通电吸合,电动机定子绕组接成三角形正常运行,这时间继电器 KT 也断电释放。时间继电器设定时间取决于电动机起动后转速上升的快慢。

2.3.3　自耦变压器降压起动控制线路

在自耦变压器降压起动控制线路中,电动机起动电流的限制是依靠自耦变压器的降压作用来实现的。当电动机起动时,定子绕组得到的电压是自耦变压器的二次电压,一旦起动完毕,自耦变压器便被切除,电源电压直接加于电动机定子绕组,电动机进入全电压正常工作。自耦变压器的次级一般有三个抽头,可得到三种数值不等的电压,使用时可根据起动电流和起动转矩的要求灵活选择。

图 2.11 所示为自耦变压器降压起动控制线路。起动时,合上电源开关 QS,按下起动按钮SB2,接触器 KM1 的线圈和时间继电器 KT 的线圈通电,KT 瞬时动作的常开触头闭合自锁,接触器 KM1 主触头闭合,将电动机定子绕组经自耦变压器接至电源开始降压起动。时间继电器 KT 经过一定延时后,其延时断开常闭触头打开,使接触器 KM1 线圈断电,KM1 主触头断开,从而将自耦变压器从电网上切除,而 KT 的延时闭合常开触头合上,使接触器 KM2 线圈通电,于是电动机直接接到电网上运行,完成了整个起动过程。

自耦变压器降压起动方式适用于起动较大容量、正常工作时按星形或三角形连接的电动机,起动转矩可以通过改变抽头的连接位置得到改变,因此起动时对电网的电流冲击小。该起动方式的缺点是自耦变压器价格较贵,且不允许频繁起动。

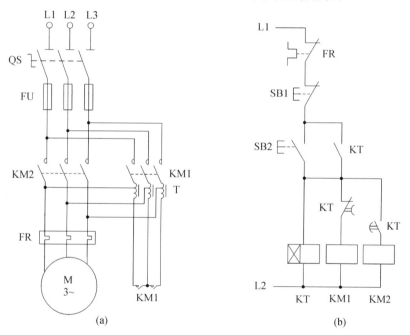

图 2.11　自耦变压器降压起动控制线路

2.4　三相异步电动机制动控制线路

当三相异步电动机脱离电源时,由于惯性,因此转子要经过一段时间才能完全停止旋转。这不能适应某些生产机械工艺的要求,如对万能铣床、卧式镗床、组合机床等,会造成运动部件停位不准、工作不安全等现象,同时也影响生产效率。因此,电动机需要进行有效的制动,使之能迅速停车。一般采取的制动方式有两大类:机械制动和电气制动。机械制动是用机械装置强迫电动机迅速停车;电气制动实质上是在电动机停车时产生一个与原来旋转方向相反的制动转矩,迫使电动机转速迅速下降。下面介绍的电气制动控制线路主要是反接制动控制线路和能耗制动控制线路。

2.4.1　反接制动控制线路

反接制动是利用改变电动机电源的相序,使定子绕组产生相反方向的旋转磁场,从而产生制动转矩的一种制动方式。由于反接制动时,转子与旋转磁场的相对速度接近于2倍的同步转速,因此定子绕组中流过的反接制动电流相当于全电压直接起动时电流的2倍,这种制动方式仅适用于 10 kW 以下的小容量电动机。为减少冲击电流,还要接反接制动电阻。

下面以单向反接制动控制线路为例进行介绍。

前面提到过,反接制动的关键是改变电动机电源的相序,且当转速下降接近于零时,能自动将电源切除。为此,必须选用一种能感知电动机转速的检测元件来判断电动机转速何时接近零,速度继电器就是这样一种器件。一般来说,当电动机转速在120 ~ 3 000 r/min 范围内时,速度继电器触头动作;当转速低于 100 r/min 时,触头恢复原位。图 2.12 所示为电动机单向反接制动控制线路。

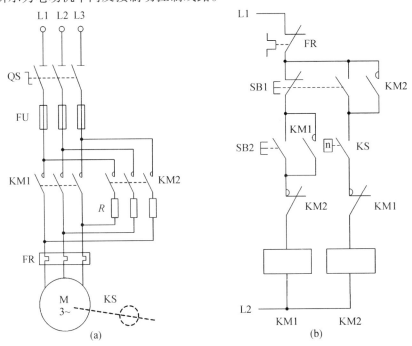

图 2.12　　电动机单向反接制动控制线路

起动时,按下起动按钮 SB2,接触器 KM1 通电自锁,电动机 M 通电起动。电动机正常运转时,速度继电器 KS 的常开触头闭合,为反接制动做好了准备。停车时,按下停止按钮 SB1,SB1 的常闭触头先断开,使接触器 KM1 线圈断电,电动机 M 脱离电源,然后 SB1 的常开触头闭合,由于此时电动机的惯性转速还很高,KS 的常开触头仍然处于闭合状态,因此反接制动接触器 KM2 线圈通电并自锁,其主触头闭合,使电动机定子绕组得到与正常运转相序相反的三相交流电源,电动机进入反接制动状态,转速迅速下降。当电动机转速降至 100 r/min 时,速度继电器 KS 的常开触头复位,使接触器 KM2 线圈电路断开,反接制动结束。

请大家思考一下,电动机可逆运行的反接制动控制线路又该如何设计呢?

2.4.2　能耗制动控制线路

能耗制动是指当电动机脱离三相交流电源后,在定子绕组上加一个直流电压,即通入直流电流,利用转子感应电流与静止磁场的作用达到制动的目的。下面以单向能耗制动控制线路为例进行介绍,图 2.13 所示为时间原则控制的单向能耗制动控制线路。

起动时,按下起动按钮 SB2,接触器 KM1 通电自锁,电动机 M 通电起动。电动机正常运转时,按下停止按钮 SB1,首先接触器 KM1 线圈断电,电动机 M 脱离电源,而 SB1 常开触头闭合,使接触器 KM2 线圈和时间继电器 KT 线圈同时通电,这时时间继电器 KT 的瞬时常开触头与 KM2 的常开辅助触头均闭合,使接触器 KM2 和时间继电器 KT 保持通电自锁状态,KM2 主触头闭合使直流电源加入定子绕组,电动机进入能耗制动状态,转速迅速下降。当到达时间继电器设定值时,时间继电器的延时断开常闭触头动作,切断接触器 KM2 线圈电路。由于 KM2 常开辅助触头复位,因此时间继电器 KT 线圈的电源也被断开,电动机能耗制动结束。

时间继电器设定值的大小取决于实际能耗制动时电动机从正常运行转速下降至转速为零时所需要的时间。

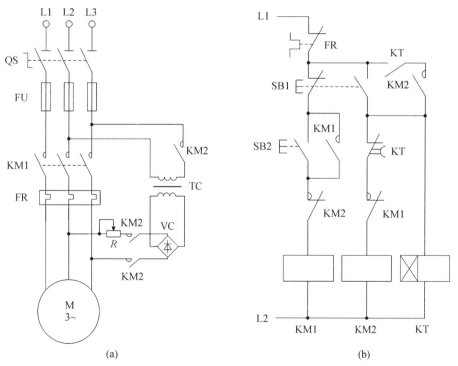

(a)　　　　　　　　　　　　　　　　　(b)

图 2.13　时间原则控制的单向能耗制动控制线路

思　考　题

2.1 常用电气控制系统图有哪几种?

2.2 什么是电气原理图? 绘制电气原理图的原则是什么?

2.3 什么是自锁、互锁? 举例说明各自的作用。

2.4 电气控制系统有哪些常用的保护环节?

2.5 为什么电动机要设零电压和欠电压保护?

2.6 画出异步电动机 Y - △ 起动控制线路,并简述该线路的工作原理。

2.7 画出两台电动机 M1、M2,起动时 M2 先起动、M1 后起动,停止时 M1 先停止、M2 后停止的电气控制线路。

2.8 试画出具有双重互锁作用的异步电动机正反转控制线路。

2.9 设计一个鼠笼型电动机的控制线路,要求:

(1) 既能点动又能连续运行;

(2) 停止时采用反接制动;

(3) 能在两处进行起动和制动。

2.10 试设计一个往复运动的主电路和控制电路,要求:

(1) 向前运动到位停留一段时间再返回;

(2) 返回到位立即向前;

(3) 电路具有短路、过载和失压保护。

第二篇
可编程控制器实用技术

第3章 可编程控制器的组成与工作原理

可编程控制器是一种融自动化技术、计算机技术和通信技术等为一体的新型工业控制装置,它与机器人、计算机辅助设计/计算机辅助制造(computer aided design/computer aided manufacturing,CAD/CAM)并称当代工业自动化的三大支柱。本章简要介绍可编程控制器的产生、定义、特点、应用领域、发展趋势和分类,讲解可编程控制器的硬件组成、软件系统、编程语言和扫描工作方式的基本原理。

3.1 可编程控制器概述

3.1.1 可编程控制器的产生

可编程控制器(programmable controller,PC)是一种以微处理器为基础的通用工业控制装置。早期的可编程控制器用来代替继电器实现逻辑控制,其英文全称为 programmable logic controller,简称 PLC。随着科技的发展,可编程控制器的功能大大超越了逻辑控制的范围,人们曾把这种控制装置称为可编程控制器 PC,为避免与目前应用十分广泛的个人计算机(personal computer,PC)简称相混淆,目前仍将可编程控制器称为 PLC。

PLC 产生于 20 世纪 60 年代末,最早提出 PLC 概念的是美国通用汽车公司(General Motors,GM)。当时汽车生产流水线的自动控制系统基本上都是由继电器控制装置构成的,汽车产品的每一次改型都会导致继电器控制线路的重新设计和安装,这种变动的工作量大、工期长,使得生产成本提高。随着生产的发展和消费需求的多样化,汽车型号更新换代愈加频繁,迫切需要一种更新、更先进的"柔性"控制系统来取代传统的继电器控制系统。为此,通用汽车公司于 1968 年提出如下替代继电器控制系统的新型控制器的十项指标,即著名的 GM 十条,公开向社会招标:

(1)编程简单,可在现场修改程序;

(2)维修方便,采用模块化结构;

(3)可靠性高于继电器控制装置;

(4)体积小于继电器控制柜;

(5)成本可与继电器控制装置竞争;

(6)数据可以直接送入管理计算机;

(7)可以直接用 115 V 交流电压输入;

(8)输出为交流 115 V 电压,负载电流要求 2 A 以上,能直接驱动电磁阀和接触器等;

（9）通用性好，系统易于扩展；

（10）用户程序存储器容量至少能扩展到 4 KB。

美国数字设备公司（Digital Equipment Corporation，DEC）率先响应，于 1969 年研制出第一台可编程控制器 PDP － 14，并在美国通用汽车自动装配生产线上试用获得成功。此后，这种新型的工业控制装置很快在美国其他工业领域得到推广应用。PLC 的出现受到了世界各国工业控制界的高度关注。1971 年，日本从美国引进了这项新技术，由日立公司研制出日本第一台 PLC。1973 年，德国研制出自己的 PLC。1974 年，我国开始研制可编程控制器，于 1977 年开始在工业上应用。

20 世纪 70 年代初，微处理器出现，人们很快将其引入可编程控制器。随着微处理器技术和半导体工艺水平的快速发展，20 世纪 70 年代中后期，PLC 已广泛地使用微处理器作为中央处理器，输入／输出（input/output，I/O）模块和外围电路也都采用大规模甚至超大规模集成电路，这时的 PLC 不再仅有逻辑控制功能，还同时具有数据处理、模拟量控制、数据通信以及比例、积分、微分（proportional，integral，derivative，PID）调节等功能。

1987 年 2 月，国际电工委员会（International Electrotechnical Commission，IEC）在其颁布的可编程控制器标准草案中对 PLC 做了如下定义：可编程控制器是一种数字运算操作的电子系统，专为在工业环境下应用而设计。它采用可编程序的存储器，用来在其内部存储执行逻辑运算、顺序控制、定时、计数和算术运算等操作的指令，并通过数字式或模拟式输入和输出控制各种类型的机械或生产过程。可编程控制器及其有关外部设备都应按照易于与工业控制系统联成一个整体、易于扩充其功能的原则设计。

通过上述定义可以看出，与一般意义上的计算机相比，可编程控制器不仅具有计算机的内核，还配备许多适用于工业控制的器件。其实质上是一种工业控制用计算机，需要经过二次开发，才能够在任何具体的工业设备上使用。

3.1.2　可编程控制器的特点

1. 可靠性高，抗干扰能力强

PLC 专为工业控制而设计，其设计和制造中采取了一系列硬件和软件方面的抗干扰措施，具有很高的可靠性。例如，三菱公司生产的 F 系列 PLC 平均无故障时间高达 30 万 h。PLC 所用的元器件都进行了严格的筛选和老化；PLC 的 I/O 接口电路均采用光电隔离器，实现了工业现场的外部电路与 PLC 内部电路之间电气上的隔离；PLC 各输入端均采用 RC 滤波器，其滤波时间常数一般为 10 ～ 20 ms；PLC 一般都设置"看门狗"（watchdog）定时器，能够使因干扰而偏离的应用程序自动恢复正常的运行状态；PLC 具有硬件故障的自我检测功能，故障发生时可以及时发出报警信息；用户在应用软件开发中可以加入外围器件的故障自诊断程序，使 PLC 的外围电路及设备也获得故障自诊断保护。对于大型 PLC，还可以采用由双中央处理器（central processing unit，CPU）构成的冗余系统或由三 CPU 构成的表决系统，使系统可靠性进一步提高。

2. 编程简单，深受工程技术人员欢迎

PLC 是面向工矿企业的工控设备，其编程语言易于为工程技术人员所接受。PLC 编

程语言中常用的梯形图语言的图形符号和表达方式与继电器控制线路图非常相似,形象直观,容易掌握。电气工程师及具有一定电工和工艺知识的人员都可以在短期内学会PLC 编程,使用起来得心应手。PLC 消除了计算机技术与传统的继电器控制技术之间的专业鸿沟。

3. 采用模块化结构,适应性强

为适应各种工业控制的需要,除整体式的小型 PLC 外,目前绝大多数 PLC 均采用模块化结构。PLC 中的 CPU、直流电源、I/O 模块(包括特殊功能模块)等各个部件均采用模块化设计,由机架和电缆将各模块连接起来,系统的规模和功能可以根据实际控制要求方便地进行组合。

4. 设计周期短,安装简单,维护方便

PLC 用存储逻辑代替接线逻辑,控制柜的设计及安装接线工作量大为减少,缩短了施工周期。同时,由于用户程序大都可以在实验室模拟调试,调好后再将 PLC 控制系统在生产现场进行联机调试,因此缩短了调试周期。PLC 可以在各种工业环境下直接安装运行,使用时只需将现场的各种 I/O 设备与 PLC 相应的 I/O 端相连接,系统便可以投入运行。由于 PLC 的故障率很低,并且有完善的自诊断、履历情报存储和监视显示功能,便于故障的迅速查找和处理,因此维护变得十分容易。

5. 体积小,质量轻,能耗低

PLC 采用大规模或超大规模集成电路芯片,其产品结构紧凑、体积小、质量轻、功耗低。例如,三菱 FX_{3U} - 32MR 型 PLC 的外形尺寸为 150 mm × 86 mm × 90 mm,质量为 0.65 kg,功耗为 30 W,这种小型 PLC 很容易嵌入机械设备内部,是实现机电一体化的理想控制设备。

3.1.3　可编程控制器的应用领域

目前,PLC 已广泛应用于国内外各个行业,如钢铁、石油、化工、电力、建材、机械制造、汽车、轻纺、交通运输、环保和文化娱乐等,其应用情况大致可归纳为以下几类。

1. 开关量的逻辑控制

PLC 具有强大的逻辑运算能力,可以实现各种简单和复杂的逻辑控制,如电梯控制、注塑机、高炉上料、印刷机、组合机床、包装生产线和电镀流水线等,这是 PLC 最基本、最广泛的应用领域,可用它取代传统的继电器控制电路。

2. 模拟量控制

在工业生产过程中,有许多连续变化的量,如温度、压力、流量、液位、速度、位移、电压和电流等都是模拟量。为使可编程控制器能够处理模拟量信号,PLC 生产厂商推出了配套的 A/D 和 D/A 转换模块,可以实现对模拟量的控制。

3. 运动控制

PLC 可以用于圆周运动或直线运动的控制。从控制机构配置来说,早期直接使用开关量 I/O 模块连接位置传感器和执行机构,现在一般使用专用的运动控制模块,如可驱动步进电机或伺服电机的单轴或多轴位置控制模块。世界上各主要 PLC 厂家的产品几乎都有运动控制功能,其广泛用于各种机械、机床、机器人、电梯等场合。

4. 过程控制

过程控制是指对温度、压力、流量等模拟量的闭环控制。作为工业控制计算机,PLC 能编制各种各样的控制算法程序,完成闭环控制。PID 调节是一般闭环控制系统中常用的调节方法。大中型 PLC 都有 PID 模块,目前许多小型 PLC 也具有此功能模块。PID 处理一般是运行专用的 PID 子程序。PLC 的过程控制在冶金、化工、热处理、锅炉控制等场合有着非常广泛的应用。

5. 数据处理

现代 PLC 基本都拥有精准、高端的编程语言,具有数学运算(含矩阵运算、函数运算和逻辑运算)、数据传送、数据转换、排序、查表、位操作等功能,可以完成数据的采集、分析及处理。这些数据可以与存储在存储器中的参考值进行比较,完成一定的控制操作,也可以利用通信功能传送到别的智能装置,或将它们打印制表。数据处理一般用于大型控制系统,如无人控制的柔性制造系统;也可用于过程控制系统,如造纸、冶金、食品工业中的一些大型控制系统。

6. 通信及联网

PLC 通信包含 PLC 间的通信以及 PLC 与其他智能设备间的通信。随着计算机控制技术的发展,工厂自动化网络发展速度很快,各 PLC 厂商都十分重视 PLC 的通信功能,纷纷推出各自的网络系统。最新生产的 PLC 都具有通信接口,实现通信功能非常方便。

3.1.4　可编程控制器的发展趋势

PLC 总的发展趋势是向高集成度、小体积、大容量、高速度、易使用、高性能、信息化、标准化以及与现场总线技术紧密结合等方向发展。

1. 小型化、专用化和低成本

随着微电子技术的发展,新型元器件尺寸缩小而性能大幅度提升,PLC 的结构变得更为紧凑,体积更加小巧,有些专用的微型 PLC 仅有一块香皂大小。随着功能的不断增加和生产成本的下降,PLC 真正成为现代电气控制系统中不可替代的首选控制装置。据统计,小型和微型 PLC 所占的市场份额一直保持在 70% ~ 80%,所以对 PLC 小型化的追求不会停止。

2. 大容量、高速度和强功能化

发展大容量、高速度和强功能化的 PLC 能够更好地满足现代化企业中那些大规模复杂系统自动控制的需要。现在大中型 PLC 倾向于采用有高速处理能力的 32 位微处理器,而且常常采用多 CPU 结构,能够实现多任务操作,运算速度、数据交换速度及外设响应速度都有大幅度提高,并具有通信联网功能,所集成的用户存储器容量大大增加,特别是增强了过程控制和数据处理的功能。为适应工厂控制系统和企业信息管理系统日益有机融合的要求,信息技术也渗透到了 PLC 中,如设置开放的网络环境、支持用于过程控制的对象链接与嵌入(object linking and embedding(OLE) for process control,OPC) 技术等。

3. 机电一体化

可编程控制器已广泛应用于机械行业,开发大量与机电技术相结合的产品和设备是 PLC 发展的重要方向。机电一体化技术是将机械、电子、信息技术相融合。机电一体化产品通常由机械本体、微电子装置、传感器和执行机构等组成。机械本体和微电子装置是机电一体化的基本构成要素。

为更好地适应机电一体化产品的需要,PLC 应拓展新功能,增大存储容量,加快处理速度,并且进一步减小体积,加强坚固性和密封性,不断提高可靠性和易维护性。

4. 通信和网络标准化

随着智能制造技术的发展,PLC 控制从单机自动化向工厂生产自动化过渡,这就需要加强 PLC 的联网通信功能。PLC 的联网通信包括 PLC 之间以及 PLC 与计算机之间的联网通信,为强化联网通信能力,PLC 生产厂家之间也在协商制定通用的通信标准,以构成更大的网络系统。目前,PLC 已成为集散控制系统(distributed control system,DCS) 不可缺少的重要组成部分。随着计算机网络的发展,PLC 作为自动化控制网络或国际通用网络的重要组成部分,将在众多领域发挥越来越大的作用。

5. 编程语言标准化

国际电工委员会制定的 IEC 61131 - 3 是 PLC 编程语言的国际标准,该标准主要规定了 PLC 编程的基本要求,如程序语法、数据类型、程序功能等,以保证不同 PLC 厂家的程序语言具有一定的兼容性和可移植性。IEC 61131 - 3 定义了五种 PLC 编程语言,分别是指令表、结构化文本、梯形图、功能块图和顺序功能图。目前,几乎所有 PLC 生产厂家都完全支持并采用 IEC 61131 - 3 标准的编程系统,但仅停留在各厂家内部产品系列之间不同编程语言的相互转换上,实现用户程序在不同厂家产品之间的移植尚有一个过程。

3.1.5　可编程控制器的分类

目前国内外各生产厂家生产的 PLC 品类繁多,型号各异,规格也不统一,较为普遍的有日本三菱公司的 FX 系列、德国西门子公司的 S7 系列、美国 GE 公司的 GE Fanuc 90 - 30 系列,以及我国信捷公司的 XD 系列、和利时公司的 LE 系列等。各厂家生产的 PLC 产品型号、规格和性能各不相同,通常可以从 I/O 点数和功能、硬件结构两种角度对 PLC 进行分类。

1. 按 I/O 点数和功能分类

为适应不同工业生产过程的应用要求,可编程控制器能够处理的输入和输出信号数量是不同的。一般将一路信号称为一个输入或输出接点,将可编程控制器的输入点和输出点数的总和称为 PLC 的总点数。按照总点数,可将 PLC 分为小型、中型和大型三种类型,PLC 按总点数的分类见表 3.1。需要指出,这种按 I/O 总点数对 PLC 进行分类并没有严格统一的国际标准,随着 PLC 的不断发展,分类标准也将发生变化。

表 3.1　PLC 按总点数的分类

类型	I/O 点数	机型举例
小型	小于 256	三菱 FX_{2N}、FX_{3U}，西门子 S7 – 1200，信捷 XC3 系列
中型	256 ~ 2 048	三菱 Ans 系列，西门子 S7 – 300，信捷 XS3 系列
大型	大于 2 048	三菱 Q 系列，西门子 S7 – 400、S7 – 1500，罗克韦尔 ControlLogix 系列

小型 PLC 的 I/O 总点数小于 256，具有逻辑运算、定时和计数等功能，主要用于开关量控制，它们的 I/O 点数适合于继电器接触器控制场合，能直接驱动线圈、电磁阀等执行元件。目前，高性能的小型 PLC 还具有一定的通信功能和少量的模拟量处理能力。这类 PLC 的特点是价格低廉、体积小巧，适合于控制单台设备，开发机电一体化产品。

中型 PLC 的 I/O 总点数在 256 ~ 2 048，不仅具有开关量和模拟量的控制功能，还具有较强的数字计算能力，其通信功能和模拟量处理能力更强大。中型 PLC 的指令比小型机丰富，具有 PID 调节、整数／浮点运算、二进制／BCD 转换等功能模块固化程序供用户调用。中型 PLC 适用于复杂的逻辑控制系统及连续生产过程控制场合。

大型 PLC 的 I/O 总点数大于 2 048，其性能已经与工业控制计算机相当，不仅具有计算、控制和调节的功能，还具有强大的网络结构和通信联网能力。大型 PLC 可以连接人机界面（human machine interface，HMI）作为系统监视或操作界面，能够表示过程的动态流程、各种记录曲线、PID 调节参数设置等，通过配备多种智能模块，可构成一个多功能系统。这种系统还可以与其他型号的控制器互连，与上位机相连，组成一个集中分散的生产过程和产品质量控制系统。大型机适用于设备自动化控制、过程自动化控制和过程监控等网络系统。

可编程控制器还可以按功能分为低档机、中档机和高档机。低档机以逻辑运算为主，具有定时、计数、移位等功能；中档机一般有整数及浮点运算、数制转换、PID 调节、中断控制及联网功能，可用于复杂的逻辑运算及闭环控制场合；高档机具有更强的数字处理能力，可进行矩阵运算、函数运算等，能够完成数据管理工作，具有更强的通信能力，可以与其他计算机构成分布式生产过程综合控制管理系统。

2. 按硬件结构分类

从硬件结构形式上，可将 PLC 分为整体式结构、模块式结构和叠装式结构三类。

（1）整体式结构。

整体式结构的 PLC 是将 CPU、存储器、I/O 接口、电源等部件固定安装在印制电路板上，并放置于一个金属或塑料机壳的基本单元内，机壳的上下两侧分别安装输入输出接线端子，并配有反映输入输出状态的发光二极管。它的特点是结构紧凑、体积小、价格低，但输入输出点数固定，当 I/O 点数满足不了要求时，可以连接扩展单元，以实现较多点数的控制。小型 PLC 通常采用整体式结构。图 3.1 所示为三菱 FX_{3U} 系列 PLC 外形图。

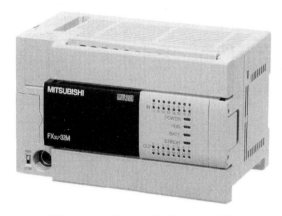

图 3.1　三菱 FX_{3U} 系列 PLC 外形图

（2）模块式结构。

模块式结构是将 PLC 的各基本组成部分制成独立的模块，如 CPU 模块（含存储器）、电源模块、输入模块、输出模块、通信模块等，各模块做成插件式。应用中按照控制系统需要选取所需模块插入机架底板的插座上，构成一个完整的 PLC。机架除用于安装和固定各 PLC 组成模块外，通常还带有内部连接总线，各组成模块通过内部总线构成整体。模块式结构的 PLC 配置灵活，安装、扩展、维修都很方便，缺点是体积较大、造价较高。大、中型 PLC 为方便扩展，一般都采用模块式结构。图 3.2 所示为具有模块式结构的西门子 S7－300 PLC 外形图。

图 3.2　具有模块式结构的西门子 S7－300 PLC 外形图

（3）叠装式结构。

叠装式结构是整体式与模块式相结合的产物，兼具整体式和模块式 PLC 的优点，其基本单元、扩展单元等模块的宽、高相等，但长度不同，各模块之间的连接不采用机架，而采用扁平电缆。组成 PLC 的各模块紧密拼装后组成一个整齐的长方体，I/O 点数的配置也相当灵活。图 3.3 所示为西门子 S7－200 叠装式结构的 PLC。

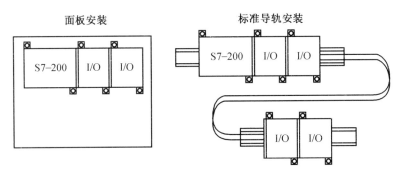

图 3.3　西门子 S7－200 叠装式结构的 PLC

3.2　可编程控制器的组成及其各部分功能

　　PLC 是一种专门用于工业控制的微型计算机,其硬件结构与计算机基本相同,主要由 CPU、存储器(包括只读存储器(read-only memory,ROM)和随机存取存储器(random access memory,RAM))、I/O 接口、电源和编程设备组成。PLC 的硬件结构框图如图 3.4 所示。

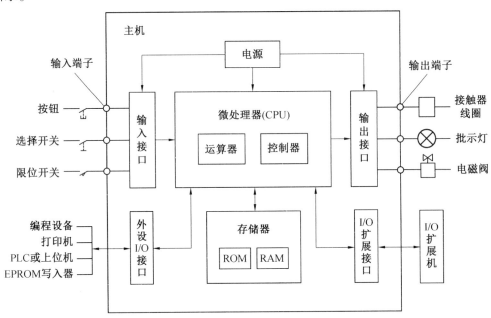

图 3.4　PLC 的硬件结构框图

3.2.1　CPU

　　CPU 是可编程控制器的核心,它在系统程序的控制下完成逻辑运算、数学运算、协调系统内部各部分工作等任务。CPU 常用的微处理器有通用型微处理器、单片微处理器(单片机)和位片式微处理器。通用型微处理器常见的有 Intel 公司的 8086 到 Pentium 系列芯片,单片微处理器有 Intel 公司的 MCS - 51/96 系列单片机和意法半导体公司的 STM32 芯片,位片式微处理器有 AMD 2900 系列的微处理器。

小型 PLC 大多采用 8 位和 16 位的微处理器或单片机,中大型 PLC 大多采用 32 位的通用型微处理器或高速位片式微处理器。一般来说,PLC 的档次越高,所用 CPU 的位数越多,运算速度越快,指令功能也越强。为提高系统的可靠性,某些 PLC 还采用双 CPU 的冗余结构或三 CPU 的表决结构,即使某个 CPU 发生故障,整个系统仍能正常运行。

3.2.2　存储器

存储器是可编程控制器存放系统程序、用户程序及运算数据的单元。与通用计算机一样,PLC 系统中也有 ROM 和 RAM 两种类型。ROM 用来存放永久保存的系统程序,一般为掩膜式 ROM 和带电可擦可编程 ROM(electrical erasable programmable ROM, E^2PROM)。RAM 读写信息容易,但在断电情况下存储的信息会丢失,一般用来存放用户程序和系统运行中产生的数据和状态。为防止断电后 RAM 中的信息丢失,PLC 采用锂电池作为 RAM 的备用电源。

按照用途不同,可编程控制器的存储空间通常可分成三个区域,即系统程序存储区、系统 RAM 存储区和用户程序存储区。

1. 系统程序存储区

系统程序存储区存放着相当于计算机操作系统的系统程序。系统程序又称系统软件,包括监控程序、管理程序、功能子程序、命令解释程序、系统诊断子程序等,出厂时由 PLC 制造商将其固化在 ROM 中,用户不能直接存取。

2. 系统 RAM 存储区

系统 RAM 存储区包括 I/O 映像区和系统软元件存储区。

(1)I/O 映像区。

PLC 运行后,只是在输入采样阶段才依次读入各输入点的状态和数据,在输出刷新阶段才将输出点的状态和数据送至相应的被控设备。因此,需要一定数量的 RAM 存储单元来存放 I/O 的状态和数据,这些单元称为 I/O 映像区。一个开关量 I/O 占用存储单元中的一个位(bit),一个模拟量 I/O 占用存储单元中的一个字(word),整个 I/O 映像区由开关量 I/O 映像区和模拟量 I/O 映像区两部分组成。

① 开关量 I/O 映像区。开关量 I/O 映像区的存储单元位数决定了 PLC 的最大开关量 I/O 点数,即开关量 I/O 映像区中存储单元的总位数就等于 PLC 的开关量 I/O 点数总和。连接到 PLC 开关量输入端的每个开关量输入在 I/O 映像区都有一个确定的位与之相对应。在输入采样阶段,若某开关量输入端连接处于"断开"状态,则 I/O 映像区中相对应的位被清零,这时梯形图中地址是该开关量输入的常开触点为"断开",常闭触点为"闭合"。如果该开关量输入端连接处于"闭合"状态,则 I/O 映像区中相对应的位被置"1",梯形图中地址是该开关量输入的常开触点为"闭合",常闭触点为"断开"。

② 模拟量 I/O 映像区。模拟量 I/O 映像区中的存储单元用来存放模拟量 I/O。由于每个模拟量占用一个字,每台 PLC 都规定了其允许访问的最大模拟量 I/O 点数,因此模拟

量 I/O 映像区中存储单元的总数就等于模拟量 I/O 点数的和。例如,具有 8 路模拟量输入和 8 路模拟量输出的 PLC,其相对应的存储单元在模拟量 I/O 映像区中由 16 个 16 位的存储单元组成。

（2）系统软元件存储区。

系统 RAM 存储区还包括 PLC 内部的各类软元件(如逻辑线圈、定时器、计数器、数据寄存器等) 存储区。该存储区又分为失电保持型存储区和非失电保持型存储区。前者在 PLC 断电时,由内部的锂电池供电,数据不会丢失;后者在 PLC 断电时,数据被清零。

① 逻辑线圈。逻辑线圈占用系统 RAM 存储区中的一个位,当 PLC 投入运行后,若逻辑运算的结果使某个逻辑线圈断开,则存储单元中与其相对应的位被清零,用户程序中地址是该逻辑线圈的常开触点均“断开”,常闭触点均“闭合”。如果逻辑运算的结果使该逻辑线圈接通,则存储单元中与其相对应的位被置“1”,用户程序中地址是该逻辑线圈的常开触点均“闭合”,常闭触点均“断开”。

② 定时器。PLC 内部的定时器一般由软件构成,它们占用系统 RAM 存储区中的一部分。通常一个定时器占用两个字的存储单元:一个存储单元用于存放计时设定值,另一个存储单元用于存放当前计时值。另外,每个定时器还占用三个位,分别用于复位位、计时位和状态位。

③ 计数器。PLC 内部的计数器一般也由软件构成,它们占用存储区的情况基本与定时器相同,通常占用两个字的存储单元。每个计数器还占用两个位:一个计数位用于存放上次扫描周期中该计数器计数控制线路的逻辑运算结果的状态;另一个计数位用于存放本次扫描周期中该计数器计数控制线路的逻辑运算结果的状态。

④ 数据寄存器。与模拟量 I/O 一样,每个数据寄存器占用系统 RAM 存储区中的一个存储单元。此外,不同的 PLC 还提供数量不等的特殊数据寄存器,这些特殊数据寄存器内的数据都具有特定的含义。

3. 用户程序存储区

用户程序存储区用于存放用户针对具体控制任务使用 PLC 编程语言编写的各种用户程序及用户的系统配置。用户存储器容量的大小关系到用户程序规模的大小,是反映 PLC 性能的重要指标之一。不同类型的 PLC,其存储容量各不相同,某些 PLC 的存储器可以根据需要进行扩展。一般来说,小型 PLC 的存储容量小,大中型 PLC 的存储容量大。西门子 S7 - 200 SMART 经济型系列 PLC 内存容量为 30 KB,三菱公司的 FX3 系列 PLC 的内存容量可达 64 KB。

3.2.3 输入输出接口

输入输出接口是可编程控制器和工业控制现场各类信号连接的部件。输入接口用来接收生产过程的各种参数,并存储于输入映像寄存器中。PLC 运行用户程序后输出的控制信息刷新输出映像寄存器,刷新信息由输出接口输出,并通过外接的执行机构完成工业现场的各类控制。生产现场对可编程控制器接口的要求主要有两点:一是要有较好的抗干扰能力;二是能满足工业现场各类信号的匹配要求。PLC 制造商为用户提供了多种接口类型的 PLC 及扩展模块。

1. 开关量输入接口

开关量输入接口把现场的开关、按钮、传感器等开关量信号变成可编程控制器内部处理的标准数字信号。PLC 输入电路中有光电隔离和 RC 滤波器,以消除输入抖动和外部噪声干扰。各种 PLC 的开关量输入接口电路结构大致相同,按可接收的外部信号电源类型不同,通常有直流输入、交流输入和交直流输入。图 3.5 所示为直流输入接口电路示意图,图 3.6 所示为交流输入接口电路示意图。

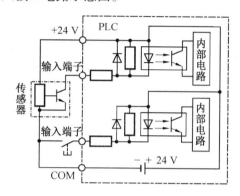

图 3.5　直流输入接口电路示意图

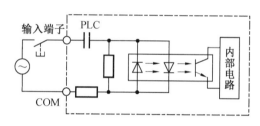

图 3.6　交流输入接口电路示意图

2. 开关量输出接口

开关量输出接口把可编程控制器内部的标准信号转换成现场执行机构所需要的开关量信号。PLC 的开关量输出接口通常有继电器型、晶体管型和可控硅型(或双向晶闸管型) 三种形式,开关量输出接口电路示意图如图 3.7 所示。其中,图 3.7(a) 所示为继电器型,图 3.7(b) 所示为晶体管型,图 3.7(c) 所示为可控硅型。PLC 的开关量输出接口可以与接触器、电磁阀、指示灯、小型电动机等被控对象直接相连。

由图 3.7 可以看出,各类输出接口中都具有隔离耦合电路。继电器输出型 PLC 利用继电器的触点和线圈将 PLC 的内部电路与外部负载电路进行电气隔离;晶体管型 PLC 通过光电耦合电路驱动晶体管导通／截止以控制外部负载工作,光耦器件实现了内外部电路的电气隔离;可控硅型 PLC 采用光耦隔离及光耦触发双向晶闸管方式控制外部交流电源和负载。

需要指出的是,PLC 输出接口本身都不带电源,而且在考虑外部驱动电源时还需要考虑输出接口电路类型。继电器型输出接口可用于交流及直流两种电源,晶体管型输出接口只适用于直流驱动的场合,可控硅型输出接口仅适用于交流驱动场合。

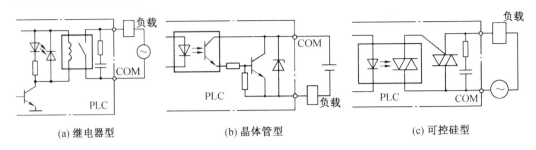

(a) 继电器型　　　　　　　　(b) 晶体管型　　　　　　　　(c) 可控硅型

图 3.7　　开关量输出接口电路示意图

三种输出形式的 PLC 中,继电器型 PLC 接通、断开的频率最低,晶体管型 PLC 通断频率最高,可控硅型 PLC 通断频率介于二者之间。在带负载能力上,通常继电器型 PLC 负载能力最大(2 A/AC250 V/DC30 V),晶体管型外部负载电源为直流(0.5 A/DC5 ～ 30 V),可控硅型外部负载电源为交流(0.3 A/AC85 ～ 242 V)。

3. 模拟量输入接口

模拟量输入接口把现场连续变化的模拟量标准信号转换成适合于可编程控制器内部处理的二进制数字信号。PLC 的模拟量输入接口可以接收标准的模拟电压或电流信号。标准信号是指符合国际标准的通用电压电流信号,如 4 ～ 20 mA 的直流电流信号、1 ～ 5 V 的直流电压信号等。工业现场中模拟量信号的变化范围一般不是标准的,在送入模拟量接口时一般都需要经过变送处理才能使用。图 3.8 所示为模拟量输入接口电路框图。模拟量信号输入后一般经运算放大器放大后进行 A/D 转换,再经光电耦合后为可编程控制器提供一定位数的数字量信号。

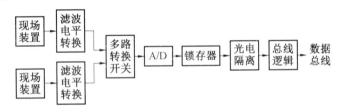

图 3.8　　模拟量输入接口电路框图

4. 模拟量输出接口

将可编程控制器运算处理后的若干位数字量信号转换为相应的模拟量信号输出,以满足生产现场连续控制信号的需要。模拟量输出接口一般由光电隔离、D/A 转换和信号驱动等环节组成。模拟量输出接口电路框图如图 3.9 所示。

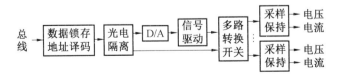

图 3.9　　模拟量输出接口电路框图

5. 智能输入输出接口

为适应较复杂的控制需要,可编程序控制器还配套了一些智能控制单元,如 PID 控制单元、高速计数器工作单元、运动控制单元等。智能控制单元大多是独立的工作单元,一般带有单独的 CPU,有专门的处理能力。在具体工作中,每个扫描周期智能单元和 PLC 主机的 CPU 交换一次信息,共同完成控制任务。目前,不少新型的可编程控制器本身也具有 PID 功能及高速计数接口,但它们的功能比专用智能单元要弱一些。

3.2.4　电源

可编程控制器的电源包括为 PLC 各工作单元供电的开关电源以及为掉电保护电路供电的后备电源。开关电源的交流输入端通常设计尖峰脉冲吸收电路,以提高 PLC 的抗干扰能力,有些 PLC 还可以为输入电路和少量的外部电平检测装置提供 24 V 直流电源(须注意电源容量)。后备电源一般为锂电池,用于在掉电情况下保存程序和数据。

3.2.5　编程设备

PLC 编程开发的主要任务是编辑程序、调试程序、监控 PLC 内程序的执行。编程设备是 PLC 编程开发不可缺少的工具,其可以是专用编程器,也可以是安装了专用编程软件包的通用计算机系统。专用编程器有简易编程器和智能编程器两类:简易编程器一般是手持式的;智能编程器又称图形编程器,其本质上是一台专用便携式计算机。

专用编程器只能对指定厂家的几种 PLC 进行编程,其使用范围有限,价格较高。同时,由于 PLC 产品不断更新换代,因此专用编程器的生命周期较短。当前 PLC 编程开发的趋势是使用以个人计算机为基础的编程设备,用户只需要购买 PLC 厂家提供的编程软件和相应的编程电缆,就可以获得较高性价比的 PLC 程序开发系统。例如,GX Works2 编程软件是三菱电机公司提供的 PLC 软件开发包,STEP7 - Micro/WIN32 SMART 是西门子公司提供的用于 S7 - 200 SMART 系列 PLC 的软件开发包。

基于个人计算机的程序开发系统功能十分强大,它既可以编制、修改 PLC 的梯形图程序,又可以监视系统运行、打印文件、进行系统仿真等,配上相应的软件,还可实现现场数据采集和分析等许多功能。

3.3　可编程控制器的编程语言

可编程控制器是一种工业控制计算机,其软件有系统软件和应用软件之分。系统软件在 PLC 交货时由制造商装入机内,永久保存;应用软件是用户为达到某种控制目的,采用 PLC 厂家提供的编程语言自主编制的程序。

早期的 PLC 在软硬件体系结构方面是封闭而不是开放的,各大厂家的 PLC 产品互不兼容,编程语言也形形色色,给 PLC 的应用和推广带来了不便。为规范 PLC 的编程语言,IEC 起草并颁布了工业自动化领域编程语言的标准(IEC 61131 - 3)。IEC 61131 - 3 归纳定义了两大类编程语言:图形化编程语言和文本化编程语言。前者包括梯形图(ladder diagram,LD)、功能块图(function block diagram,FBD)和顺序功能图(sequential function chart,SFC),后者包括指令表(instruction list,IL)和结构文本(structure text,ST)。

3.3.1　图形化编程语言

1. 梯形图

梯形图是PLC中使用最广泛的编程语言,由传统的继电器控制电路图演变而来,与继电器控制系统原理图很相似,直观易懂,是熟悉继电器控制系统的技术人员最容易接受和使用的编程语言。

梯形图由触点、线圈和功能指令等组成。触点代表逻辑输入条件,如外部的开关、按钮和内部条件等。线圈通常代表逻辑输出结果,用来控制外部的接触器线圈、指示灯和内部的输出标志位等。梯形图中的某些编程元件沿用了继电器这一名称,但它们不是物理继电器(即"硬件继电器"),而是在软件中使用的编程元件(称为"软继电器")。每个软继电器都与PLC存储器中的一个存储位相对应。相应位的状态为"1"时,表示该软继电器线圈通电,其常开触点闭合,常闭触点断开;相应位的状态为"0"时,表示该软继电器线圈失电,其常开触点断开,常闭触点闭合。梯形图中各编程元件的常开触点和常闭触点均可以无限次使用。

在分析梯形图中的逻辑关系时,可以想象左右两侧垂直母线之间有一个左正右负的直流电源电压,有些编程手册省略了右侧的垂直母线。图3.10所示的梯形图中,当X0与X1的触点接通或Y0与X1的触点接通时,有一个假想的"能流"(power flow)流过Y0的线圈。利用能流概念可以更好地理解和分析梯形图,能流只能从左向右流动。

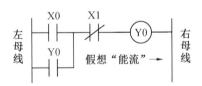

图 3.10　梯形图

梯形图由多个梯级组成,每个梯级可以由一个或多个线圈组成,每个梯级代表一个逻辑方程。根据梯形图中各触点的状态和逻辑关系求出与图中各线圈对应的编程元件的ON/OFF状态称为梯形图的逻辑运算。逻辑运算按照梯形图中从上到下、从左往右的顺序进行,上一梯级逻辑运算的结果立即可以被后面梯级的逻辑运算利用。逻辑运算是根据输入映像寄存器的值,而不是根据运算瞬时PLC输入端子的开关状态来进行的。

2. 功能块图

功能块图是一种类似于数字逻辑电路的编程语言,熟悉数字电路的人比较容易掌握。该编程语言用类似与门、或门的方框来表示逻辑运算关系,方框的左侧为逻辑运算的输入变量,右侧为输出变量,方框输入输出端的小圆圈表示"非"运算,信号自左向右流动,方框通过"导线"连接在一起。图3.11所示为功能块图编程语言示例。

3. 顺序功能图

顺序功能图又称状态转移图,常用来编制顺序控制类程序。顺序功能图提供了一种

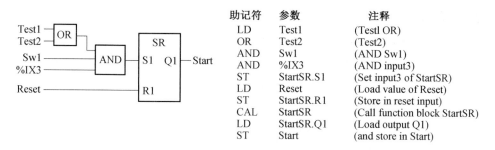

助记符	参数	注释
LD	Test1	(Testl OR)
OR	Test2	(Test2)
AND	Sw1	(AND Sw1)
AND	%IX3	(AND input3)
ST	StartSR.S1	(Set input3 of StartSR)
LD	Reset	(Load value of Reset)
ST	StartSR.R1	(Store in reset input)
CAL	StartSR	(Call function block StartSR)
LD	StartSR.Q1	(Load output Q1)
ST	Start	(and store in Start)

图 3.11　功能块图编程语言示例

组织程序的图形方法,步、转换和动作是顺序功能图的三个要素。顺序功能图示意图如图 3.12 所示。

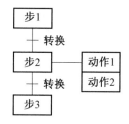

图 3.12　顺序功能图示意图

　　顺序功能图编程可将一个复杂的控制过程分解为一些小的工作状态,在对这些小的工作状态的功能分别处理后,再按一定的顺序控制要求连接,组合成整体的控制程序。顺序功能图体现了一种编程思想,在步进顺序控制中应用广泛。

3.3.2　文本化编程语言

1. 指令表

　　指令表又称语句表,是一种与汇编语言类似的助记符编程语言,一条指令一般由操作码和操作数两部分组成,也有只有操作码而没有操作数的指令。由指令组成的程序称为指令表程序,在用户程序存储器中,指令按步序号顺序存放。梯形图与指令表的对应关系如图 3.13 所示,它们严格地一一对应。对指令表编程不熟悉的人员可先画出梯形图,再转换为语句表。应说明的是,PLC 程序编制完成后,对于手持式编程器,由于不具有直接读取图形的功能,因此需要将梯形图转换成指令表才能送入可编程控制器运行。

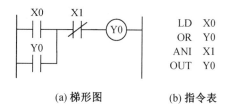

　　(a) 梯形图　　　　　　(b) 指令表

图 3.13　梯形图与指令表的对应关系

2. 结构文本

结构文本是遵循 IEC 61131 - 3 标准创建的一种专用的高级编程语言,它以高度压缩方式提供大量描述复杂功能的抽象语句。结构文本编程语言采用计算机的描述方式来描述系统中各变量之间的运算关系,完成所需的功能或操作。大多数 PLC 制造商采用的结构文本编程语言与 PASCAL、BASIC 或 C 语言等高级语言类似,但为方便应用,在语句的表达方法及种类等方面都进行了简化。

与梯形图相比,结构文本有两个突出优点:一是能实现复杂的数学运算;二是编写的程序非常简洁和紧凑。结构文本用来编写逻辑运算程序也很容易。

可编程控制器的编程语言是编制 PLC 应用程序的工具,但并不是所有的 PLC 都支持上述五种编程语言。对于一款具体的 PLC,生产厂商会根据需求提供几种编程语言或不同版本的编程平台供用户选择。例如,三菱 FX 系列 PLC 推荐使用 LD、IL、SFC 三种编程语言,提供 GX Developer、GX Works2 两种编程软件供用户选择。

3.4　可编程控制器的工作原理

3.4.1　循环扫描工作方式

可编程控制器运行程序时,会按顺序依次逐条执行存储器中的用户指令,当执行完最后的指令后,并不会马上停止,而是从头开始再次执行存储器中的程序,如此周而复始。PLC 的这种工作方式称为循环扫描工作方式。PLC 循环扫描工作过程一般包括五个阶段,即内部处理、通信服务、输入采样、程序执行和输出刷新(图 3.14)。

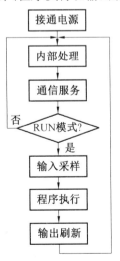

图 3.14　PLC 循环扫描工作过程

在内部处理阶段,PLC 检查 CPU 模块内部的硬件是否正常、初始化系统、复位监控定时器等。在通信服务阶段,PLC 与其他带有微控制器的控制设备通信、响应编程设备输入的命令、更新编程设备的显示内容等。

PLC 有运行(RUN)和停止(STOP)两种工作模式,两种模式的切换可以通过 PLC 的外部开关或编程软件的运行 / 停止命令进行选择。如图 3.14 所示,当 PLC 处于停止(STOP)模式时,只执行内部处理和通信服务操作;当 PLC 处于运行(RUN)模式时,PLC 的循环扫描过程包括内部处理、通信服务、输入采样、程序执行、输出刷新五个阶段的操作。输入采样、程序执行和输出刷新是与用户程序执行相关的三个阶段,正确掌握这三个阶段的工作过程是理解 PLC 工作原理的关键。

1. 输入采样阶段

在输入采样阶段,PLC 顺序读入所有输入端子的接通 / 断开状态,并将读入的信息存入系统 RAM 存储区的输入映像寄存器中。当 PLC 的某个输入端子接通时,对应的输入映像寄存器为 1 状态,梯形图中与该输入端子相应的输入继电器的常开触点闭合,常闭触点断开。当 PLC 的某个输入端子断开时,对应的输入映像寄存器为 0 状态,梯形图中与该输入端子相应的输入继电器的常开触点断开,常闭触点闭合。

在程序执行阶段,输入映像寄存器与外界隔离,其内容不会随输入端子状态的变化而发生变化,输入端子变化了的状态只能在下一个扫描周期的输入采样阶段被读入。

2. 程序执行阶段

在程序执行阶段,PLC 从输入映像寄存器或别的软元件存储区中将有关软元件的 0、1 状态读取出来,按用户程序的顺序逐条执行用户程序,并将运算结果写入系统 RAM 存储区相应的存储位中。

在用户程序执行过程中,只有输入端在 I/O 映像区存放的输入采样值不会发生变化,而其他输出点和软元件在 I/O 映像区或系统软元件存储区内的状态和数据都有可能随着程序的执行而变化。另外,由于 PLC 非并行工作的特点,因此排在上面梯级中逻辑线圈状态的改变会对其下面梯级中对应触点的状态起作用,排在下面梯级中逻辑线圈状态的改变只能等到下一个扫描周期才能对位于其上面梯级中对应触点的状态起作用。

3. 输出刷新阶段

在输出刷新阶段,PLC 将输出映像寄存器区中的 0、1 状态信息转存到输出锁存器,通过隔离电路驱动功率放大电路,使输出端子向外界输出控制信号,驱动外部负载。

下面以三相笼型异步电动机的全压起动控制为例,进一步说明 PLC 的扫描工作过程。图 3.15 所示为用 PLC 实现三相笼型异步电动机全压启动控制的循环扫描工作过程示意图。

图 3.15 中,起动按钮 SB1、停止按钮 SB2 和热继电器 FR 的常开触点分别接在编号为 X0 ~ X2 的 PLC 的输入端,交流接触器 KM 的线圈接在编号为 Y0 的 PLC 的输出端。在输入采样阶段,PLC 将 SB1、SB2 和 FR 的常开触点的状态读入相应的输入映像寄存器,外部触点接通时读入的是二进制数 1,断开时读入的是二进制数 0。在程序执行阶段,首先,PLC 从 X0 对应的输入映像寄存器中取出二进制数,与取自元件映像寄存器中的 Y0 所对应的二进制数相"或",运算结果被暂时保存;然后,PLC 分别取出 X1 或 X2 对应的输入映像寄存器中的二进制数,自动取反后与前面的运算结果做"与"运算,运算结果被暂时保存;最后,PLC 将二进制数运算结果写入 Y0 对应的元件映像寄存器。在输出处理阶段,

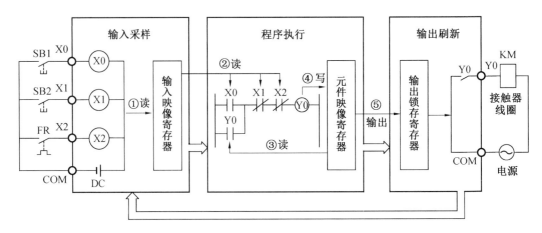

图 3.15　用 PLC 实现三相笼型异步电动机全压起动控制的循环扫描工作过程示意图

PLC 将元件映像寄存器中输出软元件的二进制数传送给输出锁存器,如果 Y0 对应的二进制数为 1,则外接的接触器线圈将通电,反之则将断电。

3.4.2　可编程控制器的扫描周期

可编程控制器在 RUN 工作模式时,执行一次图 3.14 所示扫描工作过程所需的时间称为 PLC 的扫描周期。图 3.14 中,PLC 的内部处理时间是一个常数,通信服务时间与 PLC 所连接的外围设备多少有关,输入采样和输出刷新所需要的时间取决于 I/O 点数,而程序执行所需时间涉及因素较多,主要与用户程序的长短、指令的种类和 CPU 执行指令的速度有关。当用户程序较长时,指令执行时间在扫描周期中所占比例较大。准确计算 PLC 的扫描周期有一定难度,其典型值为 10 ~ 100 ms,通常同系列新型号 PLC 的扫描速度比老型号要快。

需要指出,由于扫描工作方式的原因,因此 PLC 可能检测不到窄脉冲输入信号。为保证对外部输入信号的检测,要求输入脉冲信号持续时间应大于 PLC 的扫描周期。

3.4.3　输入输出滞后时间

输入输出滞后时间又称系统响应时间,是指从 PLC 外部输入信号发生变化的时刻开始,到它控制的对应外部输出信号发生变化的时刻停止之间的时间间隔。PLC 系统响应时间由输入电路的滤波时间、输出模块的滞后时间和因扫描工作方式而产生的滞后时间三部分组成。

输入模块的 RC 滤波电路用来滤除由输入端引入的干扰噪声,消除因外接输入触点动作时产生抖动而引起的不良影响。滤波电路的时间常数决定了输入滤波时间的长短,其典型值为 10 ms 左右。

输出模块的滞后时间与 PLC 的开关量输出接口类型有关:继电器型输出电路的滞后时间约为 10 ms;可控硅型输出电路在负载被接通时的滞后时间约为 1 ms,负载由接通到断开时的最大滞后时间约为 10 ms;晶体管型输出电路的滞后时间小于 0.2 ms。

循环扫描工作方式和程序编制方式也会加大 PLC 控制系统的滞后时间。下面通过具体例子来分析由扫描工作方式引起的滞后时间。图 3.16 所示为扫描工作方式产生的响应延迟，图中给出了某 PLC 梯形图和相关信号的波形图。波形图中的第一行是加到 PLC 输入端 X0 的外部输入信号，波形图中 X0、Y1、Y2、Y0 的波形表示对应输入输出映像寄存器的状态，高电平表示"1"状态，低电平表示"0"状态。

波形图中，输入信号在第一个扫描周期的输入采样阶段之后才出现，所以在第一个扫描周期内 X0、Y1、Y2、Y0 均为"0"状态。

在第二个扫描周期的输入采样阶段，输入继电器 X0 的输入映像寄存器变为"1"状态。在程序执行阶段，由梯形图可知，Y1 和 Y2 依次接通，与它们相对应的输出映像寄存器均变为"1"状态。

在第三个扫描周期的程序执行阶段，由于 Y1 已接通，Y0 线圈被驱动，因此与 Y0 相对应的输出映像寄存器变为"1"状态。由此可知，从 PLC 外部输入信号接通到 Y0 被驱动，响应延迟时间达两个多扫描周期。

若交换梯形图的第一梯级和第二梯级的位置，则读者可以分析出 Y0 接通的延迟时间将减少一个扫描周期，可见通过程序优化的方法可以减少延迟时间。

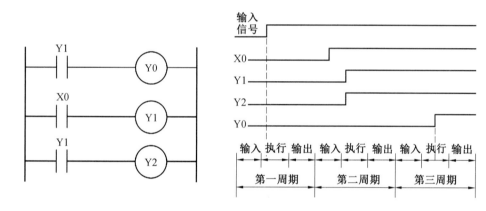

图 3.16　扫描工作方式产生的响应延迟

PLC 总的响应延迟时间通常只有数十毫秒，对于一般的控制系统是无关紧要的。但对于要求输入输出滞后时间尽量短的系统，在软件编程上可修改滤波时间常数或使用输入输出刷新指令，也可以考虑选用扫描速度快的 PLC 或采取输入中断等措施。

思　考　题

3.1 PLC 的特点是什么？

3.2 PLC 通常是如何分类的？

3.3 PLC 有几种编程语言，各有什么特点？

3.4 PLC 由哪几部分组成，各有什么作用？

3.5 PLC 常用哪几种存储器，各有什么特点，分别用来存储什么信息？

3.6 在梯形图中，同一软元件的常开触点或常闭触点使用的次数为什么没有限制？

3.7 PLC 的输出形式有几种？ 哪一种带负载能力最强？

3.8 简述一下 PLC 的工作原理。

3.9 什么是 PLC 的扫描周期？

3.10 什么是 PLC 的输入／输出滞后现象？造成这种现象的主要原因是什么？可采用哪些措施缩短输入／输出滞后时间？

第4章 三菱 FX 系列可编程控制器

PLC 生产厂家和产品型号众多,难以也没有必要全面介绍。本书重点以三菱公司推出的高性能小型可编程控制器为样机,讲解 PLC 的硬件结构、软件编程和典型应用,为基于 PLC 的控制系统应用和开发打下坚实基础。本章简要介绍三菱电机公司 PLC 产品系列、FX 系列 PLC 型号命名规则、FX$_{3U}$ 系列 PLC 的主机及 I/O 接口,分类讲解 FX$_{3U}$ 系列 PLC 编程软元件的编号、功能、特点和使用方法,为后续学习 PLC 软件编程奠定基础。

4.1 三菱 FX 系列 PLC 概述

4.1.1 三菱 PLC 主要产品系列

三菱电机公司是日本生产可编程控制器的主要厂家之一,其生产的 PLC 产品主要有 F 系列、FX 系列、A 系列和 Q 系列。F 系列小型 PLC 是三菱电机公司于 1981 年推出的,在 20 世纪 90 年代初被新推出的 F1、F2 系列取代,之后又相继推出了 FX$_0$、FX$_2$、FX$_{1S}$、FX$_{1N}$、FX$_{2N}$、FX$_{3U}$、FX$_{3G}$ 等系列产品。由于当前该公司力推的第三代小型 PLC 的机内资源(软元件和指令系统等)已全部包含和运行第二代 FX$_{2N}$ 系列机的资源,因此第二代 FX$_{2N}$ 系列机产品将在完成使命后停产,由市场上第三代 FX$_{3U}$、FX$_{3UC}$、FX$_{3G}$ 系列产品(简称 FX$_3$ 产品)主流机型替代。在三菱电机公司第三代小型 PLC 产品中,FX$_{3U}$ 产品代表了该公司当今小型 PLC 中的较高档次,具有功能强大、应用范围广、性价比高等特点,且有很强的网络通信能力,其 I/O 口最多可扩展到 384 点,存储器容量可扩大到 64 KB,满足了大多数用户的需要,在国内占有很大的市场份额。目前,以 FX$_5$ 为代表的第四代全新理念的 PLC 也正在推入市场。A 系列和 Q 系列属于大中型机,采用模块式结构,它们的 I/O 点数较多,最多可达 4 096 点,最大用户程序存储容量达到 252K 步,一般用在控制规模比较大的场合。A 系列 PLC 主要包括 A$_n$S 系列和 A$_n$A 系列两大类,它是介于 FX 系列与 Q 系列之间的过渡产品,三菱公司已不再主推。Q 系列 PLC 是从原三菱 A 系列 PLC 基础上发展起来的中大型 PLC 系列产品,按照不同的性能,Q 系列 PLC 的 CPU 类型可以分为基本型、高性能型、过程控制型、运动控制型和冗余型等,可以满足各种复杂的控制需求。Q 系列基本型 CPU 包括 Q00J、Q00、Q01 三种型号,高性能型 CPU 包括 Q02、Q02H、Q06H、Q12H、Q25H 五种型号,过程控制型 CPU 包括 Q12PH、Q25PH 两种型号,运动控制型 CPU 包括 Q172、Q173 两种基本型号,冗余型 CPU 目前有 Q12PRH、Q25PRH 两种型号。

4.1.2　FX 系列 PLC 型号命名规则

FX 系列 PLC 产品型号名称如图 4.1 所示。

$$\underset{(1)}{\mathrm{FX_{3U}}} - \underset{(2)}{48} \underset{(3)}{M} \underset{(4)}{R} \underset{(5)}{\square} - \underset{(6)}{001}$$

图 4.1　FX 系列 PLC 产品型号名称

图 4.1 中,(1) 为系列名称,如 $\mathrm{FX_{2N}}$、$\mathrm{FX_{3U}}$ 等;(2) 为开关量 I/O 总点数;(3) 为单元类型,M 表示基本单元,E 表示输入/输出混合扩展单元,EX 表示输入扩展模块,EY 表示输出扩展模块;(4) 为输出形式,R 表示继电器输出,T 表示晶体管输出,S 表示双向晶闸管输出;(5) 为其他区分,无标记表示 AC 电源、DC 输入,D 则表示 DC 电源、DC 输入;(6) 表示三菱公司为中国市场推出的专用型号。

三菱 $\mathrm{FX_{2N/3U}}$ 系列 PLC 基本单元共有 16 种,具体见表 4.1。

表 4.1　三菱 $\mathrm{FX_{2N/3U}}$ 系列 PLC 基本单元的种类

$\mathrm{FX_{2N/3U}}$ 系列 PLC 的基本单元			输入点数	输出点数	I/O 总点数
AC 电源、DC 输入					
继电器输出	晶闸管输出[①]	晶体管输出			
$\mathrm{FX_{2N/3U}}$ – 16MR – 001	—	$\mathrm{FX_{2N/3U}}$ – 16MT – 001	8	8	16
$\mathrm{FX_{2N/3U}}$ – 32MR – 001	$\mathrm{FX_{2N}}$ – 32MS – 001	$\mathrm{FX_{2N/3U}}$ – 32MT – 001	16	16	32
$\mathrm{FX_{2N/3U}}$ – 48MR – 001	$\mathrm{FX_{2N}}$ – 48MS – 001	$\mathrm{FX_{2N}}$ – 48MT – 001	24	24	48
$\mathrm{FX_{2N/3U}}$ – 64MR – 001	$\mathrm{FX_{2N}}$ – 64MS – 001	$\mathrm{FX_{2N}}$ – 64MT – 001	32	32	64
$\mathrm{FX_{2N/3U}}$ – 80MR – 001	$\mathrm{FX_{2N}}$ – 80MS – 001	$\mathrm{FX_{2N}}$ – 80MT – 001	40	40	80
$\mathrm{FX_{2N/3U}}$ – 128MR – 001	—	$\mathrm{FX_{2N/3U}}$ – 128MT – 001	64	64	128

①$\mathrm{FX_{3U}}$ 系列 PLC 的基本单元没有晶闸管型。

三菱 $\mathrm{FX_{2N}}$ 系列 PLC 扩展单元的种类共有五种,它们均可以在 $\mathrm{FX_3}$ 机型上使用,具体见表 4.2。

表 4.2　$\mathrm{FX_{2N}}$ 系列 PLC 扩展单元的种类

$\mathrm{FX_{2N}}$ 系列 PLC 的扩展单元			输入点数	输出点数	I/O 总点数
AC 电源、DC 输入					
继电器输出	晶闸管输出	晶体管输出			
$\mathrm{FX_{2N}}$ – 32ER	$\mathrm{FX_{2N}}$ – 32ES	$\mathrm{FX_{2N}}$ – 32ET	16	16	32
$\mathrm{FX_{2N}}$ – 48ER	—	$\mathrm{FX_{2N}}$ – 48ET	24	24	48

4.1.3   FX$_{3U}$ 系列 PLC 的硬件系统构成

1. FX$_{3U}$ 系列 PLC 的系统架构

FX$_{3U}$ 系列 PLC 基本单元可以根据控制规模大小外加扩展单元、扩展模块及特殊功能模块构成叠装式 PLC 控制系统。基本单元又称主机,包括 CPU、存储器、I/O 接口及直流电源等。扩展单元用于同时增加 I/O 点数,不含 CPU,仅有存储器、I/O 接口和直流电源等。扩展模块仅用于增加输入或者输出点数,内部无 CPU 和直流电源,仅有存储器、输入或输出接口,需由基本单元或扩展单元供电才能工作。由于扩展单元与扩展模块内部均无 CPU,因此它们必须与基本单元一起使用。特殊功能模块包括模拟量 I/O 模块、运动控制模块、高速计数器模块、通信模块等,能够完成一些专门控制用途。

2. 基本单元及 I/O 接线

(1)FX$_{3U}$ 的基本单元。

FX$_{3U}$ 系列 PLC 基本单元(主机)各部位图示(正面图)如图 4.2 所示。

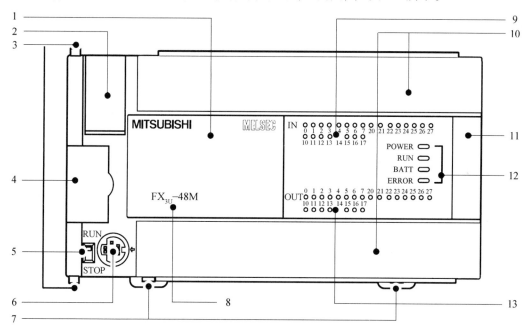

图 4.2   FX$_{3U}$ 系列 PLC 基本单元(主机)各部位图示(正面图)

1—上盖板;2—电池盖板;3—连接特殊适配器用的卡扣;4—功能扩展板部分的空盖板;5—RUN/STOP 开关;6—外设连接口;7—安装 DIN 导轨用的卡扣;8—型号显示;9—显示输入用的 LED;10—端子排盖板;11—连接扩展设备用的连接器盖板;12—显示运行状态的 LED;13—显示输出用的 LED

图 4.2 中,FX$_{3U}$ 基本单元各部位的功能简单说明如下。上盖板的下方安装有存储器盒;电池保存在电池盖板的下方,更换电池时需要打开这个盖板;连接特殊适配器时,需要用卡扣进行固定;安装功能扩展板时,需要拆下上方的空盖板;RUN/STOP 开关用于切换

PLC 的运行／停止状态,开关拨动到上方为运行,拨动到下方为停止;外设连接口用于连接外围设备,如编程工具、串口设备等;在 DIN 导轨(宽度为 35 mm)上安装 FX$_{3U}$ 基本单元时,卡扣起固定作用;型号显示用于标识基本单元的型号名称(简化型号),可根据主机右侧的铭牌确认具体型号名称;当输入端接通时,显示输入用的 LED 点亮(红色);接线时,可以将端子排盖板打开到 90° 后进行操作,然后关上这个盖板;对于连接扩展设备用的连接器盖板,其下面的连接口可以连接输入输出扩展单元／模块及特殊功能单元／模块的扩展电缆;显示运行状态的 LED 指示灯有四个,其中 POWER 指示灯在通电状态下点亮(绿色),RUN 指示灯在 PLC 运行时点亮(绿色),BATT 指示灯在电池电压降低时点亮(红色),ERROR 指示灯在程序出错时闪烁而在 CPU 错误时点亮(红色);当输出端接通时,显示输出用的 LED 点亮(红色)。

(2)FX$_{3U}$ 的 I/O 接线。

FX$_{3U}$ 系列 PLC 基本单元的供电有交流(AC100 ~ 240 V) 供电,也有直流(DC24 V)供电,其供电电源如图 4.3 所示。基本单元内部的开关电源除向 PLC 内部器件供电外,还可以向外部提供一个 24 V 直流电源,因此在 PLC 输入侧有一个 24 V 端子和一个 0 V 端子,但该电源所能提供的电流较小,多用于传感器和输入继电器的供电。当需要提供较大输入电流时,FX$_{3U}$ 基本单元的开关量输入可以通过外接 24 V 直流电源实现。

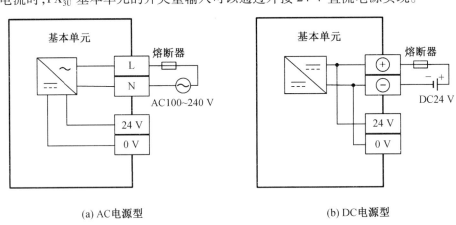

(a) AC 电源型　　　　　　　　　　　　　　　　(b) DC 电源型

图 4.3　　FX$_{3U}$ 基本单元的供电电源

与 FX$_{2N}$ 系列相比,FX$_{3U}$ 系列 PLC 在其输入侧多了一个 S/S 公共端,S/S 端可以接 24 V 电源的正极,也可以接 24 V 电源的负极,因此接线更加灵活。当 S/S 端接 24 V 电源的正极时,PLC 就构成漏型(NPN) 输入;当 S/S 端接 24 V 电源的负极时,PLC 就构成源型(PNP) 输入。AC 电源型的漏型(NPN) 输入接线图如图 4.4 所示,漏型输入时,电流从输入端子流出;AC 电源型的源型(PNP) 输入接线图如图 4.5 所示,源型输入时,电流从输入端子流入。

FX$_{3U}$ 系列 PLC 基本单元的开关量输出有继电器输出、晶体管输出和晶闸管输出三种类型。

继电器输出型可以外接直流电源,要求 DC 电压 30 V 以下;也可以外接交流电源,要求 AC 电压 240 V 以下。FX$_{3U}$ 基本单元的继电器输出回路示意图如图 4.6 所示。

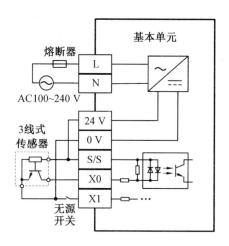

图 4.4　AC 电源型的漏型(NPN) 输入接线图

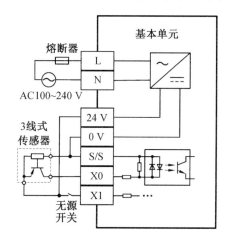

图 4.5　AC 电源型的源型(PNP) 输入接线图

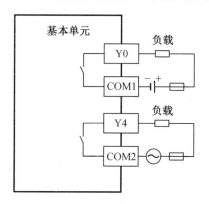

图 4.6　FX_{3U} 基本单元的继电器输出回路示意图

　　晶体管输出型只能外接直流电源,直流电压范围为 DC5 ～ 30 V,存在漏型输出和源型输出两种形式。晶体管漏型输出的公共端与直流电源的负极相连,负载电流流入输出端子;晶体管源型输出的公共端与直流电源的正极相连,负载电流从输出端子流出。晶体管漏型和源型输出回路示意图分别如图 4.7(a) 和图 4.7(b) 所示。

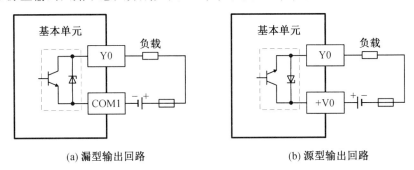

(a) 漏型输出回路　　　　　　　　　(b) 源型输出回路

图 4.7　FX$_{3U}$ 基本单元的晶体管输出回路示意图

晶闸管输出型只能外接交流电源,交流电压范围为 AC85 ~ 242 V。FX$_{3U}$ 基本单元的晶闸管输出回路示意图如图 4.8 所示。

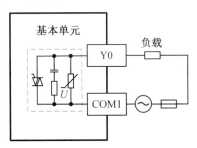

图 4.8　FX$_{3U}$ 基本单元的晶闸管输出回路示意图

FX$_{3U}$ 系列 PLC 输出的公共端子有两种设置方式:分隔式和分组式。分隔式的输出端各自独立,分组式的输出端 4 点或 8 点为一组,每一组共用一个公共端子 COM。分隔式输出端的接线方式示例如图 4.9 所示,分组式输出端的接线方式示例如图 4.10 所示。

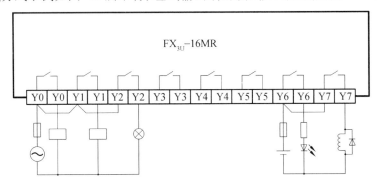

图 4.9　分隔式输出端的接线方式示例

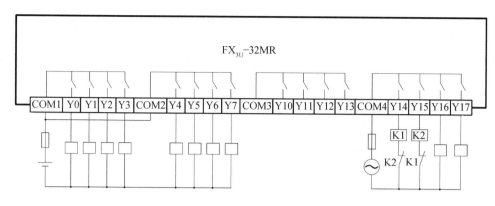

图 4.10　分组式输出端的接线方式示例

4.2　FX_{3U} 系列 PLC 的内部软元件

PLC 是一种主要用于替代传统的继电器、接触器控制的工业控制计算机,考虑到工程技术人员的习惯,常用继电器电路中类似器件名称命名 PLC 中的编程器件。编程器件用来完成 PLC 程序所赋予的逻辑运算、算术运算、定时、计数等功能。这些器件有着与硬件继电器等类似的功能,为了区别,通常称 PLC 编程器件为软元件。软元件的类型和数量往往很多,为区分它们,通常给软元件编上号码。软元件从物理实质上来说就是 PLC 内部的电子电路和系统 RAM 存储区中的存储单元,存储单元地址与它们的编号相对应。

FX_{3U} 系列 PLC 软元件的编号分为两部分:代表功能的字母,如输入继电器用"X"表示,输出继电器用"Y"表示;数字,表示该类软元件的序号,仅输入、输出继电器的序号为八进制,其余软元件序号为十进制。

在编写可编程控制器应用程序过程中,软元件的使用与继电接触器类似,具有线圈、常开触点和常闭触点。当线圈被驱动时,常开触点闭合,常闭触点断开;当线圈断开时,常闭触点接通,常开触点断开。但软元件的常开触点和常闭触点可以不限次数地使用。

4.2.1　输入继电器和输出继电器 X、Y

输入继电器专用于接收和存储(记忆对应输入映像寄存器的某一位)外部开关量输入信号,它能提供无数对常开触点和常闭触点用于内部编程。每个输入继电器线圈与 PLC 的一个输入端子相连。输入继电器的状态只能由外部信号驱动改变,而无法用程序驱动,故梯形图中无输入继电器线圈。从内部操作的角度看,一个输入继电器就是一个一位存储器单元,其值只有两种状态:"0/1"或"ON/OFF"。

输出继电器的外部物理特性就相当于接触器的常开触头,可以将一个输出继电器当作一副受控的开关,通过编制的程序控制其闭合或断开,从而驱动外部负载。从内部操作的角度看,一个输出继电器就是一个一位的可读/写存储器单元,可编程提供无数对常开触点、常闭触点。输出继电器线圈状态由程序驱动,每个输出继电器线圈在程序中一般只能出现一次,输出电路结构(继电器/晶体管/晶闸管)决定了其与外部驱动对象的接线方式。

输入、输出继电器的编号是由基本单元的固有编号和扩展单元顺序分配的编号组成的,为八进制编号。输入继电器和输出继电器的编号见表 4.3。

表 4.3　　输入继电器和输出继电器的编号

型号	FX$_{3U}$ – 16M	FX$_{3U}$ – 32M	FX$_{3U}$ – 48M	FX$_{3U}$ – 64M	FX$_{3U}$ – 80M	FX$_{3U}$ – 128M	扩展时
输入继电器	X000 ~ X007 8 点	X000 ~ X017 16 点	X000 ~ X027 24 点	X000 ~ X037 32 点	X000 ~ X047 40 点	X000 ~ X077 64 点	X000 ~ X367 248 点	合计不超过256 点
输出继电器	Y000 ~ Y007 8 点	Y000 ~ Y017 16 点	Y000 ~ Y027 24 点	Y000 ~ Y037 32 点	Y000 ~ Y047 40 点	Y000 ~ Y077 64 点	Y000 ~ Y367 248 点	

4.2.2　辅助继电器 M

辅助继电器作用与继电器控制电路中的中间继电器类似,可作为中间状态存储器及信号变换。每个辅助继电器的线圈可以由其他各种软元件的触点驱动,其常开、常闭触点在程序中可以无限次地使用,但不能直接驱动外部负载,外部负载的驱动要通过输出继电器进行。FX$_{3U}$ 内有 8 192 个辅助继电器,可分为普通用途辅助继电器、停电保持型辅助继电器和特殊辅助继电器三大类。

1. 普通用途辅助继电器

普通用途辅助继电器编号为 M0 ~ M499,共 500 个,其物理特征相当于内存 RAM。当可编程控制器的电源断开后,普通用途辅助继电器都变为 OFF 状态,恢复电源后,除因外部输入信号而使其为 ON 状态外,其余的仍保持 OFF 状态。

2. 停电保持型辅助继电器

根据控制对象的不同,有时需要辅助继电器在恢复供电后能够记忆停电前的状态,PLC 中能够满足这种控制要求的辅助继电器称为停电保持型辅助继电器,它利用可编程控制器内的后备电池进行供电,用于记忆电源断开瞬时的状态。停电保持型辅助继电器编号为 M500 ~ M7679,共 7 180 个,其中 M500 ~ M1023(计 524 个)可以通过参数设定更改为非停电保持型辅助继电器。

3. 特殊辅助继电器

特殊辅助继电器编号为 M8000 ~ M8511,共 512 个。按其使用方式不同,可分为触点利用型特殊辅助继电器和线圈驱动型特殊辅助继电器两类。

（1）触点利用型特殊辅助继电器。

触点利用型特殊辅助继电器的线圈由 PLC 运行时自行驱动,用户只能使用其触点,程序中不能出现它们的线圈。这类特殊辅助继电器常用作时基、状态标志,或用在专用控制组件出现的程序中。例如,M8000 用于运行监视,当 PLC 执行用户程序时,M8000 的触点一直为 ON;当 PLC 停止执行用户程序时,M8000 的触点为 OFF。M8002 为初始化脉冲,仅在 PLC 由 STOP 到 RUN 时接通一个扫描周期。M8011 ~ M8014 分别为 10 ms、100 ms、1 s 和 1 min 时钟脉冲触点。

(2)线圈驱动型特殊辅助继电器。

线圈驱动型特殊辅助继电器由用户程序驱动其线圈,使 PLC 执行特定的操作,用户并不使用它们的触点。例如,M8033 的线圈"通电"后,PLC 由运行进入停止,Y 输出状态保持不变。M8034 的线圈"通电"后,Y 输出全部禁止。M8039 的线圈"通电"后,PLC 以 D8039 中指定的扫描时间进行扫描。

其他特殊功能辅助继电器的编号及其功能请参阅数据手册。

4.2.3　状态继电器 S

状态继电器是构成顺序功能图 SFC 的基本要素,是对工序步进形式的控制进行简易编程所需的重要软元件,需要与步进梯形图指令(step ladder instruction,STL)组合使用。FX$_{3U}$ 系列 PLC 的状态继电器的类别、组件编号、数量及用途见表 4.4。

表 4.4　FX$_{3U}$ 系列 PLC 的状态继电器类别、组件编号、数量及用途

类别		组件编号	数量	用途
普通用途①	初始状态	S0 ~ S9	10	用于顺序功能图的初始状态
	复原状态	S10 ~ S19	10	使用状态初始化[IST]指令时,在复原程序中做复原状态
	非停电保持用途	S20 ~ S499	480	用于顺序功能图中的中间状态
停电保持用		S500 ~ S899	400②	用于停电后继续运行的状态
		S1000 ~ S4095	3 096③	
信号报警用		S900 ~ S999	100②	用于故障诊断或报警的状态

① 非停电保持区域,利用参数设定,可以更改为停电保持区域。

② 停电保持区域,利用参数设定,可以更改为非停电保持区域。

③ 停电保持专用区域。

状态继电器与辅助继电器相同,有无数个常开触点和常闭触点可供编程使用。当状态继电器不用于步进控制时,其也可以作为辅助继电器使用。

4.2.4　定时器 T

定时器相当于继电器控制系统中的时间继电器,PLC 中的定时器都是通电延时型的,可在程序中用于定时控制。PLC 程序中,定时器总是与一个定时设定值一起使用,定时器对 PLC 内 1 ms、10 ms、100 ms 时钟脉冲进行加法计数,当达到设定值时,其输出触点动作。FX$_{3U}$ 系列 PLC 中有非积算型定时器(普通型定时器)和积算型定时器两大类,当驱动逻辑为 OFF 或 PLC 断电时,非积算型定时器计数值立即复位(清零),积算型定时器计数值保持不变。定时器设定值可以采用存储器内的十进制常数 K 直接指定,也可以用数据寄存器 D 的内容间接指定。使用数据寄存器设定定时器设定值时,一般使用具有掉电

保持功能的数据寄存器,这样在断电时不会丢失数据。

FX$_{3U}$ 系列 PLC 可供使用的定时器有 512 个,具体见表 4.5。

表 4.5 FX$_{3U}$ 系列 PLC 中的定时器

FX$_{3U}$ 非积算型定时器			FX$_{3U}$ 积算型定时器	
100 ms 型 0.1 ~ 3 276.7 s	10 ms 型 0.01 ~ 327.67 s	1 ms 型 0.001 ~ 32.767 s	1 ms 积算型 0.001 ~ 32.767 s	100 ms 积算型 0.1 ~ 3 276.7 s
T0 ~ T199 200 点	T200 ~ T245 46 点	T256 ~ T511 256 点	T246 ~ T249 4 点	T250 ~ T255 6 点

每个定时器在 PLC 的存储区中占用三个寄存单元,除自身编号占一个寄存单元外,定时器的设定值寄存器和当前值寄存器各占一个寄存单元,这些寄存单元均为 16 位存储器。当定时器线圈被驱动时,定时器的当前值寄存器对 PLC 内部相关的时钟脉冲进行计数。当计数值与设定值相等时,定时器的触点动作,其常开／常闭触点可在编程时无限次使用。

图 4.11 所示为非积算型定时器在梯形图中的应用及工作波形。当输入条件 X0 接通时,非积算型定时器 T200 线圈被驱动,计数器对 10 ms 时钟脉冲进行加法累积计数。当计数值等于设定值 K350 时,T200 的输出触点接通,Y0 置 1。也就是说,当 T200 线圈得电后,其触点延时 3.5 s（10 ms × 350 = 3.5 s）后动作。在定时中,若 X0 断开或发生断电,计数器立即复位,输出触点也立即断开。

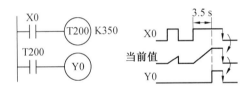

图 4.11 非积算型定时器在梯形图中的应用及工作波形

图 4.12 所示为积算型定时器在梯形图中的应用及工作波形。当输入条件 X1 接通时,积算型定时器 T251 线圈被驱动,计数器对 100 ms 时钟脉冲进行加法累积计数,当计数值等于设定值 K425 时,T251 的输出触点接通,Y1 置 1。计数途中若 X1 断开或发生断电,T251 的计数值会保持,当 X1 再次接通且上电时可继续累积计数,直到累计延时到 100 ms ×425 = 42.5 s 时,T251 触点才动作,故称为积算型定时。任何时刻只要复位输入 X2 接通,积算型定时器 T251 立即复位。

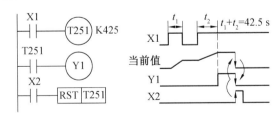

图 4.12 积算型定时器在梯形图中的应用及工作波形

4.2.5　计数器 C

计数器在程序中用于计数控制,每个计数器占有地址编号、设定值和当前计数值三个寄存器。FX$_{3U}$ 系列 PLC 中计数器可分为内部信号计数器和高速计数器两类,其常开／常闭触点可无限次使用。内部信号计数器是用来对 PLC 内部软元件(如 X、Y、M、S、T 和 C 等)提供的信号的通断进行计数,计数信号接通或断开的持续时间应大于 PLC 的扫描周期。若需要对高频率的外部信号进行计数,则需要使用机内的高速计数器。

1. 内部信号计数器

FX$_{3U}$ 系列 PLC 中有 235 个内部信号计数器,可分为 16 位加计数器和 32 位加／减双向计数器两种,每种计数器又都有普通用途和停电保持用途的区分,FX$_{3U}$ 系列 PLC 内部信号计数器分类地址编号见表 4.6。

表 4.6　FX$_{3U}$ 系列 PLC 内部信号计数器分类地址编号

16 位加计数器 (计数设定范围:1 ~ 32 767)		32 位加／减双向计数器 (计数设定范围: - 2 147 483 648 ~ 214 748 364 7)	
普通用途	停电保持用途	普通用途	停电保持用途
C0 ~ C99 100 点[①]	C100 ~ C199 100 点[②]	C200 ~ C219 20 点[①]	C220 ~ C234 15 点[②]

[①] 非停电保持区域,利用参数设定,可以更改为停电保持区域。

[②] 停电保持区域,利用参数设定,可以更改为非停电保持区域。

(1)16 位加计数器。

16 位加计数器的设定值在 K1 ~ K32767 范围内有效,设定值若为 K0,与 K1 意义相同,均在第一次计数,则其输出触点动作。

图 4.13 所示为 16 位加计数器的动作时序。图中 X10 是计数器 C0 的复位输入,当 X10 常开触点接通时,计数器 C0 的当前值复位(清零)。X11 是计数器 C0 的输入信号,当 X11 常开触点每接通一次 C0 的线圈时,计数器 C0 当前值加 1,当达到设定值 8 时,计数器 C0 触点动作,驱动输出继电器 Y0,这时即使 X11 有输入脉冲,C0 当前值也保持不变(不再计数)。

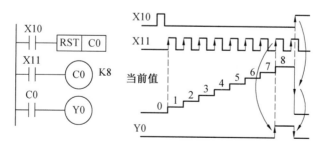

图 4.13　16 位加计数器的动作时序

16 位加计数器分为普通型计数器(C0 ~ C99)和停电保持型计数器(C100 ~ C199)。停电保持型计数器能够在断电后保持已经计数的数值。再次通电后,只要复位信号没有对计数器复位过,计数器将在原有计数值的基础上继续计数。停电保持型计数器的其他特性及使用方法与普通型计数器完全相同。

（2）32 位加／减双向计数器。

32 位计数器是指其设定值及当前值寄存器均为 32 位,32 位中的首位为符号位,设定值的最大绝对值是 31 位二进制数所表示的十进制数,则设定值范围为－2 147 483 648 ~ 214 748 364 7。32 位计数器的设定值可直接用常数 K 或间接用数据寄存器 D 的内容设定。间接设定时,是用两个连号的数据寄存器存放的。例如,指令中指定 D0 的情况下,D1、D0 这两个数据寄存器用于存放 32 位的设定值。

32 位加／减双向计数器也分为普通型计数器（C200 ~ C219）和停电保持型计数器（C220 ~ C234）,共有 35 个,每个加／减计数器的计数方向由相应的特殊辅助继电器 M8200 ~ M8234 设定。对于 C△△△,当 M△△△ 线圈被驱动后,C△△△ 为减计数器;当 M△△△ 线圈断开时,C△△△ 为加计数器（符号"△△△"取值范围为 200 ~ 234）。

图 4.14 所示为 32 位加／减双向计数器的动作时序。图中计数输入 X14 驱动 C200 线圈进行加计数或减计数,C200 设定值为 K－4。X12 为计数方向选择,当 X12 = OFF 时,特殊辅助继电器 M8200 线圈断开,C200 为加计数;当 X12 = ON 时,M8200 线圈被驱动,C200 为减计数。当计数器 C200 的当前值由"－5"增加到"－4"时,其输出触点被置位,Y1 状态为 ON;而当 C200 的当前值由"－4"减少到"－5"时,其输出触点复位。当复位输入 X13 接通时,计数器 C200 的当前值为 0,其输出触点复位。若使用停电保持型计数器,则其当前值和输出触点状态皆能断电保持。

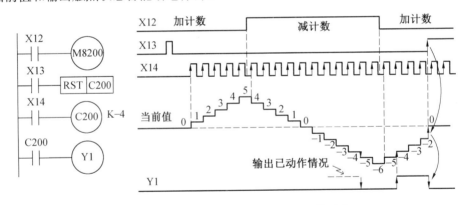

图 4.14　32 位加／减双向计数器的动作时序

32 位加／减双向计数器为循环计数器。计数器当前值达到最大值2 147 483 647后再加计数就会变成－2 147 483 648。同样,如果计数器的当前值达到－2 147 483 648 时再减计数就会变成 2 147 483 647。

2. 高速计数器

高速计数器与内部信号计数器的主要差别在以下几个方面。

（1）对外部信号计数,采用中断工作方式。可编程控制器中高速计数器都设有专用的输入端子及控制端子,这些端子既可以完成普通端子的功能,又能接收高频信号。为满足控制准确性的需要,计数器的计数、起动、复位及数值控制功能都采用中断方式工作。

（2）计数范围较大，计数频率较高，最高计数频率一般可达到 10 kHz。

（3）工作设置较灵活。高速计数器除具有内部信号计数器通过软件完成启动、复位及利用特殊辅助继电器改变计数方向等功能外，还可通过机外信号实现对其工作状态的控制，如起动、复位、改变计数方向等。

（4）使用专用的工作指令。在程序中，内部信号计数器计数时，一般在达到设定值时，其触点动作，从而实现对其他软元件的控制。高速计数器除内部信号计数器的这一工作方式外，还具有专门的控制指令，可以不通过自身的触点，以中断工作方式直接完成对其他软元件的控制。

FX$_{3U}$ 系列 PLC 中高速计数器编号为 C235 ~ C255，共 21 个，它们是 32 位加／减循环计数器，加／减计数方向由特殊辅助继电器 M8235 ~ M8255 线圈状态决定。当 M8235 ~ M8255 的线圈被驱动时，相应的 C235 ~ C255 为减计数，否则为加计数。高速计数器采用中断方式操作，通常高速计数信号只允许从 X0 ~ X5 端子输入。实际应用中，同一个 PLC 最多只能有六个高速计数器同时工作，这样设置是为使高速计数器具有多种工作方式，方便在各种控制工程中选用。21 个高速计数器按计数方式分类如下。

①1 相（无启动／复位端子）1 计数输入 C235 ~ C240 共六个。

②1 相（带启动／复位端子）1 计数输入 C241 ~ C245 共五个。

③1 相 2 计数输入 C246 ~ C250 共五个。

④2 相 2 计数输入 C251 ~ C255 共五个。

FX$_{3U}$ 系列 PLC 的高速计数器和各输入端之间的对应关系见表 4.7。从表中可以看出，X6 和 X7 也可以参与高速计数工作，但只能作为起动信号，而不能用于外部计数脉冲的输入。

表 4.7　FX$_{3U}$ 系列 PLC 的高速计数器和各输入端之间的对应关系

类别	计数器编号	输入端子							
		X0	X1	X2	X3	X4	X5	X6	X7
1 相 1 计数输入	C235	U/D							
	C236		U/D						
	C237			U/D					
	C238				U/D				
	C239					U/D			
	C240						U/D		
	C241	U/D	R						
	C242			U/D	R				
	C243					U/D	R		
	C244	U/D	R					S	
	C245			U/D	R				S

续表

类别	计数器编号	输入端子							
		X0	X1	X2	X3	X4	X5	X6	X7
1相2计数输入	C246	U	D						
	C247	U	D	R					
	C248				U	D	R		
	C249	U	D	R				S	
	C250				U	D	R		S
2相2计数输入	C251	A	B						
	C252	A	B	R					
	C253				A	B	R		
	C254	A	B	R				S	
	C255				A	B	R		S

注:U 表示加计数输入;D 表示减计数输入;A 表示 A 相输入;B 表示 B 相输入;R 表示复位输入;S 表示启动输入。

以上高速计数器都具有停电保持功能,也可以利用参数设定变为非停电保持型。下面举例介绍高速计数器的使用方法。

(1)1 相(无起动／复位端子)1 计数输入高速计数器应用举例。

图 4.15 所示为 1 相无起动／无复位高速计数器 C235 工作的梯形图。由表 4.7 可知,C235 的外部计数脉冲从 X0 输入端输入。高速计数器工作时线圈应一直通电,图中 X12 为 ON 时,C235 立即开始计数。X10 是计数方向选择信号,当 M8235 线圈被驱动时,C235 为减计数,反之为加计数。X11 为复位信号,当 X11 接通时,C235 复位。Y10 为 C235 的控制对象,如果 C235 的当前值大于等于设定值,则 Y10 接通,否则断开。

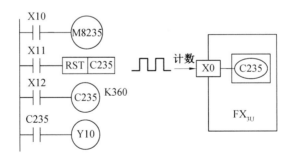

图 4.15　1 相无起动／无复位高速计数器 C235 工作的梯形图

(2)1 相(带起动／复位端子)1 计数输入高速计数器应用举例。

图 4.16 所示为 1 相带起动／复位端子高速计数器 C245 工作的梯形图。由表 4.7 可知,C245 的外部计数脉冲从 X2 端子输入,X7 为外部起动信号输入端,X3 为外部复位输入端。图中 X15 接通(C245 的线圈被驱动)的情况下,X7 变为 ON 以后,C245 立即开始计数。X3 为外部复位输入,X14 为程序复位输入,两种复位方式都可以使高速计数器 C245

复位。X13 是计数方向选择信号,当 M8245 线圈被驱动时,C245 为减计数,反之为加计数。C245 的设定值是间接指定的数据寄存器的内容(D1,D0)。

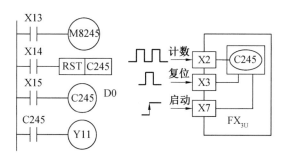

图 4.16　1 相带起动／复位端子高速计数器 C245 工作的梯形图

(3)2 相 2 计数输入型高速计数器应用举例。

2 相 2 计数输入型高速计数器的两个脉冲输入端子是同时工作的,加／减计数方式是由 2 相脉冲间的相位来决定。在 A 相信号为“1”期间,B 相信号在该期间为上升沿时为加计数;反之,B 相信号在该期间为下降沿时为减计数。需要说明的是,C251 ~ C255 同样配有编号相对应的特殊辅助继电器 M8251 ~ M8255,只是它们没有控制功能,只有指示功能,即 C251 ~ C255 的加／减计数状态可以通过 M8251 ~ M8255 的通断状态进行监视。当 M8251 ~ M8255 为 ON 时,表示相应的高速计数器 C251 ~ C255 在减计数;当 M8251 ~ M8255 为 OFF 时,表示 C251 ~ C255 在加计数。图 4.17 所示为 2 相 2 计数输入型高速计数器 C251 工作的梯形图。由表 4.7 可知,A 相、B 相信号分别从端子 X0 和 X1 输入,A 相信号为“1”时,B 相信号为上升沿,C251 进行加计数,M8251 为 OFF 状态,输出继电器 Y3 断开。图 4.17 中,X11 为 C251 的起动信号,X10 为复位输入,数据寄存器对 D3、D2 用于存放 C251 的设定值。

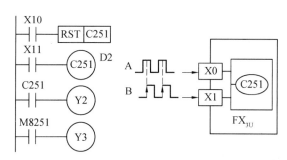

图 4.17　2 相 2 计数输入型高速计数器 C251 工作的梯形图

高速计数器的最高计数频率受两个因素限制:一个是输入响应速度;另一个是全部高速计数器的处理速度。由于采用中断方式,因此同一个 PLC 内所用高速计数器越少,计数频率就越高,具体可参考相应用户编程手册。

4.2.6　数据寄存器、文件寄存器 D

数据寄存器是保存数值数据用的软元件,文件寄存器是对相同软元件编号的数据寄存器设定初始值的软元件。FX_{3U} 系列 PLC 的数据寄存器、文件寄存器分类及编号见表 4.8。

表 4.8　FX_{3U} 系列 PLC 的数据寄存器、文件寄存器分类及编号

数据寄存器				文件寄存器
普通用途	停电保持用	停电保持专用	特殊用途	
D0 ~ D199	D200 ~ D511	D512 ~ D7999	D8000 ~ D8511	D1000④ 以后
200 点①	312 点②	7 488 点③	512 点	最大 7 000 点

① 非停电保持区域,利用参数设定,可以更改为停电保持区域。

② 停电保持区域,利用参数设定,可以更改为非停电保持区域。

③ 停电保持固定区域,其停电保持特性不能通过参数进行变更。

④ 利用参数设定,可将从 D1000 开始的数据寄存器以 500 点为单位作为文件寄存器。

每个数据寄存器、文件寄存器都是 16 位(最高位为符号位,其余为数值位)的,其能够处理的数值范围为 - 32 768 ~ 327 67。将两个相邻的数据寄存器和文件寄存器组合(构成寄存器对),可以存储 32 位(最高位为符号位)的数值数据,寄存器对的低位通常采用偶数编号的数据寄存器。一般情况下,使用功能指令对数据寄存器的数值进行读出/写入。此外,也可以用人机界面、显示模块、编程工具等直接对数据寄存器的数值进行读出/写入。

1. 普通用途/停电保持用数据寄存器

数据寄存器中的数据一旦被写入,在其他数据未被写入之前都不会变化。在 PLC 由 RUN 转入 STOP 时或停电时,普通用途数据寄存器的所有数据都被清零,但如果驱动特殊辅助继电器 M8033,则可以保持数据。而停电保持用数据寄存器在运行中停止或停电时都可保持其内容。对于 FX_{3U} 系统 PLC,通过内置的电池执行数据寄存器的停电保持功能。

将停电保持专用数据寄存器用于普通用途时,在程序的起始步应采用复位(RST)或区间复位(ZRST)指令将其数据清零。在并联通信中,D490 ~ D509 作为通信用数据寄存器。

2. 特殊用途数据寄存器

特殊用途数据寄存器是指写入特定目的数据或预先写入特定内容的数据寄存器。特殊数据寄存器用于控制和监视 PLC 内部的各种工作方式和软元件,如电池电压、扫描时间等。没有定义的特殊数据寄存器,用户不能使用。PLC 上电时,这些特殊数据寄存器被写入默认的值。例如,D8014、D8013 分别用于监视实时时钟的分值、秒值(其内容都为 0 ~ 59),D8000 为监视定时器,其默认初始值为 200。

3. 文件寄存器

利用参数设定,可将从 D1000 开始的停电保持专用数据寄存器设定为文件寄存器,以 500 点为一个记录块,可以指定 1 ~ 14 个块,最多可设置 500 点 × 14 = 7 000 点。文件寄存器用于存储大量的数据,如采集数据、统计计算数据、多组控制参数等。

文件寄存器动作示意图如图 4.18 所示。当 PLC 启动运行时,如果 M8024 = OFF,则通

过数据块传送指令 BMOV(功能号为 FNC 15),内置存储器或存储器盒中设定的文件寄存器区域(称为[A]部)会被成批传送至系统 RAM 的数据内存区域(称为[B]部)中,可供系统中除数据块传送指令外的功能指令对[B]部进行读写。当 M8024 = ON 时,也可以通过数据块传送指令 BMOV 将系统 RAM 的数据内存区域[B]部的数据成批传送到内置存储器或存储器盒内的文件寄存器区域[A]部中。

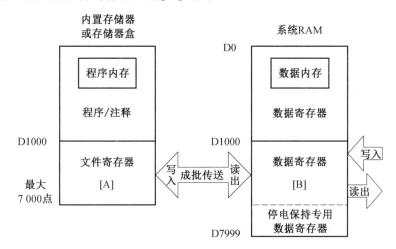

图 4.18　文件寄存器动作示意图

需要指出的是,系统 RAM 的数据内存区域[B]部中的数据寄存器虽然具有停电保持功能,但在系统停电后恢复供电时,[B]部保存的停电瞬间的变化数据将会被[A]部中的数据初始化。若要将[B]部中变化的数据保存下来,必须同时将文件寄存器区域[A]部中的数据更新为变化的数据。

4.2.7　扩展寄存器 R、扩展文件寄存器 ER

FX_{3U} 基本单元内置的机内 RAM 中具有扩展寄存器 R,它是用于扩展数据寄存器的软元件。此外,当 FX_{3U} 基本单元使用存储器盒时,扩展寄存器 R 的内容也可以保存在存储器盒内的扩展文件寄存器 ER 中。

1. 扩展寄存器、扩展文件寄存器的编号

扩展寄存器和扩展文件寄存器的编号见表 4.9。

表 4.9　扩展寄存器和扩展文件寄存器的编号

FX_{3U} 系列 可编程控制器	扩展寄存器 R (电池保持)	扩展文件寄存器 ER (文件用)
	R0 ~ R32767 32 768 点	ER0 ~ ER32767 32 768 点[①]

① 仅在使用存储器盒时可以使用(保存于存储器盒的闪存中)。

2. 数据的存储地点和访问方法

由于扩展寄存器和扩展文件寄存器保存数据所用的内存不同,因此访问的存储地点和方法也不同。扩展寄存器的数据存储地点为内置的 RAM;扩展文件寄存器的存储地点为存储器盒(闪存)。扩展寄存器与扩展文件寄存器的访问方法的差异见表 4.10。

表 4.10　扩展寄存器与扩展文件寄存器访问方法的差异

访问方法		扩展寄存器 R	扩展文件寄存器 ER
程序中读出		可以	仅专用指令可以
程序中写入		可以	仅专用指令可以
显示模块		可以	可以
数据的变更方法	GX Developer 的在线测试操作	可以	不可以
	使用 GX Developer 进行成批写入	可以	可以
	计算机链接功能	可以	不可以

扩展寄存器和扩展文件寄存器均由 1 点 16 位构成,这种软元件与数据寄存器相同,可以在功能指令等中使用 16 位/32 位运算指令进行处理。例如,可以使用功能指令对它们进行 16 位/32 位数据的读出/写入,也可以用人机界面、显示模块、编程工具直接进行读出/写入。

4.2.8　变址寄存器 V、Z

变址寄存器除与一般的数据寄存器使用方法相同外,还可以在功能指令中更改软元件的编号和数值内容。变址寄存器 V、Z 的编号为 V0(V) ~ V7、Z0(Z) ~ Z7,共 16 个,当仅指定变址寄存器 V 或 Z 时,分别作为 V0、Z0 处理。进行 32 位数据运算时,需将软元件号相同的 V、Z(如 V1、Z1)合并使用,V 为高位,Z 为低位。

变址寄存器的内容除可以修改软元件的地址号外,还可以修改常数。例如,已知 V0 = K5,执行 D20 V0 时,被执行的软元件编号为 D25(即 D(20 + 5));执行 K30 V0 时,被执行的是十进制常数 K35(即 K(30 + 5))。顺便指出,对编号为八进制数的软元件进行变址修饰时,V、Z 的内容也会被换算成八进制数后进行加法运算。因此,假定 Z1 = K10,X0Z1 被指定为 X12 而不是 X10。

可以用变址寄存器进行变址的软元件有 X、Y、M、S、T、C、D、R、P、K、H、KnX、KnY、KnM、KnS。但是,变址寄存器不能修改 V 和 Z 本身或指定位数用的 Kn 本身,如 K4M0Z0 有效,而 K0Z0M0 无效。

4.2.9　指针 P、I

指针用作跳转、中断等程序的入口地址,与跳转、子程序和中断程序等指令一起使用。指针按用途可分为分支用指针 P 和中断用指针 I 两类。其中,中断用指针 I 又可以分为输入中断用指针、定时器中断用指针和计数器中断用指针三种。在梯形图中,指针放在左母线的左边。FX$_{3U}$ 系列 PLC 的指针种类及指针编号见表 4.11。

表 4.11 FX_{3U} 系列 PLC 的指针种类及指针编号

分支用指针	中断用指针		
	输入中断用	定时器中断用	计数器中断用
P0 ~ P4095	I00□(X0) I30□(X3)	I6□□	I010 I040
4 096 点	I10□(X1) I40□(X4)	I7□□	I020 I050
其中 P63 为 END 跳	I20□(X2) I50□(X5)	I8□□	I030 I060
转用分支	6 点	3 点	6 点

1. 分支用指针 P

分支用指针 P 用于指定跳转指令 JUMP 或子程序调用指令 CALL 等分支指令的跳转目标,其应用举例如图 4.19 所示。

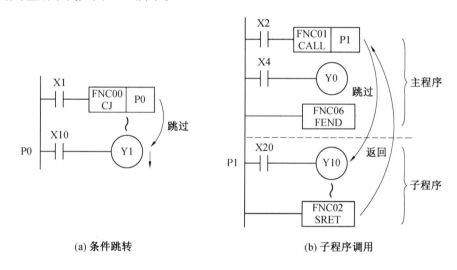

(a) 条件跳转　　　　　　　(b) 子程序调用

图 4.19　分支用指针的应用举例

图 4.19(a) 为分支用指针在条件跳转指令中的应用,当 X1 接通时,执行条件跳转指令 CJ,程序跳转到指针指定的标号 P0 位置,执行其后的程序。图 4.19(b) 为分支用指针在子程序调用中的应用,当 X2 接通时,子程序调用指令 CALL 执行指针指定的 P1 标号处的子程序,并通过子程序的返回指令 SRET 返回到原调用位置的下一条程序。

需要注意的是,在编程时,同一用户程序中指针标号不能重复使用,指针 P63 仅指向 END 指令,因此使用 P63 作为分支用指针编程时会出错。

2.中断用指针 I

中断用指针与中断返回指令 IRET(FNC 03)、允许中断指令 EI(FNC 04) 和禁止中断指令 DI(FNC 05) 一起使用。

(1) 输入中断用指针。

输入中断用指针的格式说明如图 4.20 所示。输入中断用指针仅接收来自特定输入地址号 X0 ~ X5 的中断请求信号,执行输入中断指针对应标号处的中断子程序,中断响应时不受可编程控制器运算周期的影响。由于输入中断可以处理比运算周期更短的信号，因此可在顺控过程中作为需要优先处理或短时间脉冲处理控制时使用。

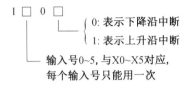

图 4.20　　输入中断用指针的格式说明

（2）定时器中断用指针。

定时器中断用指针的格式说明如图 4.21（a）所示，其用于需要按指定的中断循环时间执行中断子程序或需要不受 PLC 运算周期影响的循环中断处理控制程序的场合。

定时器中断为机内信号中断，由指定编号为 I6 ~ I8 的专用定时器控制。设定的定时中断时间在 10 ~ 99 ms 取值，每隔设定时间中断一次。例如，I850 表示每隔 50 ms 就执行一次标号为 I850 后面的中断服务程序，在执行到中断返回指令 IRET 时返回。

（3）计数器中断用指针。

计数器中断用指针的格式说明如图 4.21（b）所示。根据可编程控制器内部高速计数器（C235 ~ C255）的比较结果执行中断子程序，用于使用高速计数器优先处理计数结果的控制。计数器中断指针的中断动作要与高速计数比较置位指令 HSCS（FNC 53）组合使用。

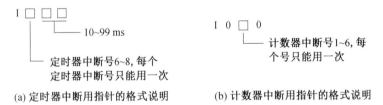

图 4.21　　定时器和计数器中断指针的格式说明

上述讨论的中断用指针的动作会受到机内特殊辅助继电器 M8050 ~ M8059 的控制，如果这些特殊辅助继电器线圈被驱动，则中断禁止。特殊辅助继电器中断禁止控制见表 4.12。

表 4.12　　特殊辅助继电器中断禁止控制

编号	名称	备注
M8050 = ON	I00□ 禁止	
M8051 = ON	I10□ 禁止	
M8052 = ON	I20□ 禁止	输入中断禁止
M8053 = ON	I30□ 禁止	
M8054 = ON	I40□ 禁止	
M8055 = ON	I50□ 禁止	

编号	名称	备注
M8056 = ON	I6□□ 禁止	定时器中断禁止
M8057 = ON	I7□□ 禁止	
M8058 = ON	I8□□ 禁止	
M8059 = ON	I010 ～ I060 禁止	计数器中断禁止

4.2.10　常数 K、H、E

常数也作为一种软元件处理,因为无论在程序中还是在 PLC 内部存储器中,它都占有一定的存储空间。K 是表示十进制整数的符号,主要用于指定定时器和计数器的设定值,或是功能指令的操作数中的数值。字数据(16 位)表示的十进制常数的范围为 K - 32 768 ～ K327 67, 双字数据（32 位） 表示的十进制常数的范围为 K - 2 147 483 648 ～ K214 748 364 7。H 是表示 16 进制数的符号,主要用于指定功能指令的操作数的数值。字数据(16 位)表示的16 进制常数的范围为 H0 ～ HFFFF(BCD 数据时则为 H0 ～ H9999）, 双字数据（32 位）表示的 16 进制常数的范围为 H0 ～ HFFFFFFFF(BCD 数据时则为 H0 ～ H99999999)。E 是表示实数(浮点数数据)的符号,主要用于指定功能指令的操作数的数值,如 E1.234 表示实数 1.234,E1.234 + 2 表示实数123.4。

思　考　题

4.1 FX_{3U} - 64MR 是什么单元,有多少个输入点、多少个输出点,属于什么输出类型?

4.2 FX 系列 PLC 的基本单元、扩展单元、扩展模块和特殊功能模块的主要作用是什么?

4.3 FX_{3U} 系列 PLC 的输出端有几种常用类型,有何特点,接线应注意哪些方面?

4.4 FX_{3U} 系列 PLC 的辅助继电器可分为哪几类? 触点利用型特殊辅助继电器与线圈驱动型特殊辅助继电器在使用上有什么区别?

4.5 FX_{3U} 系列 PLC 中有哪几类定时器? 每个定时器在 PLC 的存储区中占几个寄存单元,是如何工作的? 积算型定时器与普通型定时器有什么区别?

4.6 FX_{3U} 系列 PLC 中有哪两类计数器? 高速计数器有多少个? 高速计数器是对内部还是对外部脉冲进行计数,占用多少个输入端资源?

4.7 使用高速计数器的控制系统在安排输入口时要注意些什么? C245 高速计数器的计数脉冲和外起动／复位端应该接哪几个输入口? 如何控制它的加减计数方向?

4.8 FX_{3U} 系列 PLC 的中断用指针分为哪三种,它们各自的功能是什么?

第 5 章　FX₃ᵤ 系列 PLC 的基本指令、步进指令及编程

PLC 的软件设计是可编程控制器应用中最为关键的问题,也是整个电气控制系统设计的核心。因此,熟练掌握 PLC 的编程指令和程序设计方法对控制系统开发起着至关重要的作用。本章首先介绍 FX₃ᵤ 系列 PLC 的 29 条基本指令的格式、功能和应用举例,以及基本指令编程规则和注意事项,并分析基本指令在典型环节和实际应用中的编程思路和方法;然后阐述状态编程思想和顺序功能图(SFC)的绘制方法,并将步进指令用于 SFC 图的编程;最后结合实例详细讲解单流程 SFC、选择性分支 SFC 和并行分支 SFC 的编程方法。

5.1　基本指令

三菱 FX 系列 PLC 指令由操作码和操作数组成。操作码用助记符表示,用来表明要执行的功能,是指令中不可缺少的部分;操作数用来表示操作的对象,通常由标识符和参数组成,标识符表示操作数的类别,参数表示操作数的地址或预设值,不同指令所带操作数的个数是不一样的。例如,指令 LD X0,其中 LD 表示取,是该指令的操作码,X0 为操作数。FX₃ᵤ 系列 PLC 的基本指令有 29 条,步进指令有 2 条。

5.1.1　触点取及线圈输出指令 LD、LDI、OUT

触点取及线圈输出指令说明见表 5.1。

表 5.1　触点取及线圈输出指令说明

符号	名称	功能	梯形图表示	操作元件	程序步
LD	取	常开触点的逻辑运算开始	目标元件	X、Y、M、S、T、C	1
LDI	取反	常闭触点的逻辑运算开始	目标元件	X、Y、M、S、T、C	1
OUT	输出	线圈驱动	目标元件	Y、M、S、T、C	Y、M:1 S、特 M:2 T:3 C:3 ~ 5

指令说明如下。

（1）LD、LDI 指令分别用于将常开、常闭触点连接到左母线上,在使用 ANB、ORB 指令时,LD 与 LDI 指令用来定义与其他电路串、并联的电路块的起始触点。

（2）OUT 指令是对输出继电器 Y、辅助继电器 M、状态器 S、定时器 T、计数器 C 的线圈进行驱动的指令,但不能用于输入继电器 X。OUT 指令可以多次并联使用。

LD、LDI、OUT 指令的应用如图 5.1 所示,图中的 OUT　M100 和 OUT　T0　K25 是线圈的并联使用。

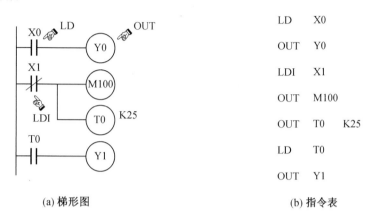

LD	X0	
OUT	Y0	
LDI	X1	
OUT	M100	
OUT	T0	K25
LD	T0	
OUT	Y1	

(a) 梯形图　　　　　　　　　　　　　　(b) 指令表

图 5.1　LD、LDI、OUT 指令的应用

5.1.2　触点串联指令 AND、ANI

触点串联指令说明见表 5.2。

表 5.2　触点串联指令说明

符号	名称	功能	梯形图表示	操作元件	程序步
AND	与	单个常开触点的串联连接	目标元件	X、Y、M、S、T、C	1
ANI	与非	单个常闭触点的串联连接	目标元件	X、Y、M、S、T、C	1

指令说明如下。

（1）AND、ANI 为单个触点的串联连接指令,串联触点的个数不受限制,指令可以重复多次使用。

（2）OUT 指令后,可以通过触点对其他线圈使用 OUT 指令,这种方式称为纵接输出（或连续输出）。只要按正确的次序设计电路,就可以重复使用连续输出。但限于图形编辑器的限制,应尽量做到一行不超过十个触点和一个线圈,连续输出总共不要超过24 行。

AND、ANI 指令的应用如图 5.2 所示,图中在指令 OUT　M101 之后通过 T1 的触点驱动 Y4,称为连续输出。

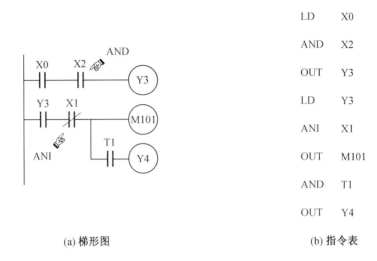

(a) 梯形图　　　　　　　　　　　　(b) 指令表

图 5.2　AND、ANI 指令的应用

5.1.3　触点并联指令 OR、ORI

触点并联指令说明见表 5.3。

表 5.3　触点并联指令说明

符号	名称	功能	梯形图表示	操作元件	程序步
OR	或	单个常开触点的并联连接	目标元件	X、Y、M、S、T、C	1
ORI	或非	单个常闭触点的并联连接	目标元件	X、Y、M、S、T、C	1

指令说明如下。

（1）OR、ORI 是单个触点的并联连接指令,OR 为常开触点的并联,ORI 为常闭触点的并联。

（2）当与 LD、LDI 指令触点相并联的触点使用 OR 或 ORI 指令时,并联触点的个数没有限制,但建议并联总共不超过 24 行。

（3）若两个或两个以上触点的串联电路块与其他回路并联,应采用后述 ORB 指令。

OR、ORI 指令的应用如图 5.3 所示。OR、ORI 指令总是将单个触点并联到它前面已经连接好的电路的两端。以图 5.3 中 M104 的常开触点为例,它前面的四条指令已经将四个触点串并联为一个整体,因此指令 OR　M104 对应的常开触点并联到该电路的两端。

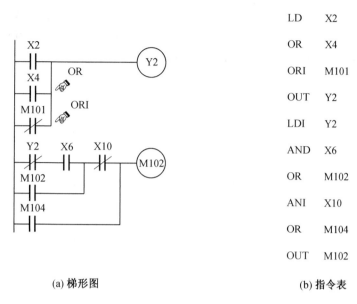

(a) 梯形图　　　　　　　　　　　　(b) 指令表

图 5.3　OR、ORI 指令的应用

5.1.4　电路块的串联并联连接指令 ANB、ORB

两个或两个以上触点并联连接的电路称为并联电路块,并联电路块与电路串联时用 ANB 指令。两个或两个以上触点串联连接的电路称为串联电路块,串联电路块与电路并联时用 ORB 指令。

电路块的串联并联连接指令说明见表 5.4。

表 5.4　电路块的串联并联连接指令说明

符号	名称	功能	梯形图表示	操作元件	程序步
ANB	电路块与	并联电路块的串联连接		无	1
ORB	电路块或	串联电路块的并联连接		无	1

指令说明如下。

(1) ANB、ORB 指令无操作数。并联电路块或串联电路块的第一个触点在程序中要用 LD(或 LDI) 指令。

(2) 多个并联电路块与前面的电路串联时,若对每个并联电路块使用 ANB 指令,则串联电路的个数没有限制;若连续使用 ANB 指令串联多个并联电路块,则串联的电路个数应限制在八个以下。

(3) 多个串联电路块与前面的电路并联时,若对每个串联电路块使用 ORB 指令,则并联电路的个数没有限制;若连续使用 ORB 指令并联多个串联电路块,则并联的电路个数应限制在八个以下。

　　ANB、ORB 指令的应用如图 5.4 所示,图中 X2 与 X3、X4 与 X5 构成的两个串联电路块的起始触点使用 LD 或 LDI 指令,虚线椭圆部分是由五个触点构成的具有三条支路的并联电路块,它与前面的电路串联,因此该并联电路块编程结束后需要使用 ANB 指令。

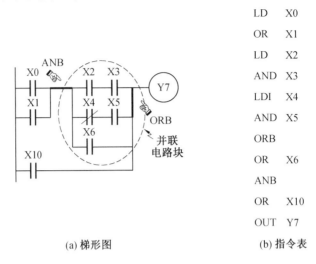

图 5.4　ANB、ORB 指令的应用

5.1.5　堆栈操作指令 MPS、MRD、MPP

　　堆栈操作指令说明见表 5.5。

表 5.5　堆栈操作指令说明

符号	名称	功能	梯形图表示	操作元件	程序步
MPS	进栈	压入堆栈第一层,堆栈中原有数据依次下移一层		无	1
MRD	读栈	读出堆栈的第一层数据		无	1
MPP	出栈	弹出堆栈第一层,堆栈内数据依次上移一层		无	1

　　指令说明如下。

　　(1)MPS、MRD 和 MPP 指令分别是压入堆栈、读取堆栈和弹出堆栈指令,它们用于多重输出电路。

　　(2)FX 系列 PLC 有 11 个存储中间运算结果的堆栈存储器,堆栈采用先进后出的数据存取方式。堆栈指令操作过程如图 5.5(a)所示,使用一次 MPS 指令,便将此时刻的运算结果压入堆栈第一层,堆栈中原有数据依次向下一层推移;MRD 指令读取存储在堆栈最上层的数据,堆栈内的数据不发生移动;MPP 指令弹出存储在堆栈最上层的数据,堆栈中各层的数据依次上移一层,最上层的数据在弹出后从堆栈内消失。

（3）MPS、MRD、MPP 指令均没有操作元件。MPS 和 MPP 必须成对使用,而且连续使用应少于 11 次。

一层堆栈应用如图 5.5(b)、(c) 所示。

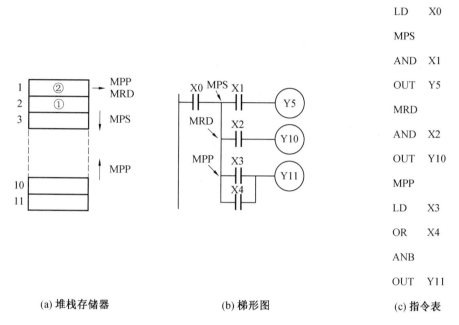

(a) 堆栈存储器　　　　(b) 梯形图　　　　(c) 指令表

图 5.5　堆栈存储器与一层堆栈应用

二层堆栈应用如图 5.6 所示。

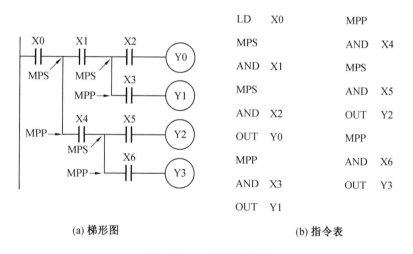

(a) 梯形图　　　　　　　　(b) 指令表

图 5.6　二层堆栈应用

5.1.6　脉冲边沿检出指令 LDP、LDF、ANDP、ANDF、ORP、ORF

脉冲边沿检出指令说明见表 5.6。

表 5.6   脉冲边沿检出指令说明

符号	名称	功能	梯形图表示	操作元件	程序步
LDP	取脉冲上升沿	检测到脉冲上升沿运算开始	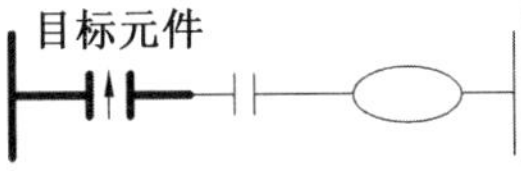 目标元件	X、Y、M、S、T、C	1
LDF	取脉冲下降沿	检测到脉冲下降沿运算开始	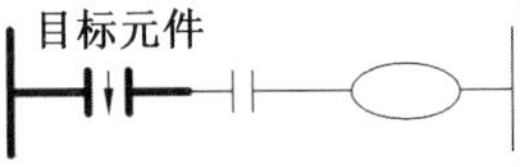 目标元件	X、Y、M、S、T、C	1
ANDP	与脉冲上升沿	脉冲上升沿检出的串联连接	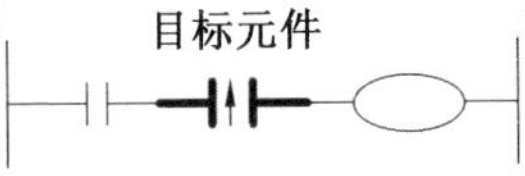 目标元件	X、Y、M、S、T、C	1
ANDF	与脉冲下降沿	脉冲下降沿检出的串联连接	 目标元件	X、Y、M、S、T、C	1
ORP	或脉冲上升沿	脉冲上升沿检出的并联连接	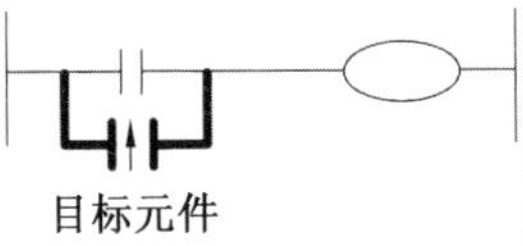 目标元件	X、Y、M、S、T、C	1
ORF	或脉冲下降沿	脉冲下降沿检出的并联连接	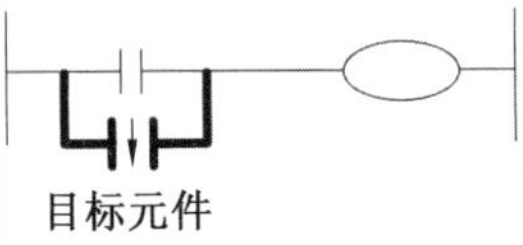 目标元件	X、Y、M、S、T、C	1

指令说明如下。

（1）LDP、ANDP、ORP 指令是检测上升沿的触点指令，仅在指定软元件由 OFF 到 ON 变化时接通一个扫描周期。

（2）LDF、ANDF、ORF 指令是检测下降沿的触点指令，仅在指定软元件由 ON 到 OFF 变化时接通一个扫描周期。

脉冲边沿检出指令的应用如图 5.7 所示，图中当 X2 ~ X4 由 OFF 到 ON 变化或由 ON 到 OFF 变化时，M0 或 M1 接通一个扫描周期后断开。

5.1.7   主控与主控复位指令 MC、MCR

主控与主控复位指令说明见表 5.7。

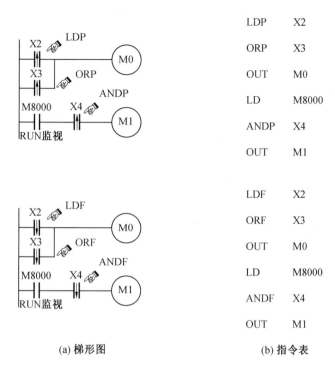

LDP	X2
ORP	X3
OUT	M0
LD	M8000
ANDP	X4
OUT	M1

LDF	X2
ORF	X3
OUT	M0
LD	M8000
ANDF	X4
OUT	M1

(a) 梯形图　　　　　　　　　　(b) 指令表

图 5.7　脉冲边沿检出指令的应用

表 5.7　主控与主控复位指令说明

符号	名称	功能	梯形图表示	操作元件	程序步
MC	主控	连接到公共串联触点	⊢ ⊦ MC Ni Y、M	Y、M（除特殊辅助继电器）	3
MCR	主控复位	解除连接到公共串联触点	MCR Ni	无	2

指令说明如下。

（1）MC 为主控指令,用于公共串联触点的连接;MCR 为主控复位指令,即 MC 的复位指令。编程时,经常遇到多个线圈同时受一个或一组触点控制的问题,若在每个线圈的控制电路中都串入同样的触点,将多占存储单元,程序不简洁,此时使用主控指令更为合理。主控指令对应的触点称为主控触点,它是与母线相连的常开触点,是控制一组梯形图电路的总开关。主控触点在梯形图中与一般触点垂直。

（2）在图 5.8（a）中,输入 X0 为 ON 时,执行从 MC 到 MCR 之间的梯形图程序,若输入 X0 为 OFF,则跳过 MC 指令控制的梯形图电路,这时 MC 与 MCR 之间的梯形图软元件有以下两种状态:积算定时器、计数器、SET/RST 指令驱动的软元件保持 X0 断开前的状态;非积算定时器、OUT 指令驱动的软元件均变为 OFF 状态。

（3）执行 MC 指令后,母线移动到主控触点之后,与母线相接的所有起始触点均以 LD/LDI 开始。使用 MCR 指令,可以使右移的母线返回原来的位置,然后向下继续执行程序。

（4）在没有嵌套结构的多个主控指令程序中,可以多次使用嵌套级号 N0 来编程。在有嵌套结构时,嵌套级 Ni 的编号由小到大,通过 MCR 指令返回时,从大的嵌套级开始逐级返回。

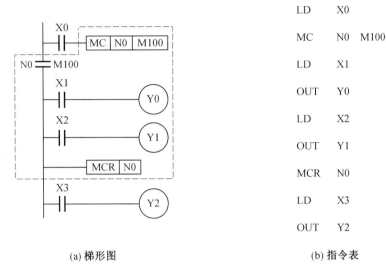

(a) 梯形图	(b) 指令表

图 5.8　无嵌套结构的 MC、MCR 指令应用举例

MC、MCR 指令的嵌套编程应用如下。

程序中 MC 指令内嵌套了 MC 指令,嵌套级 N 的地址号按顺序增大,返回时采用 MCR 指令,则从大的嵌套级 N 开始消除。

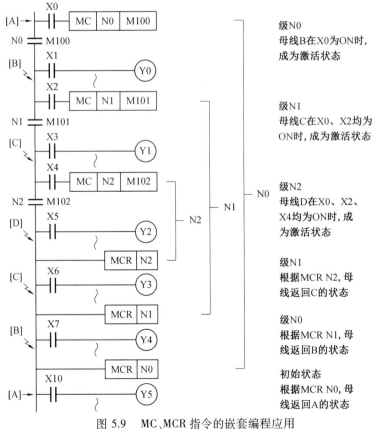

图 5.9　MC、MCR 指令的嵌套编程应用

5.1.8　置位与复位指令 SET、RST

置位与复位指令说明见表 5.8。

表 5.8　置位与复位指令说明

符号	名称	功能	梯形图表示	操作元件	程序步
SET	置位	线圈接通并保持	⊣⊢──SET　Y、M、S──	Y、M、S	Y、M:1 S、特 M:2
RST	复位	解除线圈接通,当前值及寄存器清零	⊣⊢──RST　Y、M、S、T、C、D、V、Z──	Y、M、S、T、C、D、V、Z	T、C:2 D、V、Z:3

指令说明如下。

(1)SET 为位软元件的置位指令,使线圈接通并保持(置 1);RST 为复位指令,可以对用 SET 指令置位的软元件进行复位(置 0),也可以对字软元件的当前值清零。

(2) 对同一软元件,SET、RST 可多次使用,但最后执行者有效。

(3) 对数据寄存器 D 和变址寄存器 V、Z 的内容清零时,既可以用 RST 指令,也可以用常数为 K0 的 MOV 传送指令,二者效果相同。用 RST 指令也可以对积算定时器 T246 ~ T255 和计数器 C 的当前值清零和触点复位。

SET、RST 指令的应用及操作元件输出时序如图 5.10 所示。图中 X0 一旦接通后再次变为 OFF,则 Y0 被置位 ON 状态并保持;X1 一旦接通后再次变为 OFF,则 Y0 被复位为 OFF 状态并保持。由 C0 对 X10 的 OFF → ON 次数进行加计数,当计数结果达到设定值 K10 时,计数器触点 C0 动作。此后,即使 X10 从 OFF 变为 ON,计数器 C0 的当前值也保持不变,计数器触点保持接通。为使计数器 C0 的当前值清零和触点复位,应使 X2 为 ON。

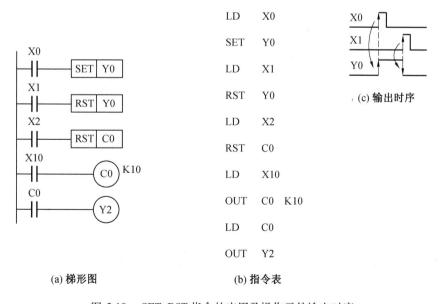

(a) 梯形图　　　　　(b) 指令表

图 5.10　SET、RST 指令的应用及操作元件输出时序

5.1.9　脉冲输出指令 PLS、PLF

脉冲输出指令说明见表 5.9 所示。

表 5.9　脉冲输出指令说明

符号	名称	功能	梯形图表示	操作元件	程序步
PLS	上升沿脉冲	上升沿微分输出	⊢⊢─[PLS │ Y、M]─	Y、M（特 M 除外）	2
PLF	下降沿脉冲	下降沿微分输出	⊢⊢─[PLF │ Y、M]─	Y、M（特 M 除外）	2

指令说明如下。

（1）对于PLS指令,仅在输入信号上升沿时,使软元件Y、M产生一个扫描周期的脉冲输出;对于 PLF 指令,仅在输入信号下降沿时,使软元件 Y、M 产生一个扫描周期的脉冲输出。

（2）PLS、PLF 指令可以在软元件的输入信号作用下,使 Y、M 产生一个扫描周期的脉冲输出,相当于对输入信号进行了微分。

PLS、PLF 指令的应用及操作元件输出时序如图 5.11 所示。

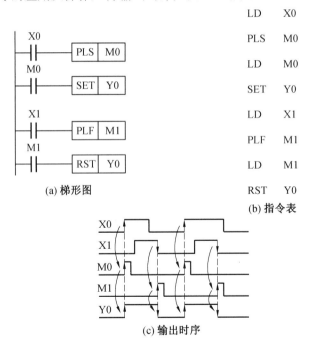

(a) 梯形图

(b) 指令表

(c) 输出时序

图 5.11　PLS、PLF 指令的应用及操作元件输出时序

5.1.10　取反、空操作、程序结束指令 INV、NOP、END

取反、空操作、程序结束指令说明见表 5.10。

表 5.10　取反、空操作、程序结束指令说明

符号	名称	功能	梯形图表示	操作元件	程序步
INV	取反	将运算结果取反	INV	无	1
NOP	空操作	无处理	NOP	无	1
END	结束	程序结束以及输入输出处理和返回到 0 步	END	无	1

指令说明如下。

（1）INV 指令是对它左边触点的逻辑运算结果取反，是无操作数指令。

（2）可以在 AND（或 ANI）、ANDP（或 ANDF）指令的位置后使用 INV 编程，也可以在 ORB、ANB 指令回路中用 INV 编程，但不能像 OR、ORI、ORP、ORF 指令那样单独并联使用，也不能像 LD、LDI、LDP、LDF 那样与母线单独连接。

（3）NOP 为空操作的指令，程序中加入 NOP 时，PLC 会无视其存在而继续运行。将程序全部清除时，所有指令都变成 NOP。

（4）END 指令表示程序结束，程序中若写入 END 指令，则程序执行到 END 为止，以后的程序步将不再扫描执行，而是直接进行输出处理。也就是说，使用 END 指令可以缩短扫描周期。END 指令也可以用来对较长的用户程序进行分段调试。

INV 指令在包含 ORB、ANB 指令的回路中的应用如图 5.12 所示，图中各个 INV 指令是将它前面的逻辑运算结果取反。图 5.12 中程序输出 Y0 的逻辑表达式为

$$Y0 = X0 \cdot (\overline{\overline{\overline{X1 \cdot X2} + \overline{X3 \cdot X4}} + \overline{X5}})$$

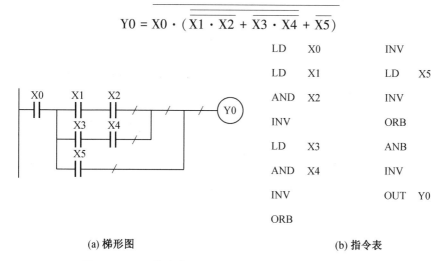

LD	X0		INV	
LD	X1		LD	X5
AND	X2		INV	
INV			ORB	
LD	X3		ANB	
AND	X4		INV	
INV			OUT	Y0
ORB				

(a) 梯形图　　　　　　　　　　　　(b) 指令表

图 5.12　INV 指令在包含 ORB、ANB 指令的回路中的应用

5.1.11　上升沿／下降沿时导通指令 MEP、MEF

上升沿／下降沿时导通指令说明见表 5.11。

表 5.11　上升沿／下降沿时导通指令说明

符号	名称	功能	梯形图表示	操作元件	程序步
MEP	上升沿时导通	运算结果脉冲化		无	1
MEF	下降沿时导通	运算结果脉冲化		无	1

指令说明如下。

（1）MEP、MEF 是三菱 FX$_3$ 系列 PLC 中使运算结果脉冲化的指令，无操作数。如果使用 MEP 或 MEF 指令，则在串联了多个触点的情况下，非常容易实现脉冲化处理。

（2）对于 MEP，截至 MEP 指令为止的运算结果，从 OFF→ON 的一个扫描周期有能流流过它；对于 MEF，截至 MEF 指令为止的运算结果，从 ON→OFF 的一个扫描周期有能流流过它。

（3）MEP、MEF 指令是根据到 MEP/MEF 指令正前面为止的运算结果而动作的，所以请在与 AND 指令相同的位置上使用。MEP、MEF 指令不能用于 LD、OR 指令的位置。

MEP、MEF 指令的应用如图 5.13 所示。

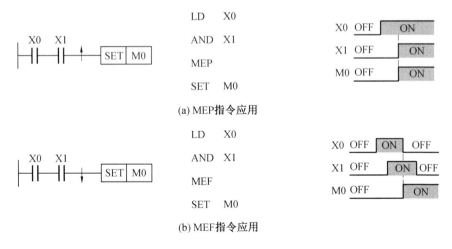

(a) MEP指令应用

(b) MEF指令应用

图 5.13　MEP、MEF 指令的应用

5.2　编程规则及注意事项

5.2.1　梯形图编程规则

（1）梯形图的各种符号要以左母线为起点，右母线（右母线可以省略）为终点自左向右分行绘出。每一行起始的触点组构成该行梯形图的"执行条件"，与右母线连接的应是输出线圈、功能指令，不能为触点。注意：触点不能接在线圈的右边，建议触点之间的线圈放在梯形图上方（如触点 A 与 B 之间的线圈 E），如图 5.14（a）所示；线圈不能直接与左母线连接，而必须通过触点连接，如图 5.14（b）所示。

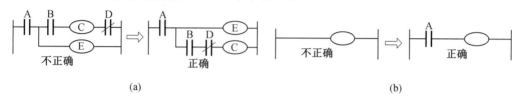

图 5.14　梯形图绘制规则（1）示例说明

（2）如果有几个电路块并联，应将串联触点较多的电路块放在上方，如图 5.15（a）所示；如果有几个电路块串联，应将并联触点较多的电路块放在左方，如图 5.15（b）所示。

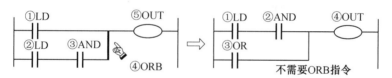

(a) 串联触点多的电路块放上方

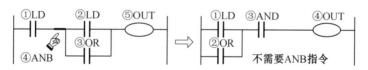

(b) 并联触点多的电路块放左方

图 5.15　梯形图绘制规则（2）示例说明

（3）触点应画在水平线上，不能画在垂直分支线上（主控触点除外）。例如，图 5.16（a）中的触点 E 被画在垂直线上，难以识别它与其他触点的逻辑关系，也难以判断通过触点 E 对输出线圈的控制方向。因此，应根据信号单向自左至右、自上而下流动的原则绘出作用于输出线圈 F 的几种可能控制路径，重新绘制后的梯形图如图 5.16(b)所示。

（4）当遇到不可编程的梯形图时，可根据信号流向和逻辑关系对原梯形图重新编排，从而可以方便、正确地进行编程。将不可编程梯形图重新编排为可编程梯形图的实例如图 5.17 所示。

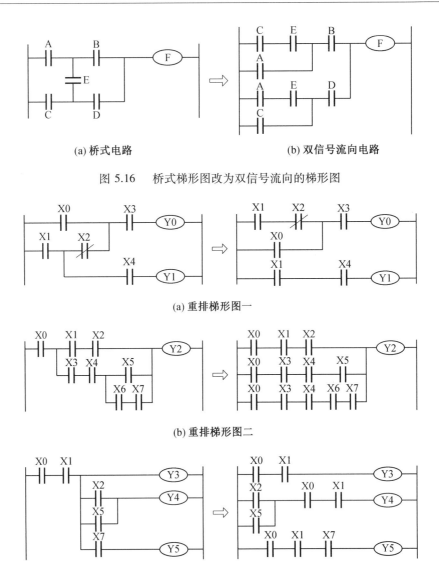

(a) 桥式电路   (b) 双信号流向电路

图 5.16   桥式梯形图改为双信号流向的梯形图

(a) 重排梯形图一

(b) 重排梯形图二

(c) 重排梯形图三

图 5.17   将不可编程梯形图重新编排为可编程梯形图的实例

5.2.2   指令表编程规则

在许多场合,需要对绘制好的梯形图列写出指令表程序。根据梯形图上的符号及符号间的相互关系正确地选取指令并仔细分析表达顺序非常重要。

利用可编程控制器基本指令对梯形图进行编程时,必须要按照信号单方向从左到右、自上而下的流向原则进行编写。在处理较复杂的触点结构(如电路块的串联、并联或与堆栈相关指令)时,指令表的表达顺序为先写出参与因素的内容,再表达参与因素间的逻辑关系。

5.2.3　双线圈输出问题

在梯形图中,线圈前面的触点代表线圈输出的条件,线圈代表输出。在同一程序中,某个线圈的输出条件可能非常复杂,但应是唯一且可集中表达的。由可编程控制器操作系统引出的梯形图编程法则规定同一个线圈在梯形图程序中只能出现一次。如果在同一程序中同一软元件的线圈使用两次或多次,则称为双线圈输出。对于双线圈输出问题,程序扫描执行的原则规定是:前面的输出无效,只有最后一次输出才是有效的。图 5.18 所示为双线圈输出的程序分析举例。图中 Y3 出现了两次输出的情况,已知输入 X1 = ON,X2 = OFF,第一次的 Y3 因为输入 X1 接通,所以其映像寄存器的状态为 ON,输出 Y4 也接通。但是第二次的 Y3,因为输入 X2 断开,所以其映像寄存器的状态变为 OFF。因此,实际的外部输出为 Y3 = OFF,Y4 = ON。

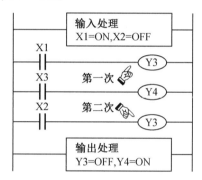

图 5.18　双线圈输出的程序分析举例

5.3　基本指令的编程应用

5.3.1　典型基本环节的编程

作为软元件及基本指令的应用,本节将讨论一些典型基本环节的编程,这些环节常作为构成复杂梯形图的基本单元出现在程序中。掌握典型基本环节的编程思路和方法有助于开发较为复杂的可编程控制器用户程序。

1. 异步电动机单向运转控制:起 − 保 − 停电路

三相异步电动机单向运转电气控制线路图如图 5.19(a) 所示。使用 PLC 控制后,所设计的 PLC 输入输出接线图如图 5.19(b) 所示。可知,起动按钮 SB1 接于 X0 输入端,停止按钮 SB2 接于 X1 输入端,接触器 KM 的线圈接于输出端 Y0,此为 PLC 端子分配图,其实质是为控制程序安排代表控制系统中事物的机内软元件。图 5.19(c) 为异步电动机单向运转控制的梯形图。当起动按钮 SB1 按下时,X0 接通,Y0 置 1,并且 Y0 线圈通过并联于 X0 两端的常开触点 Y0 保持接通状态,驱动接触器 KM 使电动机连续运行。当停止按钮 SB2 按下时,X1 接通,串联于 Y0 线圈回路中的 X1 的常闭触点断开,Y0 置 0,接触器 KM 断电使电动机停车。起 − 保 − 停单向控制电路是梯形图中最典型的单元电路。

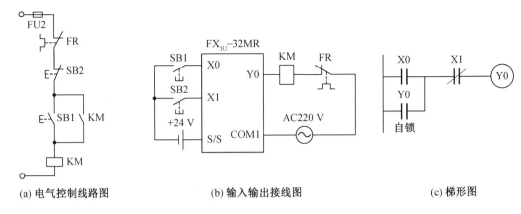

(a) 电气控制线路图　　　　　　(b) 输入输出接线图　　　　　　(c) 梯形图

图 5.19　　异步电动机单向运转控制

2.异步电动机正反转控制:互锁电路

三相异步电动机正反转控制(此处为"正 - 反 - 停"控制)的电气控制线路图如图 5.20(a)所示。KM1 和 KM2 分别是控制电动机正转运行和反转运行的交流接触器。改为 PLC 控制后的输入输出接线图如图 5.20(b)所示,图中各按钮为 PLC 提供输入信号,PLC 的输出端用来控制两个交流接触器的线圈。

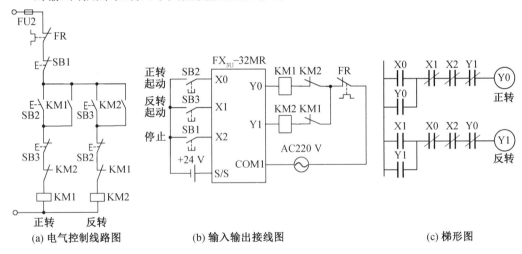

(a) 电气控制线路图　　　　　　(b) 输入输出接线图　　　　　　(c) 梯形图

图 5.20　　异步电动机正反转控制

三相异步电动机正反转控制的 PLC 梯形图程序如图 5.20(c)所示。梯形图中用两个起 - 保 - 停电路分别控制电动机的正转和反转。当正转起动按钮 SB2 按下时,X0 变为 ON,其常开触点接通,使 Y0 线圈"得电"并自保持,接触器 KM1 线圈通电,电动机正转运行。当停止按钮 SB1 按下时,X2 变为 ON,其常闭触点断开,使 Y0 线圈"失电",电动机停止运行。由于正转、反转两个接触器不能同时接通,因此在梯形图中分别将 Y0 和 Y1 的常闭触点串入对方的线圈回路,可以保证 Y0、Y1 不会同时为 ON,这种两个线圈回路中互串对方常闭触点的结构形式称为"互锁"。

此外,为方便操作和保证 Y0、Y1 不会同时为 ON,在梯形图程序中还设置了"按钮联锁",即将反转起动按钮 X1 的常闭触点与控制正转的 Y0 的线圈串联,将正转起动按钮 X0

的常闭触点与控制反转的 Y1 的线圈串联。假设 Y0 为 ON,电动机正转运行,如果想改为反转,可以不按停止按钮 SB1 而直接按下反转起动按钮 SB3,X1 变为 ON,其常闭触点断开,使 Y0 线圈"失电",同时 X1 的常开触点接通,使 Y1 线圈"得电",电动机直接由正转变为反转,这种异步电动机的正反转运行控制称为"正 - 反 - 停"控制。

3.两台电动机延时起动电路

两台交流异步电动机,一台起动 10 s 后第二台起动,共同运行后能同时停止。为实现这一功能,给两台电动机供电的两个交流接触器要占用 PLC 的两个输出端,只需要一个起动按钮和一个停止按钮即可满足控制信号输入要求。因此,本典型基本环节中 PLC 的输入输出接线图如图 5.21(a) 所示。梯形图的设计思路是第一台电动机使用起动按钮起动,第二台电动机使用定时器的常开触点延时起动,两台电动机使用同一停止按钮停车。由于第一台电动机起动 10 s 后第二台电动机起动,因此第一台电动机起动是计时起点,需要将定时器的线圈并接在第一台电动机的输出线圈上,所设计的梯形图如图 5.21(b)所示。

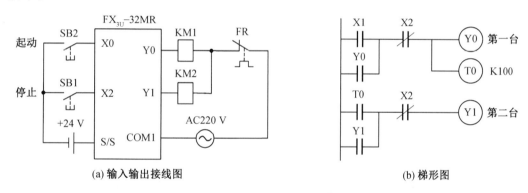

图 5.21　两台电动机延时起动控制

4.延时断开电路

控制要求:当输入 X0 为 ON 时,输出 Y0 为 ON;当输入 X0 由 ON 变 OFF 时,输出 Y0 延时一段时间后断开。根据控制要求,图 5.22 所示为延时断开电路的梯形图和时序图。图中,当 X0 为 ON 时,Y0 线圈状态为 ON 并通过自身常开触点自保持(自锁);当 X0 由 ON 变为 OFF 时,定时器 T0 开始工作,经过 5 s 定时后,T0 的常闭触点断开,Y0 也断开,同时 T0 线圈复位。

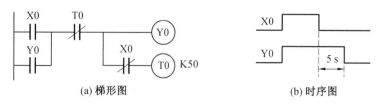

图 5.22　延时断开电路的梯形图和时序图

5.定时器的延时扩展电路

每个定时器的计时时间都有一个最大值,如 100 ms 定时器的最大计时时间为

3 276.7 s。如果工程应用中所需的延时时间大于这个数值,则一种简单的延时扩展方法是采用定时器接力计时,即先起动一个定时器计时,计时时间到时,用该定时器的常开触点起动第二个定时器,再使用第二个定时器的常开触点起动第三个定时,依此类推,并用最后一个定时器的触点去控制被控对象。图 5.23(a) 是利用定时器接力实现长延时的例子。

另一种方法是利用计数器配合定时器获得长延时,应用举例如图 5.23(b)。图中常开触点 X1 是这个电路的工作条件,当 X1 由 OFF 到 ON 时,电路开始工作。在定时器 T1 的线圈回路中串接 T1 的常闭触点使得定时器 T1 每隔 10 s 接通一次,接通时间为一个扫描周期,T1 的每一次接通都使计数器 C1 计一次数,当 C1 的计数达到设定值 50 时,C1 的常开触点闭合,从而将被控对象 Y1 置 1。因此,从 X1 接通为始点到被控对象动作的总延时时间为定时器的时间设定值乘计数器的设定值,X2 是计数器 C1 的复位条件。

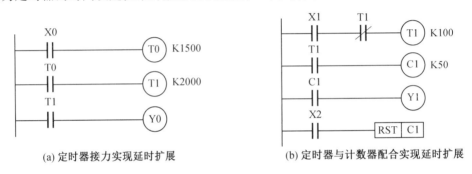

(a) 定时器接力实现延时扩展　　　　　(b) 定时器与计数器配合实现延时扩展

图 5.23　　定时器的延时扩展举例

6.脉冲发生器电路

控制要求:设计周期为 5 s 的脉冲发生器电路,其中断开 2 s,接通 3 s。图 5.24 所示为脉冲发生器电路及信号波形,图中 X1 的常开触点接通后,T0 开始定时,2 s 后 Y0 为 ON,T1 开始定时,3 s 后 T1 的常闭触点使 T0 的线圈"断电",Y0 变为 OFF,T1 的线圈"断电"。下一扫描周期因为 T1 的常闭触点接通,所以 T0 又开始定时,重复前一个动作过程。Y0"通电"和"断电"的时间分别取决于 T1 和 T0 的设定值。

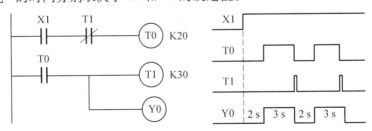

图 5.24　　脉冲发生器电路及信号波形

7.二分频电路

图 5.25 所示为二分频电路及信号波形,待分频的脉冲信号加在 X0 端。在第一个脉冲信号到来时,M100 产生一个扫描周期的单脉冲,它的常开触点闭合一个扫描周期,使 1 号

支路接通,Y0 置 1。扫描周期结束后,M100 断开,其常闭触点闭合,使 2 号支路接通,Y0 保持接通。当第二个脉冲到来时,M100 再产生一个扫描周期的单脉冲,1 号支路中因 Y0 常闭触点断开而使 1 号支路断开,而 2 号支路中因 M100 常闭触点断开而使 2 号支路也断开,因此 Y0 由接通变为断开。第二个脉冲扫描周期结束后,M100 常开触点断开,使 Y0 仍保持断开状态。通过以上分析可知,X0 每送入两个脉冲,Y0 产生一个脉冲,完成对输入信号的二分频。

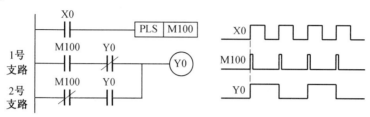

图 5.25　二分频电路及信号波形

5.3.2　基本指令编程实例

1.用 PLC 实现对通风机的监视

用 PLC 设计一个对三台通风机(以下简称"风机")的运转选择装置进行监视的系统。如果三台风机中有两台在工作,信号灯就持续点亮;如果只有一台风机工作,则信号灯以 1 Hz 频率闪烁;如果三台风机都不工作,则信号灯以 10 Hz 频率闪烁;如果运转选择装置不投运,信号灯就熄灭。

PLC 机内软元件分配表见表 5.12。

表 5.12　PLC 机内软元件分配表

输入继电器		输出继电器		其他软元件	
软元件编号	功能说明	软元件编号	功能说明	软元件编号	功能说明
X0	风机 1(接触器的常开辅助触头)	Y0	控制信号灯	M10	至少两台风机运行时,其状态为 1
X1	风机 2(接触器的常开辅助触头)			M11	无风机运行时,其状态为 1
X2	风机 3(接触器的常开辅助触头)			M8012	100 ms 时钟脉冲(频率 10 Hz)
X3	风机运转选择开关			M8013	1 s 时钟脉冲(频率 1 Hz)

根据上述控制要求,条件信号有三种:三台风机中至少有两台在运行,这时有三种逻辑组合关系,如图 5.26(a)所示;只有一台风机在运行,逻辑关系如图 5.26(b)所示;三台风机都不运行,逻辑关系如图 5.26(c)所示。将这三种逻辑关系进行组合,可以绘出风机监视系统梯形图,如图 5.27 所示。

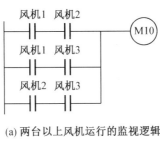

(a) 两台以上风机运行的监视逻辑

(b) 只有一台风机运行的监视逻辑

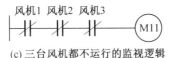

(c) 三台风机都不运行的监视逻辑

图 5.26　风机运行控制逻辑

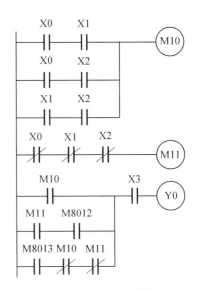

图 5.27　风机监视系统梯形图

2.三台电机循环启停控制

驱动三台电机的接触器接于 PLC 的 Y1、Y2、Y3。要求每隔 5 s 有一台电机起动,各运行 10 s 后自动停止,并按这种起停规律循环工作。

三台电机循环起停控制的可编程控制器 I/O 分配表见表 5.13。

表 5.13　三台电机循环起停控制的可编程控制器 I/O 分配表

输入			输出		
输入端	功能	元件	输出端	功能	元件
X1	起动开关	SA	Y1	1# 电机接触器	KM1
			Y2	2# 电机接触器	KM2
			Y3	3# 电机接触器	KM3

根据控制要求可绘出三台电机起停控制时序图,如图 5.28 所示。分析时序图可以发现,Y1、Y2、Y3 的控制逻辑与间隔 5 s 的"时间点"有关,每个"时间点"都有电机起停。由于本例中时间间隔相等,因此此"时间点"的建立可借助振荡电路及计数器来实现。设 X1 为 1# 电机开始运行的输入,用定时器 T1 实现 5 s 振荡,选计数器 C0、C1、C2、C3 控制循环过程中的"时间点",循环功能借助 C3 计数到设定值 4 时对全部计数器的复位来实现。

"时间点"建立之后,就可以用这些点来表示输出状态了,于是三台电机起停控制的逻辑表达式写为

$$Y1 = X1 \cdot \overline{C1}$$

$$Y2 = X1 \cdot C0 \cdot \overline{C2}$$

$$Y3 = X1 \cdot C1 \cdot \overline{C3}$$

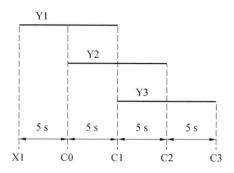

图 5.28　三台电机起停控制时序图

　　三台电机循环起停控制的梯形图如图 5.29 所示,图中输出 Y1、Y2、Y3 的通断循环均由 C0、C1、C2、C3 的"时间点"决定。

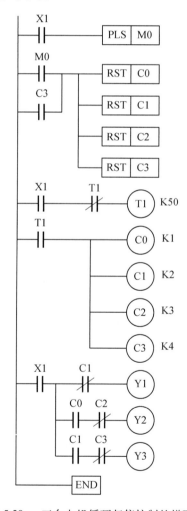

图 5.29　三台电机循环起停控制的梯形图

3.交通信号灯控制系统设计

十字路口南北向及东西向均设有红、黄、绿三个信号灯。交通信号灯起动后,首先南北向通车,六个信号灯按一定的时序循环往复工作。交通信号灯工作时序图如图 5.30 所示。

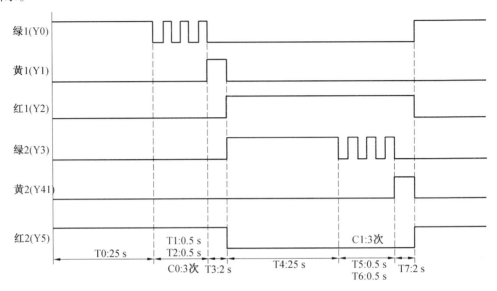

图 5.30　交通信号灯工作时序图

为实现控制信号输入和驱动信号输出,交通信号灯控制的可编程控制器 I/O 分配表见表 5.14。

表 5.14　交通信号灯控制的可编程控制器 I/O 分配表

输入			输出		
输入端	功能	元件	输出端	功能	元件
X0	起动按钮	SB1	Y0	南北向绿灯	HL1
X1	停止按钮	SB2	Y1	南北向黄灯	HL2
			Y2	南北向红灯	HL3
			Y3	东西向绿灯	HL4
			Y4	东西向黄灯	HL5
			Y5	东西向红灯	HL6

根据 I/O 分配表绘制出交通信号灯控制的 PLC 的 I/O 接线图,如图 5.31 所示。

本控制系统软件设计的关键是要用机内软元件将信号灯状态变化的“时间点”表示出来。仔细分析时序图,即图 5.30,找出信号灯状态发生变化的每个“时间点”,并分配相应的机内软元件,信号灯状态变化的时间点及实现方法见表 5.15。

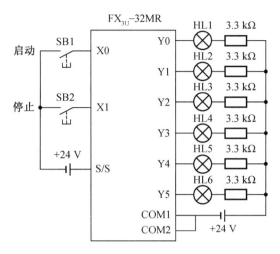

图 5.31　交通信号灯控制的 PLC 的 I/O 接线图

表 5.15　**信号灯状态变化的时间点及实现方法**

软元件	名称	功能说明
X0	起动按钮输入端	X0 = ON 时，绿灯 1 与红灯 2 点亮
T0	绿灯 1 定时器	T0 定时 25 s 后，使绿灯 1 熄灭
T1、T2	构成周期为 1 s 的振荡器	使绿灯 1 闪动。T1 定时 0.5 s 后，绿灯 1 亮；T2 定时 0.5 s 后，绿灯 1 灭
C0	绿灯 1 频闪计数器	T2 为 C0 计数信号，C0 计数三次，绿灯 1 灭，黄灯 1 亮
T3	黄灯 1 亮 2 s 定时器	T3 定时 2 s 后，使黄灯 1 和红灯 2 熄灭，红灯 1 与绿灯 2 点亮
T4	绿灯 2 定时器	T4 定时 25 s 后，使绿灯 2 熄灭
T5、T6	构成周期为 1 s 的振荡器	使绿灯 2 闪动。T5 定时 0.5 s 后，绿灯 2 亮；T6 定时 0.5 s 后，绿灯 2 灭
C1	绿灯 2 频闪计数器	T6 为 C1 计数信号，C1 计数三次，绿灯 2 灭，黄灯 2 亮
T7	黄灯 2 亮 2 s 定时器	T7 定时 2 s 后，使黄灯 2 和红灯 1 熄灭，红灯 2 和绿灯 1 点亮，一个循环结束

本控制系统梯形图设计步骤如下。

（1）依据表 5.15 中所列软元件及工作方式绘出各个"时间点"，形成所需支路。这些支路是按"时间点"的先后顺序绘出的，而且采用的是一点连一点的方式。

（2）以"时间点"为工作条件绘出各灯的输出梯形图。

（3）为实现交通灯的起停控制，在梯形图上增加主控环节。作为一轮循环的结束，将定时器 T7 的常闭触点作为条件串入主控指令中，其目的是断开主控回路，使所有定时器复位。

交通信号灯控制系统梯形图如图 5.32 所示。

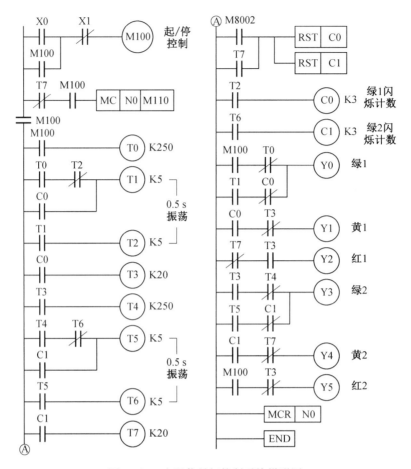

图 5.32　　交通信号灯控制系统梯形图

5.4　步进指令及状态编程法

　　状态编程法又称功能表图编程法,是工程上实现步进顺序控制的重要编程方法及工具,该方法应用方便灵活、简明直观。当今 PLC 生产厂商结合此法都提供了相关的指令。例如,三菱 FX 系列 PLC 提供了两条步进指令,利用机内大量的状态软元件 S,通过状态编程法,可以方便地满足工程上各种顺序控制的需要。

　　状态编程中常用两种方式来表述程序:一种是 SFC 程序,工程上习惯称为状态转移图,它是一种 IEC 标准推荐的首选编程语言,其编程思想是将控制过程的一个周期分为若干个阶段(每个阶段称为"步"),并明确每一步通过逻辑控制所要执行的输出,步与步之间通过指定的条件进行转换,完成全部的控制过程,SFC 程序在执行过程中始终只对处于工作状态的步进行逻辑处理和驱动输出,因此 SFC 的最大优点在于编程时只需考虑每一步工作状态的逻辑控制和执行的输出,以及步与步之间的转换条件,逻辑关系简单明了;另一种是 STL 程序,工程上又称状态梯形图,它是描述 SFC 的梯形图程序。工程上对复杂顺序控制进行状态编程时,一般先绘出 SFC,再转换成状态梯形图或指令表程序。

5.4.1　状态转移图与步进指令

状态编程时,将一个复杂的控制过程分解为若干步,每步赋予一个工作状态 Si,并分析各步工作状态的工作细节,如执行的任务、转移条件和转移方向。再根据总的控制工序要求,将这些工作状态联系起来,就构成了状态转移图。

状态器 S 是状态转移图中的基本元素。每个状态器提供了三个功能(称为状态器三要素):驱动负载、指定转移条件和指定转移目标。后两个功能是必不可少的。图 5.32 所示为简单状态转移图。图中状态 S20 有效时,驱动输出 Y1,当转移条件 X1 接通后,工作状态从 S20 转移到 S21,激活的 S21 将驱动 Y2,同时状态 S20 自动复位,Y1 断开。

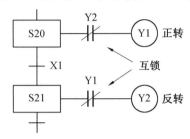

图 5.33　简单状态转移图

三菱 FX 系列 PLC 步进指令说明见表 5.16。

表 5.16　三菱 FX 系列 PLC 步进指令说明

符号	名称	功能	梯形图表示	操作元件	程序步
STL	步进梯形图	步进梯形图的开始	目标元件	S	1
RET	返回	步进梯形图的结束	——RET	无	1

STL 指令有时又称步进触点指令,有建立子母线的功能,使得目标状态器的所有操作均在子母线上进行。STL 指令的功能为激活某个状态,在梯形图上体现为从主母线上引出的常开触点(书中用胖触点 ⊩ 表示)。RET 是步进返回指令,在一系列步进指令 STL 之后加上 RET 指令,表示步进指令功能结束,使子母线返回到主母线。

图 5.34 所示为状态转移图、状态梯形图与对应的指令表间转换的应用。PLC 进入运行状态后,M8002 的初始脉冲自动使 S0 线圈置 1,S0 所对应的胖触点 ⊩ 接通(称为激活 S0)。当转移条件 X0 = ON 时,使得 S20 线圈置 1,S20 的胖触点 ⊩ 接通,同时上一步状态 S0 自动断开。激活的 S20 将驱动输出线圈 Y1、Y10 接通,若转移条件 X1 = ON,则激活 S21,同时使上一步的状态 S21 自动断开。激活的 S21 将驱动 Y11 接通,若转移条件 X2 = ON,则激活 S0,程序将返回到初始状态 S0,等待 X0 再次接通,重复上述执行过程。

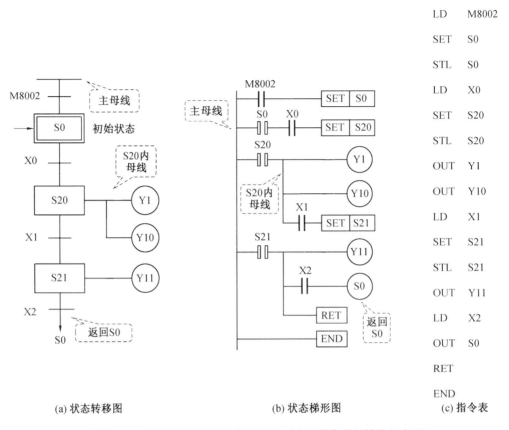

LD	M8002	
SET	S0	
STL	S0	
LD	X0	
SET	S20	
STL	S20	
OUT	Y1	
OUT	Y10	
LD	X1	
SET	S21	
STL	S21	
OUT	Y11	
LD	X2	
OUT	S0	
RET		
END		

(a) 状态转移图　　　　　　　　　　(b) 状态梯形图　　　　　　(c) 指令表

图 5.34　　状态转移图、状态梯形图与对应的指令表间转换的应用

5.4.2　编制 SFC 图的注意事项和规则

1. 编制 SFC 图的注意事项

（1）在设计 SFC 图时，初始状态软元件只能使用 S0 ~ S9，并要用双框表示。为使 SFC 能够按流程进行工作，首先要驱动初始状态软元件（使其线圈置 1，常开触点闭合），可以根据具体控制要求起动初始状态。

（2）在同一个程序中，相同编号的状态器不能重复使用。

（3）当转移条件满足时，步进顺序控制从当前的 Sn 状态转移到 Sn 的相继状态，但 Sn 状态继续接通一个扫描周期后断开，即相邻的两个状态同时接通一个扫描周期。因此，为避免不能同时接通的两个输出同时接通，除要在 PLC 外部硬件电路中设置互锁外，在相应的程序上也应设置互锁（图 5.33）。

（4）允许同一输出继电器线圈在不同的状态中多次使用，由于 SFC 中不同的状态不会同时工作，因此不能认为是双线圈输出。

（5）STL 指令后的内母线不能直接使用堆栈操作指令 MPS、MRD、MPP 编程，应该在写入 LD 或 LDI 指令后才可使用。堆栈操作指令在状态内的正确使用如图 5.35 所示。

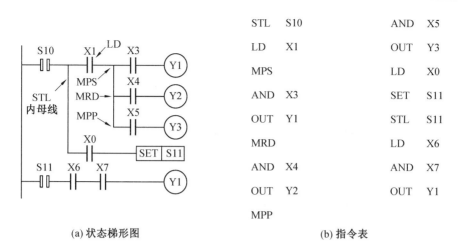

(a) 状态梯形图　　　　　　　　　(b) 指令表

图 5.35　堆栈操作指令在状态内的正确使用

（6）定时器线圈与输出继电器线圈一样，也可以在不同状态间对同一定时器软元件编程，但是不允许在相邻状态使用相同编号的定时器。

（7）负载的驱动、转移条件可能为多个软元件触点的逻辑组合控制时，视具体控制要求，按串、并联关系处理，不要出现遗漏。

（8）在中断程序和子程序内不能采用 STL 指令。

2. 编制 SFC 图的规则

（1）SFC 图中的状态转移有连续和非连续之分。连续的状态转移（即执行完某一步进入相继的下一步）使用 SET 指令。若向上游转移（称为重复）、向非连续的下游转移或向其他流程转移（称为跳转），则称为顺序不连续转移。顺序不连续的状态转移需要使用 OUT 指令，并要在 SFC 图中用"↓"符号表示转移目标。非连续转移在 SFC 图中的表示如图 5.36 所示。

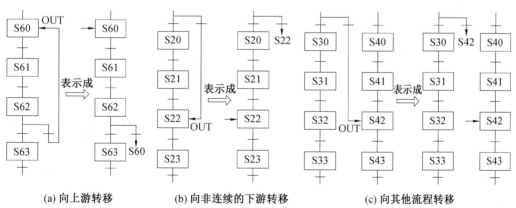

(a) 向上游转移　　　　　　(b) 向非连续的下游转移　　　　　(c) 向其他流程转移

图 5.36　非连续转移在 SFC 图中的表示

（2）SFC 图中复杂的转移条件不能使用 ANB、ORB、MPS、MRD、MPP 指令，可参照图 5.37 所示复杂转移条件的处理进行变换处理。

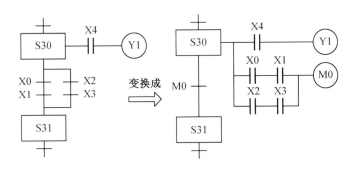

图 5.37　复杂转移条件的处理

（3）SFC 图中的流程不能交叉，应按图 5.38 所示 SFC 图中交叉流程的处理进行处理。

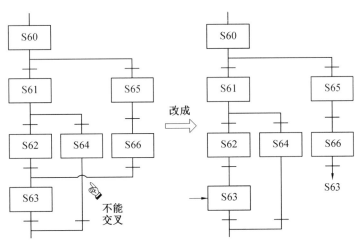

图 5.38　SFC 图中交叉流程的处理

（4）若要对某个区间状态进行复位，可用区间复位指令 ZRST 按图 5.39（a）进行处理；若要使某个状态中的输出禁止，可按图 5.39（b）所示方法进行处理；若要使 PLC 的全部输出继电器断开，可用特殊辅助继电器 M8034 接成图 5.39（c）所示电路，当 M8034 = ON 时，PLC 继续进行程序运算，但所有输出继电器都断开。

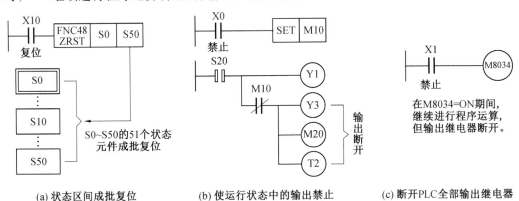

(a) 状态区间成批复位　　　　(b) 使运行状态中的输出禁止　　　　(c) 断开PLC全部输出继电器

图 5.39　状态区间复位和输出禁止的处理

为有效地利用 SFC 图解决顺序控制问题,常需要采用表 5.17 所列的特殊辅助继电器。

表 5.17　SFC 图中常采用的特殊辅助继电器功能与用途

特殊辅助继电器	名称	功能与用途
M8000	运行监视	PLC 运行时,它一直处于接通状态。可作为驱动所需的程序输入条件和表示 PLC 的运行状态来使用
M8002	初始脉冲	在 PLC 运行瞬间,产生一个扫描周期脉冲信号,用于程序的初始设定和初始状态的置位
M8040	禁止转移	驱动该继电器将禁止所有程序步之间的转移。在禁止状态转移时,接通状态内的程序仍然动作,因此输出线圈等不会自动断开
M8046	STL 动作	任一状态接通时,M8046 自动接通,可用于避免与其他流程同时起动,也可用作工序的动作标志
M8047	STL 监视器有效	驱动该继电器时,编程功能可自动读出正在动作状态的地址号

5.4.3　单流程 SFC 编程

单流程由一系列相继激活的工步组成,每一工步的后面仅有一个转移条件,且只转向一个工步。单流程 SFC 的状态转移只有一种顺序。

举例说明之前,先简要介绍单流程 SFC 的编程要点和注意事项。

(1)状态编程应先进行驱动再转移,不能颠倒。

(2)对状态器处理,必须使用步进开始指令 STL。

(3)状态编程最后必须使用返回指令 RET,使右移的母线返回主母线。

(4)驱动负载使用 OUT 指令。当同一负载连续多个状态被驱动时,可使用 SET 指令置位,当负载无须驱动时,用 RST 指令将其复位。

(5)相邻状态使用的 T、C 地址编号不能相同。

(6)顺序不连续转移(向上、向非连续的下面状态或其他流程转移等)不能使用 SET 指令,应改用 OUT 指令。

(7)STL 与 RET 指令之间不能使用 MC、MCR 指令。

(8)初始状态(S0 ~ S9)一般用系统初始条件或 M8002 初始脉冲驱动。

下面以台车的自动往返控制为例说明单流程 SFC 的编程方法。

台车自动往返一个工作周期的控制工艺要求如下。

(1)按下起动按钮 SB,电机 M 正转,台车前进,碰到限位开关 SQ1 后,电机 M 反转,台车后退。

(2)台车后退时碰到限位开关 SQ2 后,电机 M 停转,台车停车 5 s 后,第二次前进,碰到限位开关 SQ3,再次后退。

（3）当后退再次碰到限位开关 SQ2 时，台车停车。

运用状态编程思想，将整个工作过程按工序要求分解。由 PLC 的输出继电器 Y1 控制电机 M 正转，驱动台车前进；由 Y2 控制电机 M 反转，驱动台车后退。为实现 5 s 延时，选用定时器 T0。将起动按钮 SB 及限位开关 SQ1、SQ2、SQ3 分别接入 PLC 的输入端 X0、X1、X2、X3。分析台车一个工作周期的控制要求，有五个工序需要顺序控制，台车自动往返顺序控制工序图如图 5.40 所示，其工作示意图如图 5.41 所示。

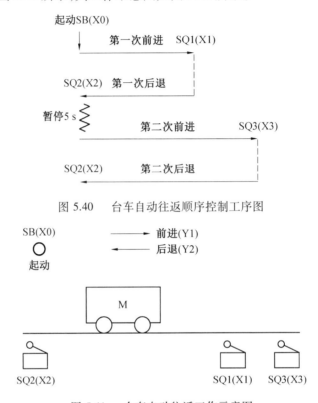

图 5.40　台车自动往返顺序控制工序图

图 5.41　台车自动往返工作示意图

对每个工序分配状态软元件，并说明每个状态的功能及转移条件，具体见表 5.18。

表 5.18　工序状态软元件分配、功能及转移条件

工序	状态器分配	功能	转移条件
初始状态	S0	PLC 上电做好工作准备	X0(SB)
第一次前进	S20	驱动输出继电器线圈 Y1,M 正转	X1(SQ1)
第一次后退	S21	驱动输出继电器线圈 Y2,M 正转	X2(SQ2)
暂停 5 s	S22	驱动定时器 T0,延时 5 s	T0
第二次前进	S23	驱动输出继电器线圈 Y1,M 正转	X3(SQ3)
第二次后退	S24	驱动输出继电器线圈 Y2,M 正转	X2(SQ2)

根据表 5.18 可以绘出台车自动往返控制的状态转移图、状态梯形图和指令表，如图 5.42 所示。

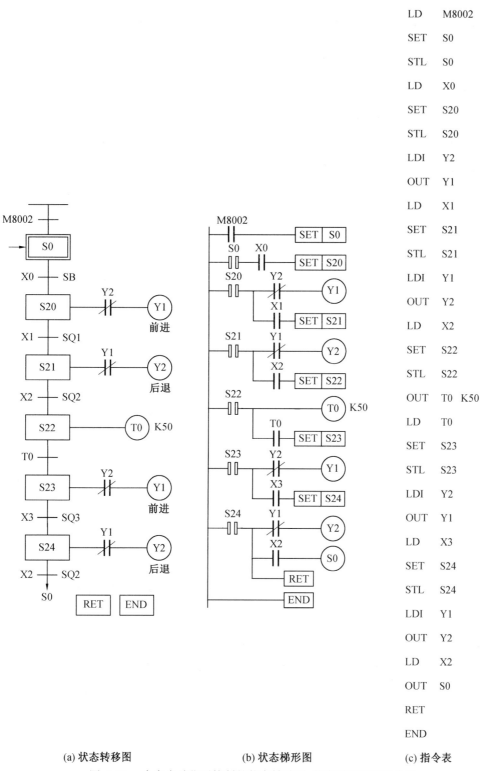

LD	M8002
SET	S0
STL	S0
LD	X0
SET	S20
STL	S20
LDI	Y2
OUT	Y1
LD	X1
SET	S21
STL	S21
LDI	Y1
OUT	Y2
LD	X2
SET	S22
STL	S22
OUT	T0 K50
LD	T0
SET	S23
STL	S23
LDI	Y2
OUT	Y1
LD	X3
SET	S24
STL	S24
LDI	Y1
OUT	Y2
LD	X2
OUT	S0
RET	
END	

(a) 状态转移图　　　　(b) 状态梯形图　　　　(c) 指令表

图 5.42　台车自动往返控制的状态转移图、状态梯形图和指令表

5.4.4 选择性分支 SFC 编程

1. 选择性分支 SFC 图的特点

选择性分支就是在执行多个分支流程中,每次选择满足转移条件的一个分支执行。图 5.43 所示为选择性分支状态转移图,其具有如下特点。

(1)该状态转移图有三个分支流程。

(2)S20 为分支状态。根据不同的条件(X0、X10、X20),只能选择执行其中一个分支流程。当 X0 为 ON 时,执行第一分支流程;当 X10 为 ON 时,执行第二分支流程;当 X20 为 ON 时,执行第三分支流程。X0、X10、X20 不能同时为 ON。

(3)S50 为汇合状态,可由 S22、S32、S42 的任一工作状态的转移条件驱动。

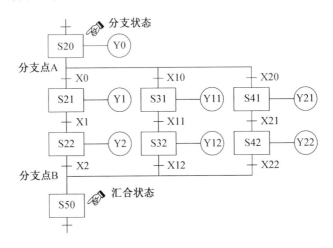

图 5.43　选择性分支状态转移图

2. 选择性分支状态、汇合状态的编程

选择性分支 SFC 的编程原则是先集中处理分支状态,再集中处理汇合状态。

选择性分支状态的编程方法是先进行分支状态的驱动处理,再按顺序进行转移处理。图 5.43 中的分支状态 S20 的编程方法如图 5.44 所示。

选择性汇合状态的编程方法是先进行汇合前状态的驱动处理,再按顺序进行向汇合状态的转移处理。图 5.43 中的汇合状态 S50 的编程方法如图 5.45 所示。

图 5.43 中选择性分支的状态转移图所对应的状态梯形图如图 5.46 所示。

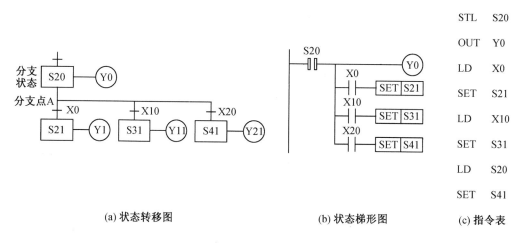

(a) 状态转移图　　　　　(b) 状态梯形图　　　　　(c) 指令表

图 5.44　分支状态 S20 的编程方法

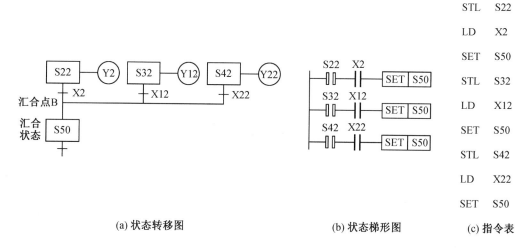

(a) 状态转移图　　　　　(b) 状态梯形图　　　　　(c) 指令表

图 5.45　汇合状态 S50 的编程方法

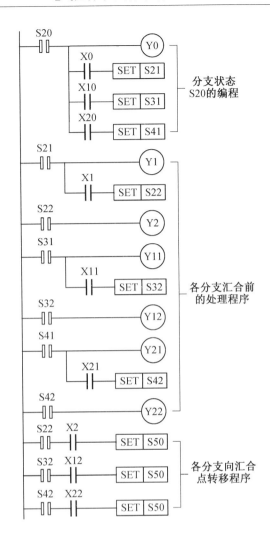

图 5.46　选择性分支的状态转移图所对应的状态梯形图

3. 选择性分支应用示例:大小球自动分类选择传送控制

图 5.47 所示为使用传送带将大、小球分类选择传送的机械装置示意图。

图 5.47 中,左上为原点,机械臂的动作顺序为下降、吸住、上升、右行、下降、释放、上升、左行。机械臂下降时,当电磁铁压着大球时,下限位开关 SQ2 断开;压着小球时,下限位开关 SQ2 接通。以此可判断吸住的是大球还是小球。

为实现控制任务,需要对 PLC 机内软元件进行分配,具体见表 5.19。

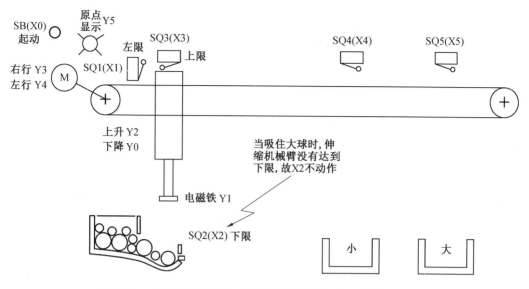

图 5.47　使用传送带将大、小球分类选择传送的机械装置示意图

表 5.19　PLC 机内软元件分配表

输入继电器		输出继电器		其他软元件	
软元件编号	输入设备	软元件编号	功能	软元件编号	功能
X0	起动按钮 SB	Y0	机械臂下降	T0	机械臂下降定时
X1	左限位开关 SQ1	Y1	电磁铁吸合	T1	电磁铁吸合定时
X2	下限位开关 SQ2	Y2	机械臂上升	T2	电磁铁释放定时
X3	上限位开关 SQ3	Y3	传送带右行	M8002	激活初始状态 S0
X4	小球收纳箱位置开关 SQ4	Y4	传送带左行	S21 ~ S33	步进状态器
X5	大球收纳箱位置开关 SQ5	Y5	原点指示灯		

　　根据工艺要求,该控制流程根据 SQ2 的状态(即对应大、小球)有两个分支,此处应为分支点,且属于选择性分支。分支在机械臂下降之后若 SQ2 接通,则将小球吸住、上升、右行到 SQ4(小球位置输入 X4 动作)处下降(此处为汇合点),然后释放、上升、左移到原点。分支在机械臂下降之后若 SQ2 断开,则将大球吸住、上升、右行到 SQ5(大球位置输入 X5 动作)处下降(此处为汇合点),然后释放、上升、左移到原点。绘制的大、小球自动分类选择传送控制的状态转移图如图 5.48 所示。图中有有两个分支,若吸住的是小球,则 X2 为 ON,执行左侧流程;若吸住的是大球,则 X2 为 OFF,执行右侧流程。

　　由图 5.48 中的状态转移图可以编制出图 5.49 所示的大、小球分类选择传送的状态梯形图和指令表。

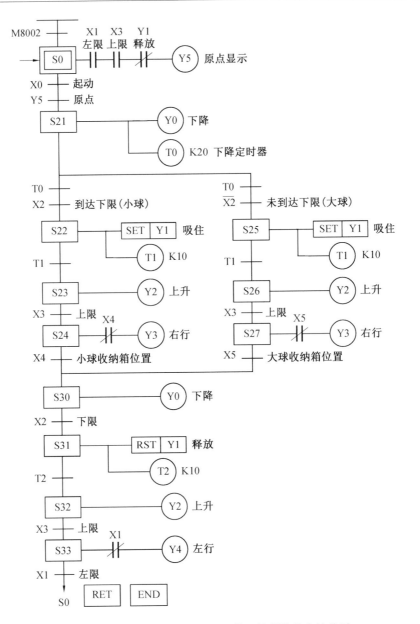

图 5.48　大、小球自动分类选择传送控制的状态转移图

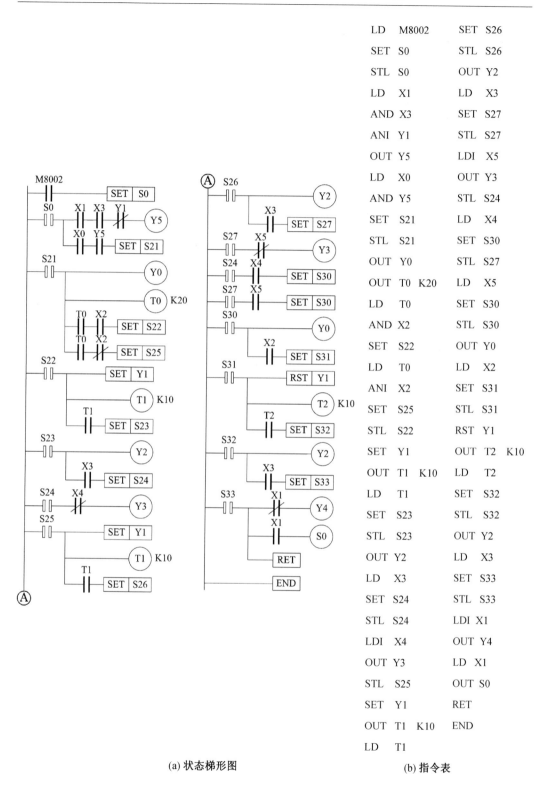

LD	M8002	SET	S26
SET	S0	STL	S26
STL	S0	OUT	Y2
LD	X1	LD	X3
AND	X3	SET	S27
ANI	Y1	STL	S27
OUT	Y5	LDI	X5
LD	X0	OUT	Y3
AND	Y5	STL	S24
SET	S21	LD	X4
STL	S21	SET	S30
OUT	Y0	STL	S27
OUT	T0 K20	LD	X5
LD	T0	SET	S30
AND	X2	STL	S30
SET	S22	OUT	Y0
LD	T0	LD	X2
ANI	X2	SET	S31
SET	S25	STL	S31
STL	S22	RST	Y1
SET	Y1	OUT	T2 K10
OUT	T1 K10	LD	T2
LD	T1	SET	S32
SET	S23	STL	S32
STL	S23	OUT	Y2
OUT	Y2	LD	X3
LD	X3	SET	S33
SET	S24	STL	S33
STL	S24	LDI	X1
LDI	X4	OUT	Y4
OUT	Y3	LD	X1
STL	S25	OUT	S0
SET	Y1	RET	
OUT	T1 K10	END	
LD	T1		

(a) 状态梯形图　　　　　　　　(b) 指令表

图 5.49　大、小球分类选择传送的状态梯形图和指令表

5.4.5　并行分支 SFC 编程

1. 并行分支状态转移图及其特点

当满足某条件后使多个分支流程同时执行的分支称为并行分支。图 5.50 所示为并行分支状态转移图,它具有以下两个特点。

(1)S20 为分支状态。

S20 动作时,若并行处理条件 X0 接通,则 S21、S31 和 S41 同时激活,三个分支同时执行。

(2)S30 为汇合状态。

三个分支流程运行全部结束后,当汇合条件 X2 为 ON 时,S30 激活,S22、S32、S42 同时复位。这种汇合有时又称排队汇合,即先执行完的流程保持动作,待全部分支流程执行结束,汇合条件满足时,才完成汇合。

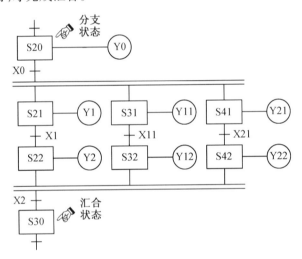

图 5.50　并行分支状态转移图

2. 并行分支状态、汇合状态的编程

并行分支 SFC 的编程原则是先集中进行并行分支处理,再集中进行汇合处理。

并行分支状态的编程方法是先进行并行分支状态的驱动处理,再用并行条件按顺序对各并行分支第一个状态激活,进行状态转移的编程。图 5.50 中的并行分支状态 S20 的编程方法如图 5.51 所示。

并行汇合状态的编程方法是先进行各分支的编程处理,再根据各并行分支最后的运行状态和汇合条件激活汇合状态。图 5.50 中的并行汇合状态 S30 的编程方法如图 5.52 所示。

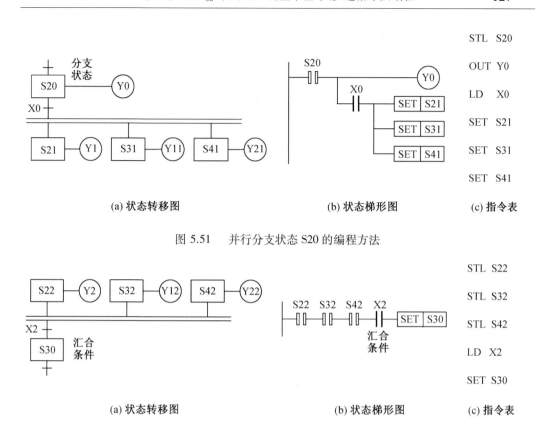

图 5.51　并行分支状态 S20 的编程方法

图 5.52　并行汇合状态 S30 的编程方法

图 5.50 所示并行分支状态转移图所对应的状态梯形图如图 5.53 所示。

3. 并行分支、汇合编程的注意事项

（1）并行分支的汇合最多能实现八个分支的汇合。

（2）并行分支与汇合流程中，并联分支内不能使用选择转移条件和汇合转移条件。

4. 并行分支应用示例:双面加工镗床控制系统

组合机床是针对特定工件和特定加工要求设计的自动化加工设备,PLC 是组合机床电气控制系统中的主要控制器。用于双面镗孔的专用镗床是一种组合机床,它可以在工件相对的两面镗孔。双面加工镗床由动力滑台提供进给运动,驱动镗孔刀具的电动机固定于动力滑台。图 5.54 所示为双面加工镗床的工作示意图和 PLC 外部接线图。

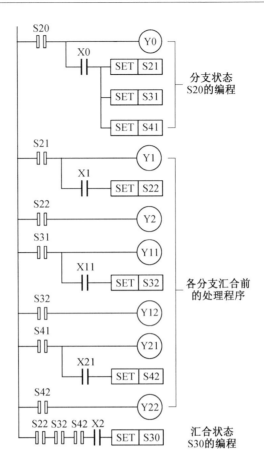

图 5.53　并行分支状态转移图所对应的状态梯形图

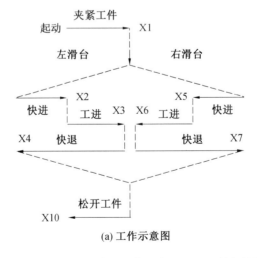

(a) 工作示意图

图 5.54　双面加工镗床的工作示意图和 PLC 外部接线图

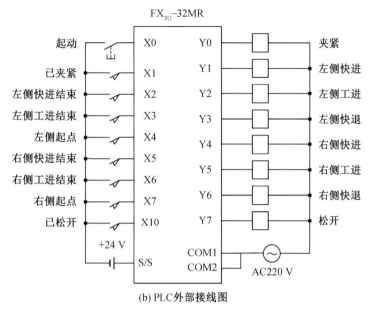

(b) PLC 外部接线图

续图 5.54

通过分析镗床双面加工工序并考虑 PLC 的输入输出分配,可以绘出图 5.55 所示镗床控制系统的状态转移图和状态梯形图。图中,当左、右两个动力滑台在初始位置时,限位开关 X4 和 X7 为 ON,工件装入夹具后,按下起动按钮 X0,工件被夹紧,压力继电器 X1 变为 ON,两个并行分支的起始步 S21 和 S25 同时变为活动步,左、右动力滑台同时进入快速进给(简称快进)工步,同时驱动镗孔刀具的电动机也开始运转。然后,左、右动力滑台的工作过程相对独立。两侧的加工(工进)均完成后,左右两侧的动力滑台快速退回到原位,限位开关 X4 和 X7 均动作,系统进入松开步 S29。工件被松开后,限位开关 X10 变为 ON,系统返回初始步 S0,一次工件加工的循环过程结束。

对于图 5.55,有如下两点说明。

(1) 控制工件夹紧和松开的双线圈电磁阀本身具有记忆功能,因此只需要 PLC 的输出 Y0、Y7 给它的两个线圈提供脉冲信号就可以了。

(2) 两个并行分支流程分别用来表示左、右侧滑台的进给运动,它们应同时开始工作和同时结束,但实际上左、右侧滑台工作结束时间可能有先有后。

为保证各分支同时结束,在每个分支的末尾分别增设一个等待步(即图 5.55 中的步 S24 和 S28),它们无任何操作。如果两个并行分支流程分别进入步 S24 和 S28,表示限位开关 X4 和 X7 均为 ON,两侧滑台的快速退回均停止,应直接转移到步 S29,将工件松开。因此,步 S24 和 S28 之后的汇合条件为"= 1",表示无条件转移。

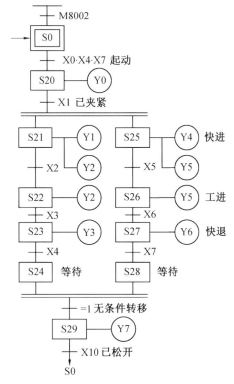

(a) 顺序功能图

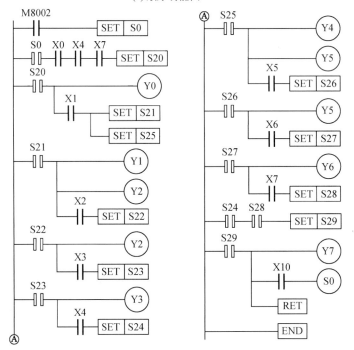

(b) 状态梯形图

图 5.55　镗床控制系统的状态转移图和状态梯形图

5.4.6　分支、汇合的组合流程及虚设状态

实际工作中,运用状态编程思想解决顺序控制问题,当状态转移图设计出来后,发现有些状态转移图中存在某些不能直接编程的分支、汇合组合流程,需要经过转换后才能进行编程,组合流程的转换如图 5.56 所示。

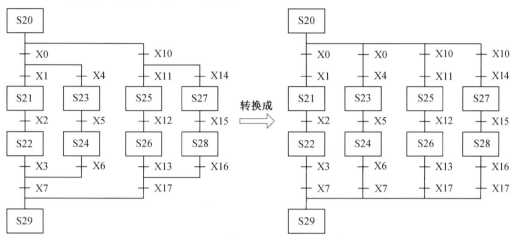

图 5.56　组合流程的转换

另外,还存在一些图 5.57 所示分支、汇合组合流程的状态转移图,既不能直接编程,又不能采用转换后编程。这时,需要在汇合线到分支线之间插入一个状态,以改变直接从汇合线到下一个分支线的状态转移。由于实际工艺中这个插入的状态并不存在,因此称为虚设状态。加入虚设状态之后的状态转移图就能够进行编程处理。

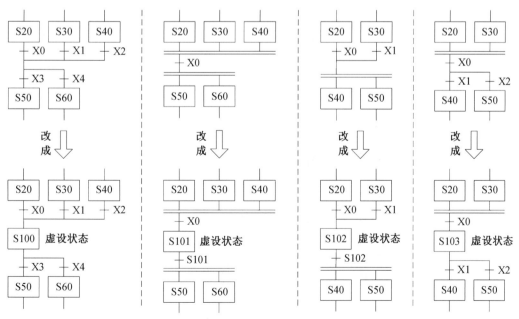

图 5.57　分支、汇合组合流程的状态转移图

思 考 题

5.1 写出图 5.58 所示梯形图对应的指令表。

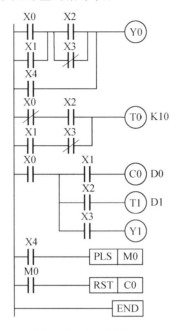

图 5.58　　题 5.1 梯形图

5.2 写出图 5.59 所示梯形图对应的指令表。

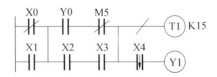

图 5.59　　题 5.2 梯形图

5.3 写出图 5.60 所示梯形图对应的指令表。

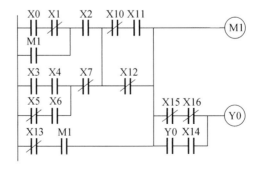

图 5.60　　题 5.3 梯形图

5.4 画出与图 5.61 所示指令表相对应的梯形图。

0	LD	X1		10	OUT	Y1		20	RST	C60
1	OR	M100		11	LD	T50		22	LD	X5
2	ANI	X2		12	OUT	T51		23	OUT	C60
3	OUT	M100			SP	K30			SP	K10
4	OUT	Y0		15	OUT	Y2		26	OUT	Y3
5	LD	X3		16	LD	X4		27	END	
7	OUT	T50		17	PLS	M101				
	SP	K200		19	LD	M101				

图 5.61　题 5.4 指令表

5.5 画出与图 5.62 所示指令表相对应的梯形图。

0	LD	X0		6	AND	X5		12	AND	M102
1	AND	X1		7	LD	X6		13	ORB	
2	LD	X2		8	AND	X7		14	AND	M102
3	ANI	X3		9	ORB			15	OUT	Y1
4	ORB			10	ANB			16	END	
5	LD	X4		11	LD	M101				

图 5.62　题 5.5 指令表

5.6 设 X5 的脉冲宽度为 4 s,画出图 5.63 中 X5 和 Y3 的波形图。

5.7 画出图 5.64 中 X5 和 Y5 的波形图。

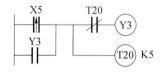

图 5.63　题 5.6 梯形图　　　　图 5.64　题 5.7 梯形图

5.8 画出图 5.65 中 M205 的波形图。

5.9 画出图 5.66 中 Y0 的波形图。

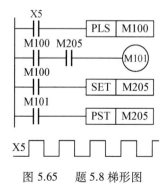

图 5.65　题 5.8 梯形图

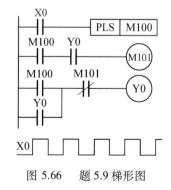

图 5.66　题 5.9 梯形图

5.10 根据图 5.67 所示波形图设计梯形图。

5.11 根据图 5.68 所示波形图设计梯形图。

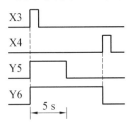

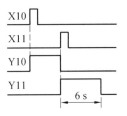

图 5.67　　题 5.10 波形图　　　　图 5.68　　题 5.11 波形图

　　5.12 图 5.69 是异步电动机 Y—△ 起动的主回路和控制回路的电路图,KM0 用于接通电源,KM1 和 KM2 分别是星形联结和三角形联结的交流接触器。SB1 和 SB0 分别是起动按钮和停止按钮,用 PLC 实现 Y—△ 起动控制,画出 PLC 的外部接线图,根据图 5.69 中的继电器控制电路图设计梯形图程序。

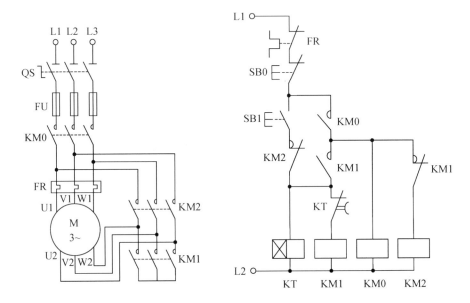

图 5.69　　题 5.12 Y - △ 起动电路图

5.13 用主控指令画出图 5.70 所示梯形图的等效电路,并写出指令表程序。

5.14 指出图 5.71 所示梯形图中的错误。

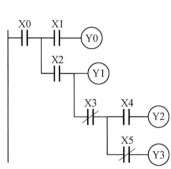

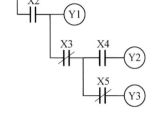

图 5.70　题 5.13 波形图　　　　图 5.71　题 5.14 波形图

5.15 画出图 5.72 状态转移图所对应的状态梯形图并写出指令表。

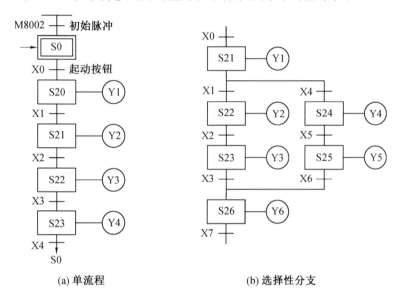

(a) 单流程　　　　　　　　(b) 选择性分支

图 5.72　题 5.15 状态转移图

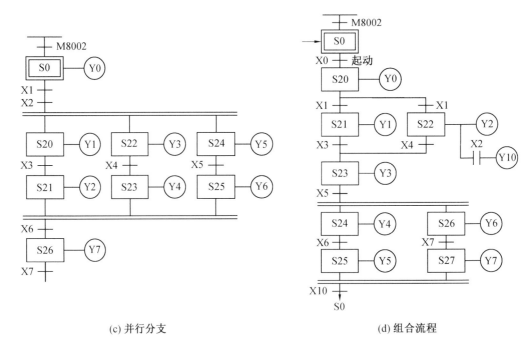

　　　　　　(c) 并行分支　　　　　　　　　　　　(d) 组合流程

续图 5.72

　　5.16 设计三分频、六分频功能的梯形图,并画出信号波形图。

　　5.17 设计一个四组抢答器,任一组抢先按下按键后,显示器能及时显示该组的编号并使蜂鸣器发出响声,同时锁住抢答器,使其他组按下按键无效。抢答器有复位开关,复位后可重新抢答,试设计其 PLC 程序。

　　5.18 设计一个节日礼花弹引爆程序,礼花弹用电阻点火引爆器引爆。为实现自动引爆,以减轻工作人员频繁操作的负担,提高安全性,采用 PLC 控制,要求编制以下两种控制程序:

　　(1)1 ~ 12 号礼花弹每个引爆间隔为 0.1 s,13 ~ 14 号礼花弹每个引爆间隔为 0.2 s;

　　(2)1 ~ 6 号礼花弹引爆间隔 0.1 s,引爆完后停 10 s,接着 7 ~ 12 号礼花弹引爆,间隔 0.1 s,引爆完后又停 10 s,接着 13 ~ 18 号礼花弹引爆,间隔 0.1 s,引爆完后再停 10 s,接着 19 ~ 24 号礼花弹引爆,间隔 0.1 s,引爆用一个引爆起动开关控制。

　　5.19 有一小车运行过程如图 5.73 所示。小车原位在后退终端,当小车压下后限位开关 SQ1 时,按下起动按钮 SB,小车前进。当小车运行至料斗下方时,前限位开关 SQ2 动作,此时打开料斗给小车加料,延时 8 s 后关闭料斗。然后小车后退返回,碰到后限位开关 SQ1 动作时,打开小车底门卸料,6 s 后结束,完成一次工作过程,如此循环。请用状态编程思想设计其状态转移图。

　　5.20 四台电动机动作时序图如图 5.74 所示。电动机 M1 的循环动作周期为 34 s,M1 动作 10 s 后 M2、M3 起动,M1 动作 15 s 后 M4 动作,M2、M3、M4 的循环动作周期为 34 s,用步进顺控指令。请设计其状态转移图,并进行编程。

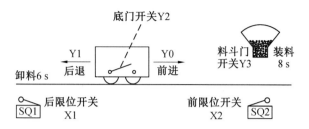

图 5.73　题 5.19 小车运行过程示意图

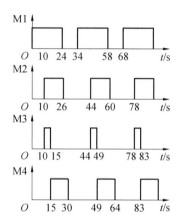

图 5.74　题 5.20 四台电动机动作时序图

第6章　FX$_{3U}$ 系列 PLC 的功能指令及应用

PLC 的基本指令主要用于逻辑处理场合。现代工业控制离不开数据处理,因此 PLC 制造商逐步在 PLC 中引入功能指令(functional instruction),有的书称之为应用指令(applied instruction),以实现数据的传送、运算、变换及程序控制等应用,这使得 PLC 成为真正意义上的计算机。

特别是近年来,功能指令向着多功能综合性方向发展,出现了许多以往需要大段程序才能完成某种任务的指令,如 PID 应用、表应用、各种数据处理,以及扩展文件寄存器数据读取、删除和写入控制等。这类功能指令实际上就是一个个功能完整的子程序,大大提高了 PLC 的实际应用价值和普及率。

FX$_{2N/3}$ 系列 PLC 的功能指令根据处理对象不同,可以分为数据处理、程序控制、外部设备 I/O、专用外部设备服务、特种应用等不同类别。本章介绍功能指令的基本格式、常用功能指令及应用实例,为基于 PLC 的复杂控制任务提供参考。

6.1　功能指令的基本格式

FX 系列 PLC 功能指令格式采用梯形图与指令助记符相结合的形式,如图 6.1 所示。

图 6.1　FX 系列 PLC 功能指令格式梯形图与指令助记符相结合的形式

图 6.1 是一条数据传送功能指令。图中,X0 是执行条件;MOV 是指令助记符;K100 是源操作数;D10 是目标操作数。当 X0 满足条件(接通)时,执行 MOV 指令,实现将常数 K100 送到数据寄存器 D10 中。

6.1.1　功能指令的表示方法

功能指令应包含以下内容。

(1) 每一条功能指令有一个功能号和一个助记符,二者之间有严格的一一对应关系。

(2) 有的功能指令只有操作码而无操作数,而有的功能指令既有操作码又有操作数。功能指令示例如图 6.2 所示。

(3) [S]表示源操作数,源操作数是不会通过执行指令而使内容发生变化的操作数。使用变址寄存器时,表示为[S·],多个源操作数用[S1]、[S2]、… 或[S1·]、

［S2·］、… 表示。

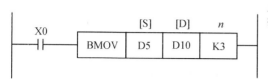

成批传送:将D5开始的三个寄存器中的数据成批传送到D10为首地址的三个目标寄存器中

D5	→	D10
D6	→	D11
D7	→	D12

图 6.2　功能指令示例

（4）［D］表示目标操作数,目标操作数是通过执行指令,其内容发生变化的操作数。使用变址寄存器时,表示为［D·］,多个目标操作数用［D1］、［D2］、… 或［D1·］、［D2·］、… 表示。

（5）m、n 表示其他操作数,用于表示常数或［S］、［D］的补充说明,是既不符合源操作数也不符合目标操作数的操作数。同样,当可以进行变址修饰的操作数有多个时,以 m_1、m_2 或 n_1、n_2 等表示。

（6）在 PLC 程序中,每条功能指令占用一定的程序步数,功能号和助记符各占一个程序步,每个操作数占 2 步(16 位数) 或 4 步(32 位数)。例如,上述成批传送指令示例中,源操作数和目标操作数各占 2 步,K3 占 1 步,成批传送指令示例为 7 步(16 位数)。

6.1.2　数据长度与指令的执行形式

1. 数据长度

功能指令既可以处理 16 位数据,也可以处理 32 位数据。指令为标准格式时,处理 16 位数据,若需处理 32 位数据,采用在指令助记符前加上"D"构成双字处理。

例如,16 位功能指令示例如图 6.3 所示。

图 6.3　16 位功能指令示例

当 X1 接通时,执行 MOV 指令,将 D10 中的数据传送到 D50 中(处理 16 位数据)。32 位功能指令示例如图 6.4 所示。

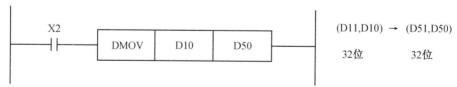

图 6.4　32 位功能指令示例

当 X2 接通时,执行 DMOV 指令,将 D11、D10 构成的数据传送到 D51、D50 中(处理 32 位数据)。

处理 32 位数据时,用元件号相邻的两元件组成元件对(元件对的首地址用奇数、偶数均可,建议元件对的首地址统一用偶数编号)。特别需要指出的是,对于 32 位计数器 C200 ～ C255,可直接处理 32 位数,但不能用作功能指令的 16 位操作数。

2. 执行方式

功能指令的执行有连续执行和脉冲执行两种方式。指令助记符后无"P"的功能指令为连续执行方式,指令助记符后加上"P"则构成脉冲执行方式。功能指令执行方式示例如图 6.5 所示。

图 6.5　　功能指令执行方式示例

当 X1 接通时,这条连续执行指令在每一个扫描周期都被重复执行,可能使目标操作数 D1 内容在每个扫描周期都变化。而脉冲执行方式是扫描到该逻辑,仅当 X2 由 OFF →ON 变化时执行一次,其他时刻不执行。在不需要每个扫描周期都执行时,用脉冲执行方式可以缩短程序处理时间(做数据运算时尤其应注意指令执行方式)。

6.1.3　位元件、字元件与组合位元件

位元件是只处理 ON/OFF 状态的二值元件(如 X、Y、M、S、D*.b 等),字元件是处理数字数据的元件(如 T、C、D、R、V、Z 等)。但位元件也可组合起来形成组合位元件进行数据处理,组合位元件由 Kn 加首元件号表示。

组合位元件的组合规律是以 4 个位元件为一组,Kn 中的 n 表示组数(K1 ～ K4 为 16 位运算,K5 ～ K8 为 32 位运算)。例如:

K1X0 → X3X2X1X0;

K2Y0 → Y7Y6Y5Y4Y3Y2Y1Y0;

K4M10 → M25M24…M10;

K8M100 → M131M130…M100。

被组合的位元件的首元件号习惯上采用以 0 结尾的元件,如 K2X0、K4Y10、K6M0 等。在做 16 位数据操作时,参与操作的位元件由 K1 ～ K4 指定。若仅由 K1 ～ K3 指定,则不足部分的高位均做 0 处理,这意味着只能处理正数(32 位数据操作也一样)。

6.1.4　变址寄存器 V、Z

变址寄存器在指令中被用来修改操作对象的元件号。V 和 Z 都是 16 位寄存器,其操作方式与普通数据寄存器一样。

变址寄存器的操作示例如图 6.6 所示。

当各逻辑条件 X1、X2 和 X3 满足时,K5 送到 V0,K10 送到 Z1,所以 V0、Z1 的内容分别是 5、10,D5 V0 就是 D(5 + V0),即 D10,D15Z1 为 D25,D20Z1 为 D30,则加法指令变址 D5 V0 + D15Z1 → D20Z1,即 D10 + D25 → D30。

对 32 位指令,V 是高 16 位,Z 是低 16 位。若用于 32 位变址时,V、Z 自动组合,则只需指定低位的 Z 就代表 VZ 双寄存器。V 和 Z 变址寄存器的使用将编程简化。

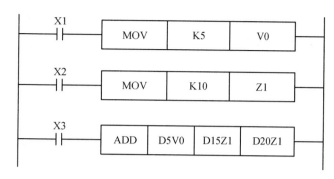

图 6.6　变址寄存器的操作示例

6.2　FX$_{3U}$ 的常用功能指令及应用实例

FX$_{3U}$ 系列 PLC 除基本指令、步进指令外,还有 300 多条功能指令,可分为程序流向控制指令、传送和比较指令、算术运算和逻辑运算指令、循环与移位指令、数据处理指令、高速处理指令、方便指令、外围设备 I/O 指令、外围设备 SER 指令、时钟运算指令、触点比较指令等几大类。

6.2.1　程序流向控制功能指令(FNC00 ～ FNC09)

程序流向控制功能指令用来改变程序的执行顺序,包括程序的条件跳转、中断、调用子程序、循环等指令。程序流向控制功能指令表见表 6.1。

表 6.1　程序流向控制功能指令表

指令名称	功能 \ 操作数	[S]	Pn(指针)	程序步
FNC00/CJ P	条件跳转		0 ～ 4 095(P63 为 END 跳转)	3/16 位
FNC01/CALL P	子程序调用		0 ～ 62、64 ～ 4 095	
FNC02/SRET	子程序返回			1
FNC03/IRET	中断返回			1
FNC04/EI	允许中断			1
FNC05/DI	禁止中断			1
FNC06/FEND	主程序结束			1
FNC07/WDT P	监视定时器			1
FNC08/FOR	循环开始	K、H、KnX、KnY、KnM、KnS、T、C、D、R、V、Z		3/16 位
FNC09/NEXT	循环结束			1

1. 条件跳转指令 CJ

条件跳转指令用于某种条件下跳过 CJ 指令与指针标号之间的程序,从指针标号处继续执行。CJ指令的目标元件是指针标号($n=0\sim4\,095$,但P63为END跳转),该指令程序步为3步。CJ指令使用说明如图6.7所示。

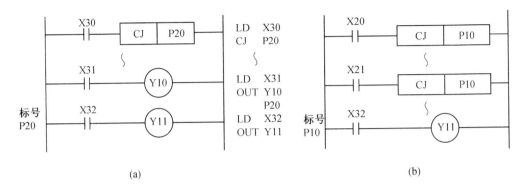

图 6.7　CJ 指令使用说明

图6.7(a)中,当X30接通时,执行条件跳转指令,程序跳到标号P20处,被跳过部分程序不执行,其输出保持原状态。当X30断开时,CJ不执行,程序按原顺序执行。图6.7(b)中,两个执行条件不同的跳转指令使用相同标号。当X20接通,X21断开时,第一条跳转指令生效;当X20断开,X21接通时,第二条跳转指令生效,标号都是P10。在编程中,同一指针标号只允许出现一次,否则程序会出错。另外,CALL指令使用的标号与CJ指令使用的标号不能共用。

2. 子程序调用 CALL/ 子程序返回 SRET/ 主程序结束 FEND 指令

子程序调用 CALL 是在顺控程序中对想要共同处理的程序段进行调用的指令,可以减少程序的步数,更加有效地设计程序。编写子程序时,还需要使用 FEND(FNC 06) 指令和 SRET(FNC 02) 指令。其中,SRET 是子程序返回指令,子程序执行完毕使用该指令返回到原跳转点下一条指令处继续执行主程序。图 6.8 所示为 CALL、SRET 指令的基本应用说明。

图6.8中,当X0接通时,CALL指令使程序跳至标号P10处,子程序被执行,子程序执行完毕返回到本子程序调用指令的下一条指令处继续执行主程序。需要注意的是,CALL指令必须与FEND指令和SRET指令一起使用,子程序标号要写在主程序结束指令FEND之后,而且同一标号只能出现一次。CALL指令与CJ指令的指针标号不得相同,但不同位置的CALL指令可调用同一指针标号处的子程序。

图6.9所示为子程序内的多重CALL指令应用说明(多层嵌套)。子程序内的CALL指令最多允许使用四次,整体而言最多允许五层嵌套。此外,CALL(P)与CALL的区别在于,子程序P11仅在X1由OFF→ON变化时执行一次。在执行P11子程序时,若X2为ON,则程序跳到子程序P12,在执行完子程序P12的最后一条指令SRET后,程序返回到子程序P12指令的下一步继续执行,在执行完P11子程序中的SRET指令后再返回主程序。

FEND为主程序结束指令,表示主程序结束,是一步指令,无操作目标元件(子程序应写在FEND指令与END指令之间,包括CALL指令对应的指针标号、子程序和中断子程

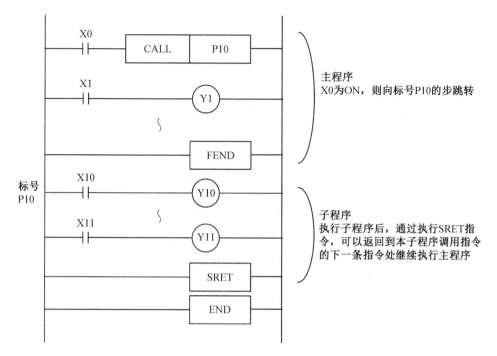

图 6.8　CALL、SRET 指令的基本应用说明

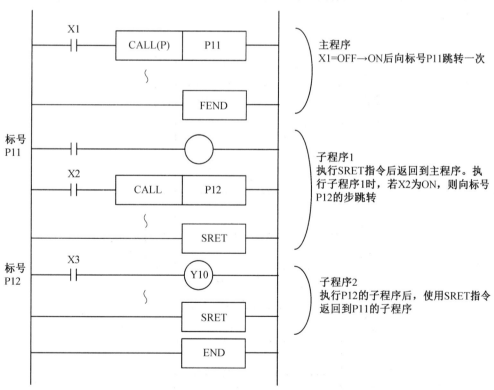

图 6.9　子程序内的多重 CALL 指令应用说明(多层嵌套)

序,由此可见 FEND 与 END 指令的区别)。当程序执行到 FEND 时,进行输入处理、输出处理、监视定时器刷新等,完成后返回到 0 步。

3. 中断返回 IRET/ 允许中断 EI/ 禁止中断 DI 指令

中断是指 PLC 在执行主程序的过程中,根据中断条件自动转去执行中断子程序。中断是为某些特定的控制功能而设定的独立于主程序的子程序,中断子程序的执行不受主程序扫描周期的约束。

FX$_{3U}$ 系列 PLC 有 15 个中断:六个外部输入中断 I00□ ~ I50□、三个内部定时器中断 I6□□ ~ I8□□ 和六个计数器中断 I010 ~ I060。中断返回指令 IRET,允许中断指令 EI,禁止中断指令 DI 的应用说明如图 6.10 所示。

可编程控制器通常处于禁止中断状态,使用 EI 指令可以开放中断。图 6.10 中,在主程序扫描到允许中断区间时,如果 X0 由 OFF 变为 ON,则停止执行主程序,转去执行相应的输入中断子程序,输入中断指针 I001 后面的指令被执行,程序处理到 IRET 指令时返回到原断点,继续执行主程序。同样,主程序扫描到允许中断区间时,每隔 20 ms 就执行一次标号为 I620 后面的中断服务程序,然后使用 IRET 指令返回到主程序中。

中断程序可实现二级嵌套。如果有多个中断信号依次发出,则优先级按发生的先后顺序,发生越早的优先级越高。对于同时发生的多个中断信号,中断指针号较低的优先响应。如果中断信号产生在禁止中断区间(DI ~ EI 范围),则这个中断信号被存储,并在 EI 指令之后被执行。

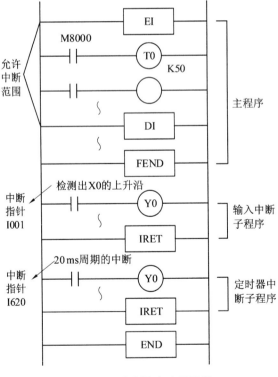

图 6.10　　中断指令应用说明

4. 监视定时器 WDT 指令

监视定时器 WDT 的指令是在用户程序中刷新(复位)警戒定时器的指令。警戒定时器是一个专用定时器,计时单位为 ms。当 PLC 上电时(图 6.11),对警戒定时器初始化,将常数 200(最大可设 32 767 ms)通过 MOV 指令装入 D8000 中。

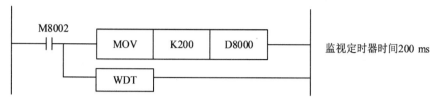

图 6.11　WDT 指令应用说明

在不执行 WDT 的情况下,每次扫描到 FEND 时,刷新警戒定时器的计时值。若扫描周期超过警戒定时器设定值,则警戒定时器逻辑线圈被接通,PLC 的 CPU 立即停止扫描用户程序,同时切断 PLC 的所有输出,并报警显示。

对于运算周期较长的用户程序,若正常扫描周期大于初始设定值,则用户可用 MOV 指令修改专用数据寄存器 D8000 中的数据,改变警戒定时器的设定值,或者用户可在程序中间插入 WDT 指令对警戒定时器进行刷新,可避免警戒定时器中断报警。

5. 循环 FOR/NEXT 指令

PLC 程序运行中,需对某一段程序重复多次执行后再执行以后的程序,则需要循环指令。循环指令 FOR 和 NEXT 必须成对使用(FX$_{3U}$ 系列 PLC 循环指令最多允许五级嵌套)。FOR、NEXT 指令应用说明如图 6.12 所示。

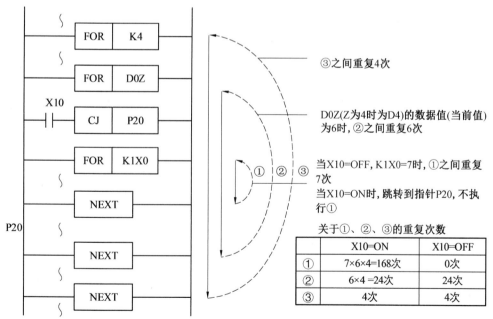

图 6.12　FOR、NEXT 指令应用说明

【例 6.1】用循环指令计算 $1 + 2 + 3 + \cdots + 50$ 的值。

例 6.1 梯形图如图 6.13 所示。

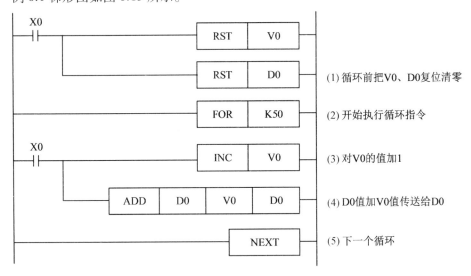

图 6.13　　例 6.1 梯形图

6.2.2　传送和比较指令（FNC10 ～ FNC19）

传送和比较类指令所涉及的数据均以带符号位的 16 位或 32 位二进制数进行操作或变换，是 PLC 数据处理类程序中使用十分频繁的指令。传送和比较指令表见表 6.2。

表 6.2　传送和比较指令表

指令名称	功能＼操作数	[S]		[D]	n	程序步
FNC10/ D CMP P	比较	[S1][S2]	K、H、KnX、KnY、 KnM、KnS、T、C、 D、R、V、Z	Y、M、S、 D*.b 中三个 连续位元件		7/16 位 13/32 位
FNC11/ D ZCP P	区间比较	[S1][S2][S]				9/16 位 17/32 位
FNC12/ D MOV P	传送	K、H、KnX、KnY、KnM、KnS、 T、C、D、R、V、Z		KnY、KnM、 KnS、T、C、 D、R、V、Z		5/16 位 9/32 位
FNC13/ SMOV P	移位传送	KnX、KnY、KnM、KnS、T、 C、D、R、V、Z			$m_1/m_2/$ $n/K/H$	11/16 位
FNC14/ D CML P	取反传送	K、H、KnX、KnY、KnM、KnS、 T、C、D、R、V、Z				5/16 位 9/32 位
FNC15/ BMOV P	块传送	KnX、KnY、 KnM、KnS、T、 C、D、R		KnY、KnM、 KnS、T、C、 D、R	K、H、 $D \leqslant 512$	7/16 位
FNC16/ D FMOV P	多点传送				K、H $\leqslant$ 512	7/16 位 13/32 位

续表

指令名称	功能＼操作数	[S]	[D]	n	程序步
FNC17/ D XCH P	数据交换		[D1] [D2]	KnY、 KnM、 KnS、 T、C、 D、R、 V、Z	
FNC18/ D BCD P	BCD 转换	KnX、KnY、KnM、KnS、 T、C、D、R、V、Z	KnY、KnM、 KnS、T、C、 D、R、V、Z		5/16 位 9/32 位
FNC19/ D BIN P	BIN 转换				

1. 比较 CMP 指令

CMP 指令是将源操作数[S1]与源操作数[S2]的数据做代数比较,结果送到三个连续的目标操作数[D]中,比较结果有大于、等于、小于三种情况。CMP 指令的应用说明如图 6.14 所示。

图 6.14 中,当 X0 = ON 时,执行 CMP 指令(当 K100 > C20 的当前值时,M0 接通;当 K100 = C20 的当前值时,M1 接通;当 K100 < C20 的当前值时,M2 接通);当 X0 = OFF 时,比较指令 CMP 不执行,M0、M1、M2 的状态保持不变。需要说明的是,目标操作数[D]是由三个连续的位元件(M0、M1、M2)组成的,梯形图中只需给出目标操作数的首地址(M0)。

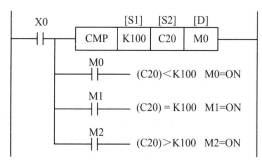

图 6.14　CMP 指令的应用说明

2. 区间比较 ZCP 指令

ZCP 指令将一个数据[S]与两个区间数据([S1]的数值不得大于[S2]的值)进行代数比较,结果送到三个连续的目标操作数[D]中。ZCP 指令的应用说明如图 6.15 所示。

当 X2 = ON 时,若[S] < [S1](即 C30 当前值 < K100),M3 接通;若[S1] ≤ [S] ≤ [S2](即 K100 ≤ C30 当前值 ≤ K120),M4 接通;若[S2] < [S](即 K120 < C30 当前值),M5 接通。当 X2 = OFF 时,不执行 ZCP 指令,M3 ~ M5 保持原状态。

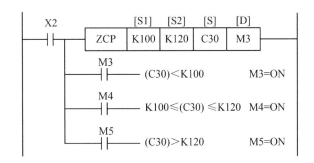

图 6.15　ZCP 指令的应用说明

3. 传送 MOV 指令

MOV 指令的应用说明如图 6.16 所示。当 X0 = ON 时,每次程序扫描到 MOV 指令时,就把存于源操作数的十进制数 100(K100)转换成二进制数,再传送到目标操作数 D10 中;当 X0 = OFF 时,不执行 MOV 指令,D10 中的数据保持不变。

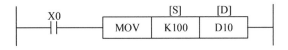

图 6.16　MOV 指令的应用说明

4. 移位传送 SMOV 指令

移位传送指令 SMOV 是进行数据分配和合成的指令。执行 SMOV 指令时,首先源操作数[S]内的 16 位二进制数自动转换成 4 位 BCD 码;其次将源操作数(4 位 BCD 码)右起第 m_1 位开始的共 m_2 位 BCD 码传送到目标操作数(4 位 BCD 码)右起第 n 位开始的连续 m_2 个位中,目标操作数中未被移位传送的 BCD 位保持不变;最后自动将目标操作数[D]中的 4 位 BCD 码转换成 16 位二进制数。

图 6.17 所示为 SMOV 指令的应用示例。当 X0 闭合时,每扫描一次该梯形图,就执行 SMOV 移位传送操作($m_1 = 4, m_2 = 2, n = 3$)。首先将 D1 中的 16 位二进制数自动转换成 4 位 BCD 码;其次从转换后的 4 位 BCD 码右起第 4 位($m_1 = 4$)开始向右数 2 位($m_2 = 2$)的 BCD 码数(10^3、10^2)传送到数据寄存器 D2 的右起第 3 位($n = 3$)和第 2 位(10^2、10^1)的位置上;最后自动地将 D2 中的 BCD 码转换成二进制数。上述传送过程中,D2 中的另 2 位(10^3、10^0)数据对应 D1 中的 2 位(10^3、10^0)保持不变传送。

应用 SMOV 指令,可以方便地将不连续的若干输入端输入的数组合成一个数,SMOV 指令的应用示例如图 6.18 所示。扫描梯形图时,首先将输入端 X20 ~ X27 输入的 2 位 BCD 码自动转换成二进制数,并存放到 D2 中;然后将输入端 X0 ~ X3 输入的 1 位 BCD 码自动转换成二进制数,并存放到 D1 中;最后应用 SMOV 指令将 D1 中的 1 位 BCD 码传送到 D2 的第 3 位数(10^2)上,从而将输入端 X0 ~ X3、X20 ~ X27 输入的数组合成一个数,即把非连续的输入端子中的一个 1 位数和一个 2 位数合成 3 位数的数字式开关的数据后,以二进制形式保存到 D2 中。

5. 取反传送 CML 指令

CML 指令是将源操作数中的数据逐位取反并传送到目标操作数。若源操作数中的

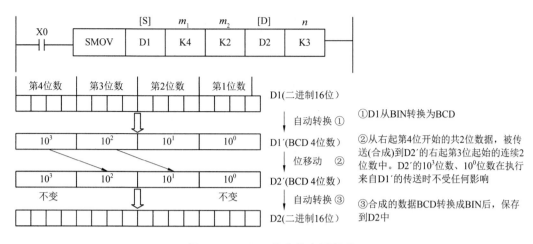

图 6.17　SMOV 指令的应用说明

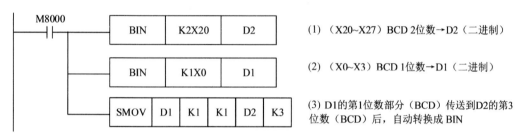

(1)（X20~X27）BCD 2位数→D2（二进制）

(2)（X0~X3）BCD 1位数→D1（二进制）

(3) D1的第1位数部分（BCD）传送到D2的第3位数（BCD）后，自动转换成 BIN

图 6.18　SMOV 指令的应用示例

数据为常数 K,则在指令执行时会自动将 K 转换成二进制数。

取反传送指令 CML 用于反逻辑输出非常方便,CML 指令的应用说明如图 6.19 所示,D0 中的数据逐位取反并传送到 D2 中。如果传送的软元件的位数小于 16 位(如图 6.19 中目标操作数[D] 为 K1Y0),CML 指令将 D0 的低 4 位取反后传送到 Y3 ～ Y0 中,则多余的点位无效。

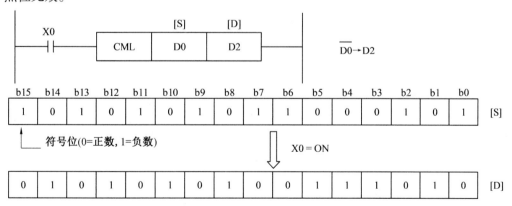

图 6.19　CML 指令的应用说明

6. 块传送指令 BMOV

BMOV 指令的功能是将源操作数[S] 指定元件的首地址开始的 n 个数据组成的数据

块传送到以指定目标操作数[D]为首地址的连续目标元件中。如果传送数量 n 超出允许元件号的范围,则数据仅传送到允许范围内。BMOV 指令的应用说明如图 6.20 所示。

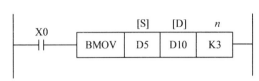

图 6.20　BMOV 指令的应用说明

7. 多点传送指令 FMOV

FMOV 指令是将源操作数[S]中的数据传送到指定目标操作数[D]开始的 n 个元件中,这 n 个元件中的数据完全相同。FMOV 指令的应用说明如图 6.21 所示。

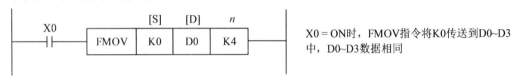

图 6.21　FMOV 指令的应用说明

8. 数据交换指令 XCH

XCH 指令实现两指定目标元件[D1]与[D2]之间的数据交换。注意:当特殊辅助继电器 M8160 线圈接通时,XCH 指令仅将各目标元件内上下 8 位进行交换。

XCH 指令的应用说明如图 6.22 所示,如果目标元件(D10) = 5,(D20) = 12,则当 X0 = ON 时,执行数据交换指令 XCH,目标元件 D10 与 D20 中的数据进行交换,即(D10) = 12,(D20) = 5。

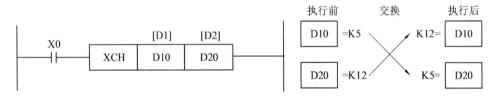

图 6.22　XCH 指令的应用说明

9. 数据变换指令 BCD/BIN

BCD 变换指令将源操作数[S]中的二进制数据转换成 BCD 码并送入目标操作数[D]中,常用于输出驱动七段数码显示。对于 16 位二进制数据,BCD 指令变换结果对应十进制应在 0 ~ 9 999 范围以内;对于 32 位二进制数据,BCD 指令变换结果对应十进制应在 0 ~ 99 999 999 范围以内。否则,会出错。

BIN 变换指令将源操作数[S]中的 BCD 码转换成二进制数据并送入目标操作数[D]中去,该指令常用于将数字开关的 BCD 码设定值转换成二进制数输入 PLC。BCD 和 BIN 指令的应用说明如图 6.23 和图 6.24 所示。

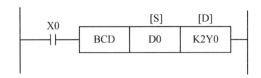

图 6.23　BCD 指令的应用说明

图 6.24　BIN 指令的应用说明

10. 传送和比较指令小结

传送和比较指令,特别是传送指令,是使用十分频繁的功能指令,熟练掌握非常必要。

(1) 传送指令用以获得程序的初始工作数据。一个控制程序总是需要初始数据,这些数据可从 PLC 输入端口上获得(使用传送指令读取这些数据再传送到内部单元),也可通过程序进行设置(即向内部单元传送立即数)。

(2) 机内数据的存取和管理 PLC 运行时,首先其运算可能涉及不同的工作单元,故在单元之间需不断传送数据。运算可能产生中间数据,还需要保存和管理。因此,PLC 机内有大量的数据传送。

(3) 运算处理结果要向输出端口传送。运算处理结果总要通过输出实现对执行器件的控制,或输出数据用于显示,或为其他设备输出提供工作数据。

(4) 比较指令常用于建立控制点。通常会将某个物理量的量值或变化区间作为控制点,如温度高于某点就关闭电热器、速度低于某点就报警等。像控制一个阀门一样,比较指令常用于编写工业自动化控制程序。

【例 6.2】用 MOV 指令实现电动机的 Y - △ 起动控制。

确定 I/O 分配:输入 X0 起动,X1 停止;输出 Y0 接主回路接触器,Y1 接星形联结接触器,Y2 接三角形联结接触器。

电动机 Y - △ 起动控制要求:X0 = ON 时,电动机 Y 起动,延时 6 s 后进行线路切换,经 T1 延时 1 s,使电动机 △ 运行;X1 = ON 时,电动机停止。电动机 Y - △ 起动控制程序如图 6.25 所示。

6.2.3　算术运算和逻辑运算指令(FNC20 ~ FNC29)

二进制的整数算术运算和逻辑运算指令是基本运算指令,可完成四则运算或逻辑运算,并通过运算实现数据的传送、变位及其他控制功能。

1. 二进制算术运算 ADD、SUB、MUL、DIV、INC、DEC 指令

二进制算术运算指令表见表 6.3。

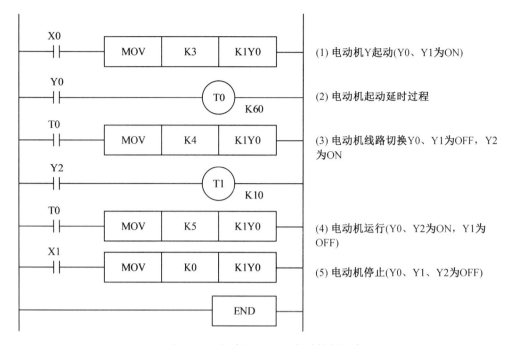

图 6.25 电动机 Y - △ 起动控制程序

表 6.3 二进制算术运算指令表

指令名称	功能 \ 操作数	[S1]	[S2]	[D]	程序步
FNC20/D ADD P	二进制加法	K、H、KnX、KnY、KnM、KnS、T、C、D、R、V、Z		K、H、KnY、KnM、KnS、T、C、D、R、V、Z	7/16 位
FNC21/D SUB P	二进制减法				13/32 位
FNC22/D MUL P	二进制乘法	K、H、KnX、KnY、KnM、KnS、T、C、D、R、Z		K、H、KnY、KnM、KnS、T、C、D、R、Z	
FNC23/D DI V P	二进制除法				
FNC24/D INC P	二进制加一			KnY、KnM、KnS、T、C、D、R、V、Z	3/16 位
FNC25/D DEC P	二进制减一				5/32 位

算术运算遵循二进制代数运算规则,对源操作数[S1]和[S2]进行处理,并将结果存放到目标元件[D]内。

数据的最高位为符号位(0 为正数,1 为负数),数据以代数形式进行运算。

M8020 为零标志位,M8021 为借位标志位,M8022 为进位标志位。如果运算结果为零,则 M8020 置 1;如果运算结果超出 32 767(16 位运算)或 2 147 483 647(32 位运算),则 M8022 置 1;如果运算结果小于 - 32 768(16 位运算)或 - 2 147 483 648(32 位运算),则 M8021 置 1。

特别要注意运算指令连续执行(每个扫描周期都会运算)与脉冲执行方式的区别。

(1)加法指令 ADD、减法指令 SUB。

加法、减法指令是把两个源操作数[S1]、[S2]相加、相减,结果存放到目标元件[D]中。图 6.26 所示为 ADD、SUB 指令的应用示例。

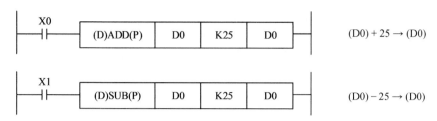

图 6.26　ADD、SUB 指令的应用示例

（2）乘法指令 MUL。

乘法指令是将两个源操作数［S1］、［S2］相乘，结果存放到目标元件［D］中。16 位 /32 位乘法指令 MUL 的应用示例如图 6.27 所示。

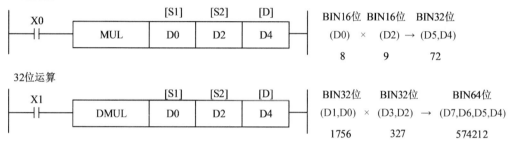

图 6.27　16 位 /32 位乘法指令 MUL 的应用示例

（3）除法指令 DIV。

除法指令是将两个源操作数［S1］（被除数）、［S2］（除数）相除，结果存放到目标元件［D］中，余数存放在［D］+ l 的元件中。16 位 /32 位除法指令 DIV 的应用示例如图 6.28 所示。

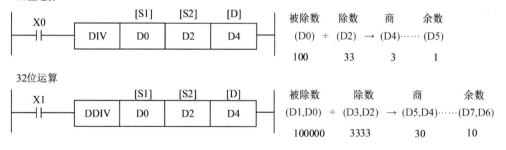

图 6.28　16 位 /32 位除法指令 DIV 的应用示例

（4）加 1 指令 INC、减 1 指令 DEC。

加 1、减 1 指令仅有目标元件［D］，指令对目标元件进行加 1、减 1 操作后，结果仍存入目标元件［D］中（注意与加减指令比较，不能得到标志位的状态）。INC、DEC 指令的应用示例如图 6.29 所示。

对于 INC 指令，16 位数据运算时，32 767 再加 1，其值就变为 - 32 768，标志位不置位；

32 位数据运算时,2 147 483 647 再加 1,其值就变为 - 2 147 483 648,标志位也不置位。对于 DEC 指令,16 位数据运算时, - 32 768 再减 1,其值就变为 32 767,标志位不置位;32 位数据运算时, - 2 147 483 648 再减 1,其值就变为 2 147 483 647,标志位也不置位。

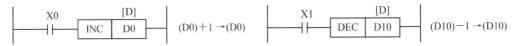

图 6.29　　INC、DEC 指令的应用示例

2.逻辑运算 WAND、WOR、WXOR、NEG 指令

逻辑运算指令表见表 6.4。

表 6.4　　逻辑运算指令表

指令名称	功能 \ 操作数	[S1]	[S2]	[D]	程序步
FNC26/D WAND P	逻辑与	K、H、KnX、KnY、KnM、KnS、T、C、D、R、V、Z		KnY、KnM、KnS、T、C、D、R、V、Z	7/16 位
FNC27/D WOR P	逻辑或				13/32 位
FNC28/D WXOR P	逻辑异或				3/16 位
FNC29/D NEG P	求补码				5/32 位

逻辑运算将源操作数[S1]和[S2]中的二进制数据以位为单位做逻辑运算,结果存放到目标元件[D]内。

逻辑运算规则见表 6.5。NEG 求补指令实际是绝对值不变的变号操作,如一个正数变为负数或一个负数变为正数。

表 6.5　　逻辑运算规则

WAND 逻辑与	WOR 逻辑或	WXOR 逻辑异或	NEG 求补
$0 \wedge 0 = 0$　$0 \wedge 1 = 0$ $1 \wedge 0 = 0$　$1 \wedge 1 = 1$	$0 \vee 0 = 0$　$0 \vee 1 = 1$ $1 \vee 0 = 1$　$1 \vee 1 = 1$	$0 \oplus 0 = 0$　$0 \oplus 1 = 1$ $1 \oplus 0 = 1$　$1 \oplus 1 = 0$	各位都取反后再加 1

WOR 指令的应用示例如图 6.30 所示。X0 接通,执行 WOR 指令,D0 和 D2 内的二进制数以位为单位执行逻辑"或"运算,结果送入目标元件 D4 内。

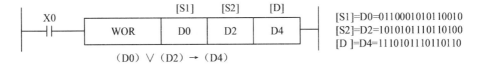

$$(D0) \vee (D2) \rightarrow (D4)$$

图 6.30　　WOR 指令的应用示例

【例 6.3】$\dfrac{40X}{165} + 8$ 四则运算的实现。

首先确定 I/O 分配:"X"代表输入端口 K2X0 送入的二进制数,运算结果需送输出口 K2Y0,X0 为起停开关(图 6.31)。

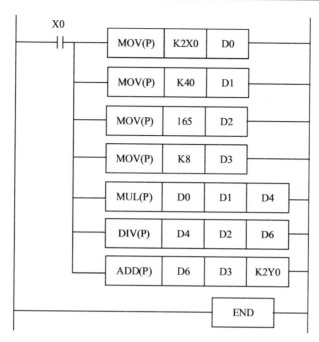

图 6.31　四则运算梯形图

6.2.4　循环与移位指令(FNC30 ~ FNC39)

循环与移位类指令有循环移位、位移位、字移位及先入先出(first-in first-out,FIFO)指令等。其中,循环移位又包括带进位循环移位和不带进位循环移位,其方向都有左移和右移;位或字移位有左移和右移之分;FIFO 指令有写入和读出之分。

循环移位指令表见表 6.6。

表 6.6　循环移位指令表

指令名称	功能 \ 操作数	[D]	n	程序步
FNC30/D ROR P	右循环移位	KnY、KnM、KnS、T、	D、R、K、H	5/16 位
FNC31/D ROL P	左循环移位	C、D、R、V、Z	(≤ 16/32)	9/32 位
FNC32/D RCR P	带进位右循环移位	KnY、KnM、KnS、T、	K、H、D、R	5/16 位
FNC33/D RCL P	带进位左循环移位	C、D、R、V、Z	(≤ 16/32)	9/32 位

1. 右循环移位 ROR、左循环移位 ROL 指令

右循环移位指令示例说明如图 6.32 所示。当 X10 接通时,执行右循环移位 ROR 指令,将目标元件[D]即(D0)中的 16 位二进制数最右端的 4 位($n = K4$)循环移位到最左端的 4 位。注意,循环移位指令移出的最后一位同时存入进位标志位 M8022。

2. 带进位右循环移位 RCR、带进位左循环移位 RCL 指令

执行一次 RCR 或 RCL,基本上与 ROR 和 ROL 情况相同。不同的是,在执行 RCR 和 RCL 时,进位标志位 M8022 不再表示向左或向右移出的最后一位的状态,而是作为循环

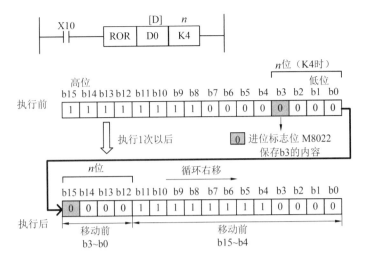

图 6.32　右循环移位指令示例说明

移位单元中的一位参与移位操作处理。

位移位指令见表 6.7。

表 6.7　位移位指令表

指令名称	功能 \ 操作数	[S]	[D]	n_1	n_2	程序步
FNC34/SFTR P	位右移	X、Y、M、S、D*.b	Y、M、S	K、H	K、H、D、R	9/16 位
FNC35/SFTL P	位左移			$n_2 \leqslant n_1 \leqslant 1\ 024$		

3. 位右移 SFTR 指令、位左移 SFTL 指令

位右移指令的示例说明如图 6.33 所示。其中,n_1 是构成位移位单元的目标操作数 [D] 的长度,它小于等于 1 024;n_2 是每次移位的位数,也就是源操作数[S]的长度,它小于等于 n_1。

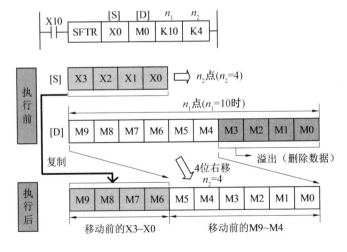

图 6.33　位右移指令的示例说明

当 X10 接通时,执行位右移指令 SFTR,因为 n_2 为 K4,所以以 4 位为一组右移,[D] 中原 M3 ~ M0 的数据溢出并删除,[D] 中原 M9 ~ M4 的数据依次右移 4 位,右移后 [S] 中的数据(X3 ~ X0)复制到 [D] 的高 4 位。

4. 字右移 WSFR 指令、字左移 WSFL 指令

字移位指令表见表 6.8。

表 6.8　字移位指令表

指令名称	功能\操作数	[S]	[D]	n_1	n_2	程序步
FNC36/WSFR P	字右移	KnX、KnY、KnM、	KnY、KnM、KnS、	K、H	K、H、D、R	9/16 位
FNC37/WSFL P	字左移	KnS、T、C、D、R	T、C、D、R	$n_2 \leqslant n_1 \leqslant 512$		

字右移指令的示例说明如图 6.34 所示。其中,n_1 是构成字移位单元目标操作数 [D] 的长度,它小于等于 512;n_2 是每次移位的字数,也是源操作数 [S] 的长度,它小于等于 n_1。

当 X0 闭合接通时,执行字右移 WSFR 指令,以 4 个字(n_2 = K4)为一组右移。WSFR 和 WSFL 指令基本上与执行 SFTR 或 SFTL 的情况相同,差别仅在于前者是由若干个字构成移位单元,后者是由若干个位构成移位单元。

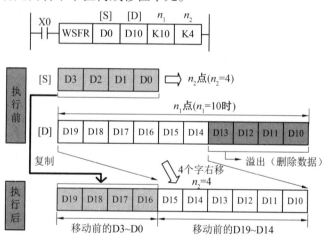

图 6.34　字右移指令示例说明

5. 先入先出写入 SFWR 指令、先入先出读出 SFRD 指令

堆栈处理指令表见表 6.9。

表 6.9　堆栈处理指令表

指令名称	功能\操作数	[S]		[D]	n 堆栈长度	程序步
FNC38/SFWR P	先入先出写入指令	KnY、KnM、KnS、T、C	K、H、KnX、V、Z	KnY、KnM、KnS、T、C、D	K、H (2 ~ 512)	7/16 位
FNC39/SFRD P	先入先出读出指令		D、R	KnY、KnM、KnS、T、C、D、V、Z		

这两条指令既可连续操作,也可脉冲操作,n 的取值范围为 $2 \leqslant n \leqslant 512$。

在 SFWR 指令中,目标操作数[D]表示堆栈的起始地址,n 表示堆栈长度;在 SFRD 指令中,源操作数[S]表示堆栈的起始地址,n 表示堆栈的长度。在同一组堆栈的操作指令中,SFWR 目标操作数必须与 SFRD 的源操作数相同,它们的常数 n 也必须相同。

SFWR、SFRD 指令梯形图如图 6.35 所示。在梯形图中,堆栈由数据寄存器 D1 ~ D10 构成。其中,D1 内的数为指针 P1(指示堆栈操作次数),D2 ~ D10 为存放数据的堆栈,D2 为堆栈的底部。

在执行堆栈操作之前,首先将 D1 中指针 P1 置"0",然后才能执行堆栈操作指令。当 X0 接通时,执行 SFWR 指令,先将源操作数[S]中的数据寄存器 D0 内的数压入堆栈底部[D2],再将 D1 内的数加 1(指针 P1)。当 X0 再次由断开到闭合时,执行 SFWR,则将 D0 内的数压入下一个数据寄存器 D3 内,然后将 D1 内的数加 1(指针 P1),直到 D1 内的数等于 9($n-1$),不再将源操作数内数压入堆栈,则 M8022 置"1",表示堆栈已装满。

当 X1 闭合时,执行 SFRD 指令,先将堆栈底部(D2)内的数弹出送入目标操作数 D20 内,再将堆栈中各数据寄存器(D3 ~ D10)内的数依次右移一个字,然后将 D1 内的数减 1(指针 P1)。若 D1 内的数等于"0",则 M8022 置"1",表示堆栈内的数据全部弹出。

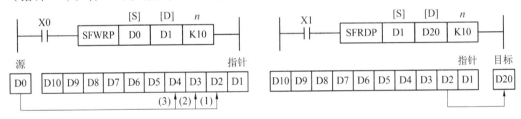

图 6.35　SFWR、SFRD 指令梯形图

【例 6.4】产品进出库控制。

先进先出指令可用于边登记产品进库,边按顺序将先进库产品进行出库登记。图 6.36 所示为由先进先出指令构成的产品进出库控制梯形图。

每按一次入库按钮 X30,从 PLC 输入端 K4X0 输入产品编号到 D256,并以 D257 作为指针,依次存入 D258 ~ D356 共 99 个字元件组成的堆栈中。

每按一次出库按钮 X31,从 D257 指针后的 D258 开始,依次取出先进库产品的编号送至 D357,再由 D357 向 PLC 输出端 K4Y0 输出。

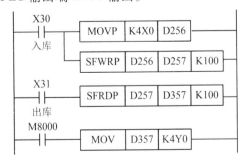

图 6.36　由先进先出指令构成的产品进出库控制梯形图

6.2.5　数据处理指令（FNC40 ~ FNC49）

数据处理类指令有区间复位指令、译码指令、编码指令、置 1 位数总和指令、置 1 位判别指令、求平均值指令、报警器置位指令、报警器复位指令、求平方根指令、浮点数操作指令共十条。其中，区间复位指令可用于数据区的同类软元件的初始化；编码／译码指令可用于源操作数中某个置 1 位码的编码或译码。

表 6.10　数据处理指令表

指令名称	功能 \ 操作数	[S]	[D]	n	程序步
FNC40/ZRST P	区间复位	[D1] ≤ [D2]	Y、M、S、T、C、D、R		5/16 位
FNC41/DECO P	译码指令	K、H、X、Y、M、S、T、C、D、R、V、Z	Y、M、S、T、C、D、R	K、H ($n = 1 ~ 8$)	7/16 位
FNC42/ENCO P	编码指令	X、Y、M、S、T、C、D、R、V、Z	T、C、D、R、V、Z		
FNC43/D SUM P	置 1 位数总和	K、H、KnX、KnY、KnM、KnS、T、C、D、R、V、Z	KnY、KnM、KnS、T、C、D、R、V、Z		5/16 位 9/32 位
FNC44/D BON P	置 1 位判别	K、H、KnY、KnM、KnS、T、C、D、R、V、Z	Y、M、S、D*.b	K、H、D、R (0 ~ 15/31)	7/16 位 13/32 位
FNC45/D MEAN P	平均值	KnX、KnY、KnM、KnS、T、C、D、R	KnY、KnM、KnS、T、C、D、R、V、Z	K、H、D、R (1 ~ 64)	
FNC46/ANS	报警器置位	T(T0 ~ T199)	S(S900 ~ S999)	D、R、K、H ($m = 1 ~ 32\,767$)	7/16 位
FNC47/ANR P	报警器复位				1/16 位
FNC48/D SQR P	平方根	K、H、D、R	D、R		5/16 位
FNC49/D FLT P	BIN 转浮点	D、R			9/32 位

下面介绍几个主要指令。

1. 区间复位指令 ZRST

ZRST 指令是同类元件的成批复位指令，又称区间复位指令。区间复位指令梯形图如图 6.37 所示。

[D1] 是复位的目标元件的首元件，[D2] 是复位的目标元件的末元件，[D1] 与 [D2] 必须是同类元件，且 [D1] 的元件号应小于 [D2] 的元件号。

当 X10 断开时，不执行 ZRST 操作；当 X10 闭合时，每扫描一次该梯形图，M500 ~ M599 和 C235 ~ C255 复位（置"0"）。

2. 置 1 位数总和指令 SUM

置 1 位数总和指令的应用说明如图 6.38 所示。SUM 指令用于统计指定源元件中置

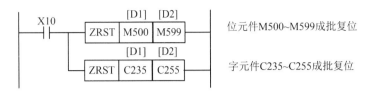

图 6.37　区间复位指令梯形图

"1"位的总和,并将结果存入指定目标元件[D]。当 X0 闭合后,执行 SUM 指令,统计[S]即 D0 中"1"位总数为 9 并存入[D]即 D2 中。

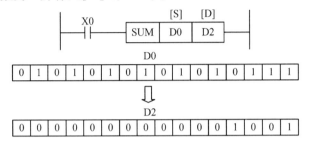

图 6.38　置 1 位数总和指令的应用说明

3. 置 1 位判别指令 BON

BON 指令用于判别指定源元件[S]中某一位(第 n 位)的状态,将结果存入目标元件[D]中。如果该位为"1",则目标元件置"1";反之,则置"0"。置 1 位判别指令的应用说明如图 6.39 所示。

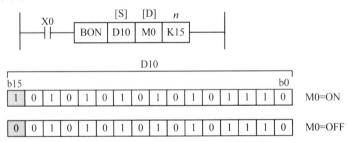

图 6.39　置 1 位判别指令的应用说明

n 表示相对源元件([S],即 D10)首位的偏移量。$n = 0$,判别第 0 位即 b0 的状态;$n = 15$,判别第 15 位即 b15 的状态。

当 X0 接通时,执行 BON 指令,若判别 D10 第 15 位的状态($n = K15$)为 ON,即 b15 = 1,则 M0 = ON,即 M0 = 1。

若 D10 中第 15 位为 OFF,即 b15 = 0,则 M0 = OFF,即 M0 = 0。

4. 平均值指令 MEAN

平均值指令的应用说明如图 6.40 所示。

[S]即 D0 表示参与求平均值的若干个数的首地址元件,n 表示参与求平均值的个数(K3 即 3 个),n 的取值范围为 1 ~ 64,求得的 n 个数的平均值存放在[D](即 D10)中。当 X0 闭合时,将数据寄存器 D0 ~ D2 内的数相加并除以 $n(n = 3)$,所得的商(即平均值)存

放到 D10 中,余数自动略去。

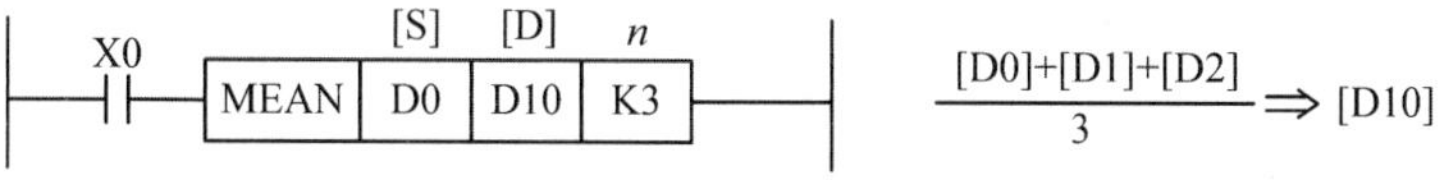

图 6.40　平均值指令的应用说明

6.2.6　高速处理指令(FNC50 ~ FNC59)

高速处理类指令有输入输出刷新、刷新及滤波时间调整、矩阵输入、比较置位(高速计数器用)、比较复位(高速计数器用)、区间比较(高速计数器用)、脉冲密度、脉冲输出、脉宽调制、带加减速脉冲输出等十条指令,它们可以按最新的输入输出信息进行程序控制,并能有效利用数据高速处理能力进行中断处理。高速处理指令表见表 6.11。

表 6.11　高速处理指令表

指令名称	功能 \ 操作数	[S]		[D]		n	程序步
FNC50/REF P	输入 / 输出刷新			X、Y		K、H (8 ~ 256)	5/16 位
FNC51/REFF P	刷新及滤波时间调整					K、H、D、R (K0 ~ K60)	3/16 位
FNC52/MTR	矩阵输入	X		Y	Y、M、S	K、H (K2 ~ K8)	9/16 位
FNC53/D HSCS	比较置位 (高速计数器用)	K、H、KnX、KnY、KnM、KnS、T、C、D、R、Z	C	Y、M、S、D*.b、P			13/32 位
FNC54/D HSCR	比较复位 (高速计数器用)	K、H、KnX、KnY、KnM、KnS、T、C、D、R、Z		Y、M、S、D*.b、C			
FNC55/D HSZ	区间比较 (高速计数器用)	K、H、KnX、KnY、KnM、KnS、T、C、D、R、Z		Y、M、S、D*.b		K、H、D、R (K1 ~ K64)	

续表

指令名称	功能 \ 操作数	[S]		[D]	n	程序步
FNC56/D SPD	脉冲密度	X	K、H、KnX、 KnY、KnM、 KnS、T、C、 D、R、V、Z	T、C、D、 R、V、Z		7/16 位 13/32 位
FNC57/D PLSY	脉冲输出	K、H、KnX、KnY、KnM、KnS、 T、C、D、R、V、Z		Y		7/16 位
FNC58/ PWM	脉宽调制					
FNC59/D PLSR	带加减速 脉冲输出					9/16 位 17/32 位

下面主要介绍脉冲输出指令和脉宽调制指令。

1. 脉冲输出指令 PLSY

脉冲输出指令的应用说明如图 6.41 所示。

图 6.41　脉冲输出指令的应用说明

[S1] 表示输出脉冲的频率,其范围为 2 ~ 20 000 Hz;[S2] 表示输出的脉冲个数。在执行本指令期间,可以通过改变[S1]内的数来改变输出脉冲的频率,PLSY 采用中断方式输出脉冲,与扫描周期无关。当 X0 闭合,扫描到该梯形图程序时,立即采用中断方式,通过 Y0 输出频率为 1 000 Hz、占空比为 50% 的脉冲,当输出脉冲达到[S2]所规定的数值时,停止脉冲输出。

2. 脉宽调制指令 PWM

PWM 指令产生的脉冲宽度和周期是可以控制的,脉宽调制指令的应用说明如图 6.41 所示。

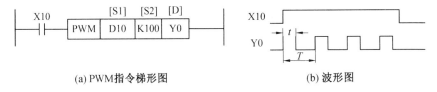

(a)PWM指令梯形图　　　　　　　　　　　　(b) 波形图

图 6.42　脉宽调制指令的应用说明

PWM 指令有三个操作数:目标操作数[D] 只能选 Y;源操作数[S1] 表示输出脉冲的宽度 t,其取值范围为 0 ~ 32 767,单位为 ms;源操作数[S2] 表示输出脉冲的周期 T,其取值范围为 0 ~ 32 767,单位为 ms。t 值不大于 T,否则会出错。目标操作数[D] 规定输出脉冲从哪个输出端输出,输出脉冲的频率 f 为

$$f = (1/T) \times 10^3$$

改变 t,使其在 0 ~ T 的范围内变化,就能使输出脉冲的占空比在 0 ~ 100% 的范围内

变化。PWM 指令采用中断方式输出脉冲,与扫描周期无关,该指令在程序中只能使用一次。

在图 6.42(a) 中,当 X10 断开时,没有脉冲输出,输出 Y0 始终为"0";当 X10 闭合时,执行 PWM 指令,扫描到该梯形图时,就立即采用中断方式通过 Y0 输出占空比为 t/T 的脉冲,其频率为 10 Hz,改变数据寄存器 D10 内的数,使其在 0 ~ 100 的范围内变化,就能使输出脉冲的占空比在 0 ~ 100% 的范围内变化,有关波形图如图 6.42(b) 所示。

6.2.7　方便指令(FNC60 ~ FNC69)

利用最简单的顺控程序进行复杂控制的方便指令共有初始化状态、数据检索、凸轮顺控绝对方式、凸轮顺控相对方式、示教定时器、特殊定时器、交替输出、斜坡信号、旋转工作台控制、数据排序等十条,方便指令表见表 6.12。

表 6.12　方便指令表

指令名称	功能 \ 操作数	[S]			[D]		n、m	程序步
FNC60/IST	初始化状态	X、Y、M、D*.b			[D1] [D2]	S		7/16 位
FNC61/D SER P	数据检索	[S1]	KnX、KnY、KnM、KnS、T、C、D、R		KnY、KnM、KnS、T、C、D、R		K、H、D、R	9/16 位
		[S2]		V、Z、K、H				17/32 位
FNC62/D ABSD	凸轮顺控绝对方式	[S1]	KnX、KnY、KnM、KnS、T、C、D、R		Y、M、S、D*.b		K、H	
FNC63/INCD	凸轮顺控相对方式	[S2]	C					9/16 位
FNC64/TTMR	示教定时器				D、R		K、H、D、R	5/16 位
FNC65/STMR	特殊定时器	T			Y、M、S、D*.b			7/16 位
FNC66/ALT P	交替输出							3/16 位
FNC67/RAMP	斜坡信号	[S1] [S2]	D、R		D、R		K、H、D、R	9/16 位
FNC68/ROTC	旋转工作台控制	D、R			Y、M、S、D*.b		K、H	7/16 位
FNC69/SORT	数据排序				D、R		K、H	11/16 位

下面主要介绍特殊定时器指令、交替输出指令和数据排序指令。

1. 特殊定时器指令 STMR

特殊定时器指令能够产生延迟关断、单脉冲、延迟接通和延迟关断等控制信号(图 6.43)。STMR 指令的源操作数[S] 只能选用定时器 T0 ~ T199,目标操作数[D] 是首地址,是四个连号的 Y、M、S 软元件,m 是[S] 指定的定时器的设定值。在常开触点 X0 控制下,目标操作数 M0 ~ M3 的波形如图 6.43(a) 所示(M0 为延迟关断,M1、M2 为单脉冲,M3 为延迟接通和延迟关断元件)。当 X0 由断开到闭合时,M2 产生一个脉宽为定时器定时设定值的脉冲;当 X0 由闭合到断开时,M1 产生一个脉宽为定时器定时设定值的脉冲。

若 t 是定时器 T10 的定时设定值,则因为 T10 的定时单位为 100 ms,而常数 m 为 100,所以有

$$t = 100 \text{ ms} \times 100 = 10\ 000 \text{ ms} = 10 \text{ s}$$

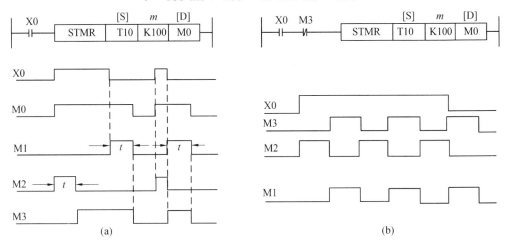

图 6.43　STMR 指令应用说明及示例

示例具体过程如下。当 X0 由断开到闭合时,T10 开始定时,M0、M2 置 1,M1、M3 置 0。当 T10 定时时间到时,M2 变为 0,M3 变为 1,M0 和 M1 维持原状态不变。当 X0 由闭合到断开时,T10 被复位,并重新开始定时,M1 变为 1,M0、M2、M3 维持原状不变。当 T10 定时时间到时,M0 ~ M3 都为 0。利用 STMR 指令可以很方便地产生闪烁控制信号,图 6.43(b) 是其梯形图和波形图。

2. 交替输出指令 ALT

交替输出指令的应用说明如图 6.44 所示。当 X0 从 OFF 到 ON 时,M0 的状态改变一次。

该指令可用一个按钮控制负载的起动和停止,当第一次按下按钮 X0 时,起动输出 Y1 置 1;再次按下 X0,停止输出 Y0 动作。可如此反复交替进行。

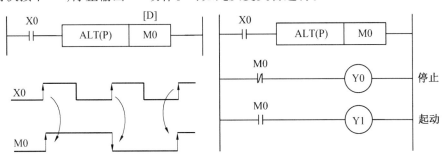

图 6.44　交替输出指令的应用说明

若用 M0 作为输入,用 ALT(P) 指令驱动 M1,则能得到多级分频输出的梯形图,如图 6.45 所示。

3. 数据排序指令 SORT

数据排序指令是对存储于连续的源操作数[S](m_1(行)$\times m_2$(列))的数据,按 n 列排序,并

图 6.45　多级分频输出的梯形图

将排序结果送入连续的目标操作数[D]。该指令用连续执行方式,在程序中只能使用一次。

SORT 指令的应用说明如图 6.46 所示。源操作数[S]指定 D100 是表的首地址,里面指定的值是要进行排序的表的第一项内容的地址,其后有足够空间来存放整张数据表内容。

m_1 是排序表的行数,取值范围为 1 ~ 32(示例中 m_1 = 5,是一个 5 行排序表)。

m_2 是排序表的列数,取值范围为 1 ~ 6(示例中 m_2 = 4,是一个 4 列的排序表)。

目标操作数[D]指定的 D200 是排序后新表的首地址,即数据被排序后存放到一个新的表中。

n 是作为排序标准的群数据(列)的列编号。

排序指令 SORT 运行时还用到了 M8029(指令运行完毕后 M8029 为 ON)。

图 6.46 待排序的原表见表 6.13,即 $m_1 \times m_2$ 的 5 × 4 行列排序表。当 n = 2 时,X10 闭合,执行 SORT 指令的结果排序表见表 6.14。当 n = 3 时,X10 闭合,执行 SQRT 指令的结果排序表见表 6.15。

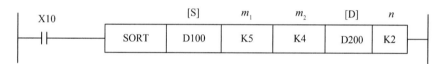

图 6.46　SORT 指令的应用说明

表 6.13　图 6.46 待排序的原表

行号	列号			
	1	2	3	4
	姓名	身高	体重	年龄
1	D100 1	D105 150	D110 45	D115 20
2	D101 2	D106 180	D111 50	D116 40
3	D102 3	D107 160	D112 70	D117 30
4	D103 4	D108 100	D113 20	D118 8
5	D104 5	D109 150	D114 50	D119 45

表 6.14　$n = 2$ 时的结果排序表

行号	列号			
	1	2	3	4
	姓名	身高	体重	年龄
1	D200 4	D205 100	D210 20	D215 8
2	D201 1	D206 150	D211 45	D216 20
3	D202 5	D207 150	D212 50	D217 45
4	D203 3	D208 160	D213 70	D218 30
5	D204 2	D209 180	D214 50	D219 40

表 6.15　$n = 3$ 时的结果排序表

行号	列号			
	1	2	3	4
	姓名	身高	体重	年龄
1	D200 4	D205 100	D210 20	D215 8
2	D201 1	D206 150	D211 45	D216 20
3	D202 2	D207 180	D212 50	D217 40
4	D203 5	D208 150	D213 50	D218 45
5	D204 3	D209 160	D214 70	D219 30

6.2.8　外围设备 I/O 指令（FNC70 ~ FNC79）

外围设备 I/O 指令主要用于与外部设备交换数据，可以通过最少量的程序和外部布线实现复杂的控制。外围设备 I/O 指令表见表 6.16。

表 6.16　外围设备 I/O 指令表

指令名称	功能 \ 操作数	[S]	[D]	n、m	程序步
FNC70/D TKY	十键输入	X、Y、M、S、D*.b	[D1] KnY、KnM、KnS、T、C、D、R、V、Z [D2] Y、M、S、D*.b		7/16 位 13/32 位
FNC71/D HKY	十六键输入	X	[D1] Y [D2] T、C、D、R、V、Z [D3] Y、M、S、D*.b		9/16 位 17/32 位
FNC72/DSW	数字开关	X	[D1] Y [D2] T、C、D、R、V、Z	K、H	9/16 位
FNC73/SEGD P	七段码译码	K、H、KnX、KnY、KnM、KnS、T、C、D、R、V、Z	KnY、KnM、KnS、T、C、D、R、V、Z		5/16 位
FNC74/SEGL	七段时分显示	K、H、KnX、KnY、KnM、KnS、T、C、D、R、V、Z	Y	K、H	7/16 位
FNC75/ARWS	箭头开关	X、Y、M、S、D*.b	[D1] T、C、D、R、V、Z [D2] Y	K、H	9/16 位
FNC76/ASC	ASCII 码转换	“字符串”	T、C、D、R		11/16 位
FNC77/PR	ASCII 码打印	T、C、D、R	Y		5/16 位
FNC78/D FROM P	读特殊功能模块	m_1：K、H、D、R	[D] KnY、KnM、KnS、T、C、D、R、V、Z	K、H、D、R	9/16 位 17/32 位
FNC79/D TO P	写特殊功能模块	m_2：K、H、D、R	[S] K、H、KnX、KnY、KnM、KnS、T、C、D、R、V、Z	K、H、D、R	9/16 位 17/32 位

下面主要介绍十键输入指令、七段码译码指令、ASCII 码转换指令和读/写特殊功能模块指令。

1. 十键输入指令 TKY

TKY 指令用十个输入端口实现十进制数 0 ~ 9 的输入功能。该指令的梯形图格式及物理连接如图 6.47(a) 所示([S] 是输入数字键的起始位软元件,占用 10 点;[D1] 是保存输入数据的字软元件;[D2] 是按键信息为 ON 的起始位软元件,占用 11 点)。

键输入及其对应的辅助继电器 M 的动作时序如图 6.47(b) 所示。当 X30 闭合时,执行 TKY 指令,若以 a、b、c、d 顺序按数字键,则数据 2130 以二进制码存于目标操作数[D1]即 D0 中。

M10 ~ M19 的动作对应于 X0 ~ X11。当 X2 按下后,M12 置 1 并保持至下一键 X1 按下,其他键也一样。任一键按下时,M20 置 1,直至该按键放开,M20 可用于记录键按下的次数。当两个或更多的键被按下时,首先按下的键有效。

X30 变为 OFF 时,D0 中输入的数据保持不变,但 M10 ～ M20 全部变为 OFF。

此指令只能用一次。如果送入数据大于 9 999,则高位溢出并丢失。当用 D TKY 指令时,D1 和 D0 成对使用,输入数据大于 99 999 999 时溢出。

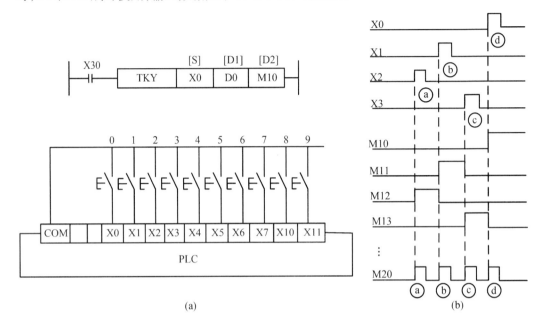

图 6.47　　TKY 指令格式、物理连接及动作时序

2. 七段码译码指令 SEGD

SEGD 指令将[S]的低 4 位(只用低 4 位)0 ～ F 十六进制数译码成 7 段码显示用的数据,驱动并保存到[D]的低 8 位中,[D]的高 8 位保持不变,其梯形图如图 6.48 所示。

图 6.48　　SEGD 指令梯形图

在梯形图中,当 X0 断开时,不执行 SEGD 指令的操作;当 X0 闭合时,每扫描一次该指令,则将数据寄存器 D0 中 16 位二进制数的低 4 位所表示的十六进制数译码成驱动与输出端 Y0 ～ Y7 相连接的七段数码管的控制信号,其中 Y7 始终为 0(七段译码表见表 6.17)。

表 6.17　七段译码表

源操作数[S]		七段数码管	目标操作数[D]								显示数据
十六进制	二进制		Y7	Y6	Y5	Y4	Y3	Y2	Y1	Y0	
0	0000		0	0	1	1	1	1	1	1	0
1	0001		0	0	0	0	0	1	1	0	1
2	0010		0	1	0	1	1	0	1	1	2
3	0011		0	1	0	0	1	1	1	1	3
4	0100		0	1	1	0	0	1	1	0	4
5	0101		0	1	1	0	1	1	0	1	5
6	0110		0	1	1	1	1	1	0	1	6
7	0111		0	0	0	0	0	1	1	1	7
8	1000		0	1	1	1	1	1	1	1	8
9	1001		0	1	1	0	1	1	1	1	9
A	1010		0	1	1	1	0	1	1	1	A
B	1011		0	1	1	1	1	1	0	0	B
C	1100		0	0	1	1	1	0	0	1	C
D	1101		0	1	0	1	1	1	1	0	D
E	1110		0	1	1	1	1	0	0	1	E
F	1111		0	1	1	1	0	0	0	1	F

七段数码管示意：Y0（上）、Y5（左上）、Y1（右上）、Y6（中）、Y4（左下）、Y2（右下）、Y3（下）。

3. ASCII 码转换指令 ASC

ASC 指令是将字符变换成 ASCII 码并存放在指定元件中。ASC 指令的应用说明如图 6.49 所示。

当 X0 由 OFF → ON 时，ASC 指令将"FX - 64MR！"字符串（含 8 个字符）变换成 ASCII 码并送到 D300 ~ D303 中，每个数据寄存器中存放 2 个字符的 ASCII。

4. 读／写特殊功能模块指令 FROM/TO

读／写特殊功能模块指令的应用说明如图 6.50 所示。m_1 是特殊功能单元／模块的模块号（从离 PLC 基本单元右侧扩展总线上最近的模块开始依次编号为 0 ~ 7）；m_2 是传送源缓冲存储区（BFM）的首元件号。缓冲存储区的寄存器编号为 0 ~ 32 766，缓冲寄存器内容与各设备具体控制目的相关（在 32 位指令中处理 BFM 时，指定的 BFM 为低 16 位）。n 是待传送数据的字数（K1 ~ K32767，16 位指令中的 $n = 2$ 与 32 位指令中的 $n = 1$ 具有相同的效果）。

当 X1 由 OFF → ON 时，读特殊功能模块指令 FROM 开始执行，将模块号为 m_1 的特殊功能模块中从缓冲寄存器（BFM）编号为 m_2 开始的连续 n 个数据读入 PLC 基本单元，并存入[D]指定的连续 n 个数据寄存器中。

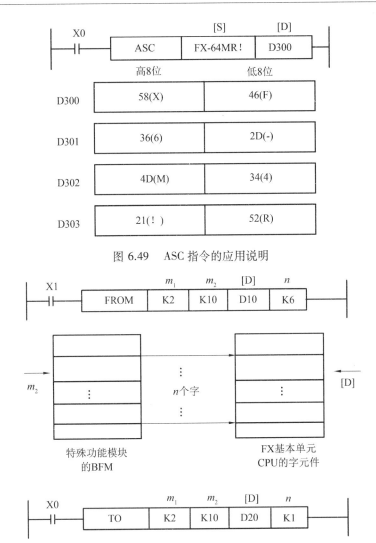

图 6.49　ASC 指令的应用说明

图 6.50　读／写特殊功能模块指令的应用说明

当 X0 闭合后,写特殊功能模块指令 TO 开始执行,将 PLC 基本单元中 D20 的内容写到 2 号特殊模块编号为 10 的缓冲寄存器中。

关于中断:当设定 M8028 = OFF 时,在 FROM/TO 指令执行过程中,自动变为禁止中断状态,不执行输入中断和定时器中断。在此期间产生的中断会在执行完 FROM/TO 指令之后立即被执行。此外,FROM/TO 指令也可以在中断程序中使用。当设定 M8028 = ON 时,在 FROM/TO 指令执行过程中若产生中断,则响应中断,执行中断服务程序。但是,这种情况下不能在中断程序中使用 FROM/TO 指令。

6.2.9　外围设备 SER 指令(FNC80 ~ FNC88)

FNC80 ~ FNC88 中提供了对连接在串行通信口上的特殊适配器进行控制的指令。此外,还包括 PID 运算指令。外围设备指令表见表 6.18。

表 6.18　外围设备指令表

指令名称	功能 \ 操作数	[S]	[D]	n、m	程序步
FNC80/RS	串行通信	D、R	D、R	K、H、D、R	9/16 位
FNC81/D PRUN P	并行数据传送	KnX、KnM	KnY、KnM		5/16 位 9/32 位
FNC82/ ASCI P	ASCI 变换	K、H、KnX、KnY、KnM、KnS、T、C、D、R、V、Z	KnY、KnM、KnS、T、C、D、R	K、H、D、R	7/16 位
FNC83/ HEX P	十六进制转换		KnY、KnM、KnS、T、C、D、R、V、Z		7/16 位
FNC84/ CCD P	校验码	K、H、KnX、KnY、KnM、KnS、T、C、D、R	KnY、KnM、KnS、T、C、D、R		7/16 位
FNC85/ VRRD P	电位器读出	K、H、D、R	KnY、KnM、KnS、T、C、D、R、V、Z		5/16 位
FNC86/ VRSC P	电位器刻度				
FNC87/RS2	串行通信				11/16 位
FNC88/D PID P	比例积分微分控制	[S1][S2] [S3]	D、R　　　D、R		9/16 位

下面主要介绍 ASCI 变换指令、十六进制转换指令和比例积分微分控制指令。

1. ASCI 变换指令 ASCI

ASCI 变换指令是把十六进制数值(HEX)转换成 ASCII 码的指令。此外,将二进制 BIN 数据转换成 ASCII 码的指令是 BINDA(FNC261),将二进制浮点数据转换成 ASCII 码的指令是 ESTR(FNC116)。

ASCI 指令的梯形图如图 6.51 所示。[S] 是要转换的 HEX 源操作数软元件的起始地址;[D] 是保存转换后的 ASCII 码的软元件的起始地址;n 是要转换的 HEX 字符数(位数1 ~ 256)。

当 X10 闭合时,执行 ASCI 指令,设置特殊辅助继电器 M8161 = OFF,转换后的数据存储形式是 16 位模式。设置特殊辅助继电器 M8161 = ON,转换后的数据存储为 8 位模式。ASCI 指令的 8 位形式和 16 位形式存储如图 6.51 所示。

2. 十六进制转换指令 HEX

十六进制转换指令是将 ASCII 码表示的信息转换成用十六进制表示的信息(刚好与 ASCI 指令相反)。ASCII 码到十六进制的转换指令 HEX 是串行通信指令 RS 的有力补充,通过与串行通信模块 FX - 232ADP 相结合,可把数据传到更多外围设备中,为主机与外围设备间的通信提供更多便利。

16 位模式的 HEX 指令应用说明如图 6.52 所示。[S] 是待转换 ASCII 码所在软元件的起始地址;[D] 是储存转换后的 HEX 数据的软元件的起始地址;n 是要转换的 ASCII 码

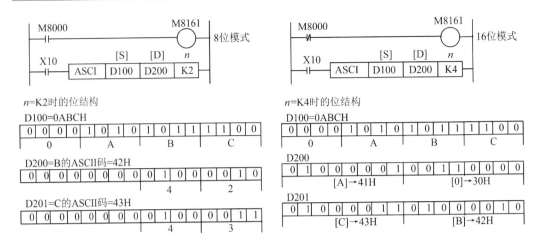

图 6.51　ASCI 指令的梯形图

的字符数（字节数 1 ~ 256）。

M8161 = OFF 时为 16 位模式。X10 由 OFF 变为 ON 后，HEX 指令将[S]指定软元件 D200 起始的 n = 4 个 8 位的 ASCII 码字符数据转换成对应的 HEX 数据，向[D]指定软元件 D100 中传送。

M8161 = ON 时为 8 位模式，即[S]低 8 位中存储的 ASCII 字符数据转换成 HEX 数据，每 4 位向[D]传送。

ASCII 码到十六进制数 HEX 的转换表见表 6.19。特别要指出的是，在 HEX 指令中，存入[S]的数据如果不是 ASCII 码，则运算要出错，不能进行 HEX 转换。

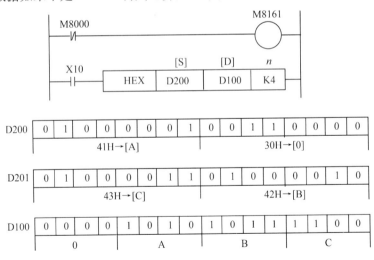

图 6.52　16 位模式的 HEX 指令应用说明

表 6.19 ASCII 码到十六进制数 HEX 的转换表

[S]	ASCII 码	HEX 转换	n	[D]		
				D102	D101	D100
D200 下	30H	0	1			0H
D200 上	41H	A	2			0AH
D201 下	42H	B	3			0ABH
D201 上	43H	C	4			0ABCH
D202 下	31H	1	5		0H	ABC1H
D202 上	32H	2	6		0AH	BC12H
D203 下	33H	3	7		0ABH	C123H
D203 上	34H	4	8		0ABCH	1234H
D204 下	35H	5	9	0H	ABC1H	2345 H

3. 比例积分微分控制指令 PID

比例积分微分控制指令用于执行根据输入的变化量而改变输出值的 PID 控制。PID 指令的应用说明如图 6.53 所示。图中,源操作数[S1]用于存放设定目标值(SV);源操作数[S2]用于存放当前测量值(PV);源操作数[S3]用于指定存放参数的数据寄存器首地址(占用[S3]～[S3]+24,共 25 个数据寄存器,本例中为 D100～D124,其中[S3]～[S3]+6 用于设定控制参数);目标操作数[D]用于存放运算结果输出值(MV)。对于[D],最好指定非停电保持型数据寄存器,若指定停电保持型数据寄存器,则一定要在 PLC 开始运行时用 RST 指令清除保持的内容。

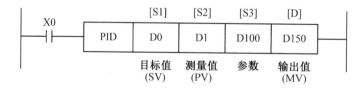

图 6.53 PID 指令的应用说明

PID 指令具体设定项目说明见表 6.20。

表 6.20　PID 指令具体设定项目说明

设定项目		内容	占用 D 个数
[S1]	目标值(SV)	设定目标值(SV) PID 指令不会更改设定内容 使用自整定(极限循环法)时的注意事项如下: 当自整定用的目标值与执行 PID 控制时的目标值不同时,需要设定加上了偏差值后的数值,在自整定标志位变为 OFF 时,保存实际的目标值	1
[S2]	测量值(PV)	PID 运算的输入值	1
[S3]	参数	极限循环法情况下的自整定如下: 占用从[S3]指定的起始软元件开始的 29 个软元件	29
		阶跃响应法情况下的自整定如下: 动作设定(ACT)的设置是 bit1、bit2、bit5 全部为"0"以外数字时占用从[S3]指定的起始软元件开始的 25 个软元件;	25
		动作设定(ACT)的设置是 bit1、bit2、bit5 全部为"0"时占用从[S3]指定的起始软元件开始的 20 个软元件	20
[D]	输出值(MV)	PID 控制时(普通处理时),指令驱动之前在用户一侧设置初始输出值,此后的运算结果将被保存 极限循环法情况下的自整定如下: 在自整定过程中,自动地输出 ULV 值或 LLV 值,当自整定结束后,既定的 MV 值会被设定 阶跃响应法情况下的自整定如下: 指令驱动之前请在用户一侧设置步输出值,在自整定过程中,不能在 PID 指令一侧更改 MV 输出	1

　　PID 指令中控制用参数的设定值需在 PID 运算开始前通过 MOV 指令预先写入。若指定停电保持型数据寄存器,则由于 PLC 断电后设定值仍保持,因此不需要再次写入。PID 指令中参数[S3]对应的数据寄存器名称、参数设定内容见表 6.21。

表 6.21　PID 指令中参数[S3] 对应的数据寄存器名称、参数设定内容

设定项目			设定内容	备注
[S3]	采样时间(T_s)		1 ~ 32 767 ms	若设定值比运算周期短,则无法执行
[S3] + 1	动作设定（ACT）	bit0	0:正向动作 1:反向动作	动作方向
		bit1	0:无输入变化量报警 1:输入变化量报警有效	
		bit2	0:无输出变化量报警 1:输出变化量报警有效	bit2 和 bit5 请勿同时置 ON
		bit3	不可以使用	
		bit4	0:自整定不动作 1:执行自整定	
		bit5	0:无输出值上下限设定 1:输出值上下限设定有效	bit2 和 bit5 请勿同时置 ON
		bit6	0:阶跃响应法 1:极限循环法	选择自整定的模式
		bit7 ~ bit15	不可以使用	
[S3] + 2	输入滤波常数(α)		0 ~ 99%	0 时表示无输入滤波
[S3] + 3	比例增益(K_P)		1% ~ 32 767%	
[S3] + 4	积分时间(T_I)		0 ~ 32 767(× 100 ms)	0 时无积分处理
[S3] + 5	微分增益(K_D)		0 ~ 100%	0 时无微分增益
[S3] + 6	微分时间(T_D)		0 ~ 32 767(× 10 ms)	0 时无微分处理
[S3] + 7 ~ [S3] + 19	被 PID 运算的内部处理占用,请不要更改数据			
[S3] + 20	输入变化量(增加方向) 报警设定值		0 ~ 32 767	动作方向(ACT):[S3] + 1 的 bit1 = 1 时有效
[S3] + 21	输入变化量(减少方向) 报警设定值		0 ~ 32 767	动作方向(ACT):[S3] + 1 的 bit1 = 1 时有效
[S3] + 22	输出变化量(增加方向) 报警设定值		0 ~ 32 767	动作方向(ACT):[S3] + 1 的 bit2 = 1,bit5 = 0 时有效
	输出上限的设定值		− 32 768 ~ 32 767	动作方向(ACT):[S3] + 1 的 bit2 = 0,bit5 = 1 时有效

续表

设定项目		设定内容	备注
[S3] + 23	输出变化量(减少方向)报警设定值	0 ~ 32 767	动作方向(ACT):[S3] + 1 的 bit2 = 1,bit5 = 0 时有效
	输出下限的设定值	− 32 768 ~ 32 767	动作方向(ACT):[S3] + 1 的 bit2 = 0,bit5 = 1 时有效
[S3] + 24	报警输出 bit0	0:输入变化量(增加方向)未溢出 1:输入变化量(增加方向)溢出报警	动作方向(ACT): [S3] + 1 的 bit1 = 1 或 bit2 = 1 时有效
	报警输出 bit1	0:输入变化量(减少方向)未溢出 1:输入变化量(减少方向)溢出报警	
	报警输出 bit2	0:输出变化量(增加方向)未溢出 1:输出变化量(增加方向)溢出报警	
	报警输出 bit3	0:输出变化量(减少方向)未溢出 1:输出变化量(减少方向)溢出报警	
使用极限循环法时需要使用以下的设定(动作方向(ACT):[S3] + 1 的 bit6 = 1 时)			
[S3] + 25	PV 值临界值(滞后)宽度(SHPV)	根据测量值(PV)的波动而设定	动作设定(ACT)的 bit6 选择极限循环法 (ON)时占用
[S3] + 26	输出值上限(ULV)	输出值(MV)的最大输出值(ULV)设定	
[S3] + 27	输出值下限(LLV)	输出值(MV)的最小输出值(LLV)设定	
[S3] + 28	从自整定循环结束到 PID 控制开始为止的等待设定参数(KW)	− 50 ~ 32 717	

　　一个程序中可以多次使用 PID 指令,但每一条 PID 指令所使用的[S3]和[D]软元件号不得重复。

　　PID 指令在定时器中断、子程序、步进梯形图、跳转指令中也可使用。在这种情况下,执行 PID 指令前需要清除[S3] + 7 所对应的数据寄存器后再使用(图 6.54)。

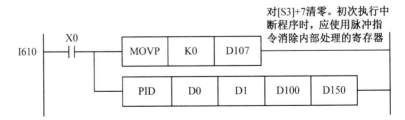

图 6.54　执行 PID 指令前对[S3] + 7 清零

　　采样时间 T_s 必须大于 PLC 的扫描周期。如果 T_s 小于等于 PLC 的扫描周期,则发生 PID 运算错误。在这种情况下,建议在定时器中断中使用 PID 指令,程序则以 T_s 等于扫描周期执行 PID 运算。

输入滤波常数(α)具有使当前测量值平滑变化的效果。

微分增益(K_D)具有缓和输出值激烈变化的效果。

输入变化量、输出变化量报警设定:设定[S3]+1的bit1、bit2均为ON时,用户可任意检测输入/输出变化量,检测按照[S3]+20~[S3]+23的值进行。变化量=上次的值-本次的值。超出设定的输入/输出变化量时,[S3]+24中相应报警标志的各位在其PID指令执行后立即为ON。输入/输出变化量报警设定如图6.55所示。

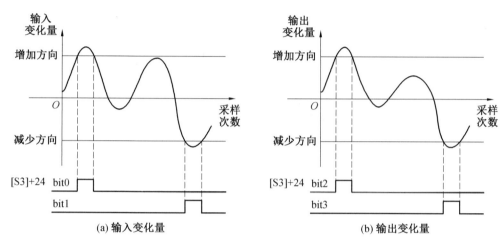

图 6.55　输入/输出变化量报警设定

PID 指令的运算公式为

$$输出量(MV) = K_P\left\{\varepsilon + K_D\ T_D\ \frac{d\varepsilon}{dt} + \frac{1}{T_I}\int\varepsilon dt\right\}$$

式中,K_P 为比例增益;ε 为每个采样周期间的误差;K_D 为微分增益;T_D 为微分时间常数;T_I 为积分时间常数。

为使 PID 控制得到良好的效果,需求得 PID 的三个常数 K_P、T_I、T_D 的最佳值,工程上常采用阶跃响应法求出这三个常数。

阶跃响应法是使控制系统产生0~100%的阶跃输出,测量输入值变化对输出的动作特性参数即无用时间 L 和最大斜率 R,换算出 PID 的三个常数。阶跃响应法求 PID 的三个常数如图6.56所示。

使用自动调节功能可以得到最佳的 PID 控制。自动调节方法说明如下。

(1)传送自动调节用的输出值至[D]中。

自动调节用的输出值应根据输出设备在输出可能最大值的50%~100%范围内选用。

(2)设定自动调节的采样时间、输入滤波、微分增益和目标值等。

为正确执行自动调节,目标值的设定应保证自动调节开始时的测量值与目标值之差要大于150。若不能满足大于150,可以先设定自动调节目标值,待自动调节完成后,再次设定目标值。自动调节时的采样时间 T_s 应大于 1 s 以上,并且要远大于输出变化的周期时间。

（3）［S3］+1 的 bit4 设置为 ON 后，则自动调节开始。自动调节开始时的测量值到目标值的变化量变化在三分之一以上，则自动调节结束，［S3］+1 的 bit4 自动变为 OFF。

注意：自动调节应在系统处于稳态时进行，否则不能正确进行自动调节。

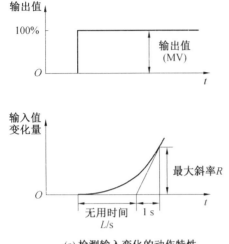

	比例增益 K_P/%	积分时间 $(T_I)(0.1\ s)$	微分时间 $(T_D)(0.1\ s)$
仅有比例控制（P动作）	$(1/R{\times}L){\times}$ 输出值(MV)	—	—
PI控制（PI动作）	$(0.9/R{\times}L){\times}$ 输出值(MV)	$33L$	—
PID控制（PID动作）	$(1.2/R{\times}L){\times}$ 输出值(MV)	$20L$	$50L$

(a) 检测输入变化的动作特性　　　　(b) 动作特性参数与三个常数的关系

图 6.56　阶跃响应法求 PID 的三个常数

控制参数的设定值或 PID 运算中的数据发生错误时，运算错误标志 M8067 为 ON，按照其错误内容不同，D8067 中存有表 6.22 所列的错误代码。

PID 运算开始前必须将正确的测量值读入 PID 测量值(PV) 中，尤其是在 PID 对模拟量输入模块 FX_{2N} - 4AD 的输入值进行运算时，请注意其转换时间。

表 6.22　PID 指令应用中的错误代码一览表

错误代码（D8067）	错误内容	处理
K6705	应用命令的操作数在对象要素范围外	
K6706	应用命令在对象范围外	
K6730	采样时间(T_s)在对象范围外$(T_s < 0)$	
K6732	输入滤波常数(α)在对象范围外$(\alpha < 0$ 或 $\alpha \geqslant 100)$	PID 运算停止
K6733	比例增益(K_P)在对象范围外$(K_P < 0)$	
K6734	积分时间(T_I)在对象范围外$(T_I < 0)$	
K6735	微分增益(K_D)在对象范围外$(K_D < 0$ 或 $K_D \geqslant 201)$	
K6736	微分时间(T_D)在对象范围外$(T_D < 0)$	

续表

错误代码 （D8067）	错误内容	处理
K6740	采样时间(T_s) ≤ 扫描周期	
K6742	测量值变化量超出(ΔPV < − 32 768 或 ΔPV > 32 767)	
K6743	偏差超出(EV < − 32 768 或 EV > 32 767)	PID 以运算数据作为 MAX 值继续运算
K6744	积分计算值超出(− 32 768 ~ 32 767 以外)	
K6745	微分增益(K_D) 超出导致微分值超出	
K6746	微分计算值超出(− 32 768 ~ 32 767 以外)	
K6747	PID 运算结果超出(− 32 768 ~ 32 767 以外)	

6.2.10　时钟运算指令(FNC160 ~ FNC169)

时钟运算指令是针对时钟数据进行运算、比较的指令,还可以执行可编程控制器内置实时时钟的时间校准及时间数据的格式转换。时钟运算指令表见表 6.23。

表 6.23　时钟运算指令表

指令名称	功能 \ 操作数	[S]		[D]	程序步
FNC160/TCMP P	时钟数据比较	[S1][S2][S3]	K、H、KnX、KnY、KnM、KnS、 T、C、D、R、V、Z	Y、M、S、D*.b	11/16 位
		[S]	T、C、D、R		
FNC161/TZCP P	时钟数据 区域比较	[S1][S2]	T、C、D、R		9/16 位
		[S]			
FNC162/TADD P	时钟数据加法	[S1][S2]		T、C、D、R	7/16 位
FNC163/TSUB P	时钟数据减法	[S1][S2]			
FNC166/TRD P	读出时钟数据			T、C、D、R	3/16 位
FNC167/TWR P	写入时钟数据	T、C、D、R			
FNC169/D HOUR	计时表	K、H、KnX、KnY、KnM、KnS、 T、C、D、R、V、Z		[D1] D、R	7/16 位
				[D2] Y、M、S、 D*.b	13/16 位

1. 时钟数据读取指令 TRD

TRD 指令是将 PLC 实时时钟的时钟数据按“年（公历）”“月”“日”“时”“分”“秒”“星期”顺序读入目标操作数[D]起始的 7 点数据寄存器中,读取源为保存时钟数据的特殊数据寄存器 D8013 ~ D8019（设置 D8018 可以将年格式切换成 4 位模式）。TRD 指令的应用说明如图 6.57 所示。

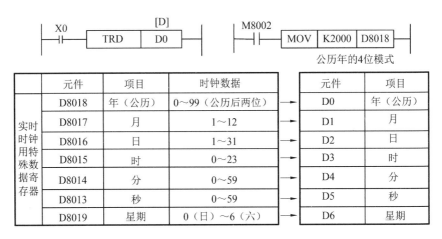

图 6.57　TRD 指令的应用说明

2. 时钟数据写入指令 TWR

TWR 指令是 TRD 指令的逆运算,是将时钟数据写入 PLC 的实时时钟的指令(为写入时钟数据,必须预先设定由[S]指定的元件地址号起始的 7 点元件)。TWR 指令的应用说明如图 6.58 所示。

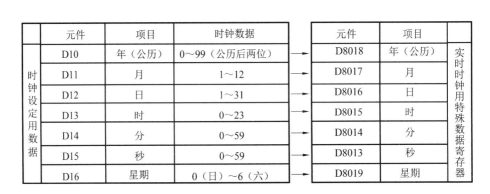

图 6.58　TWR 指令的应用说明

6.2.11　触点比较指令(FNC224 ~ FNC246)

触点比较指令是对两个源操作数[S1]和[S2]进行二进制数比较,根据其比较结果决定后面的程序是否执行,包括触点比较取指令、触点比较串联指令及触点比较并联指令。操作数可选 K、H、KnX、KnY、KnM、KnS、T、C、D、R、V、Z,程序步为 5/16 位或 9/32 位。该类指令的执行条件为连续执行型。触点比较指令表见表 6.24。

表 6.24　触点比较指令表

指令名称	功能 \ 操作数		指令名称	功能 \ 操作数	
FNC224/D LD =	触点比较取指令	[S1] = [S2] 时导通	FNC240/D OR =	触点比较并联指令	[S1] = [S2] 时导通
FNC225/D LD >		[S1] > [S2] 时导通	FNC241/D OR >		[S1] > [S2] 时导通
FNC226/D LD <		[S1] < [S2] 时导通	FNC242/D OR <		[S1] < [S2] 时导通
FNC228/D LD < >		[S1] ≠ [S2] 时导通	FNC244/D OR < >		[S1] ≠ [S2] 时导通
FNC229/D LD ≤		[S1] ≤ [S2] 时导通	FNC245/D OR ≤		[S1] ≤ [S2] 时导通
FNC230/D LD ≥		[S1] ≥ [S2] 时导通	FNC246/D OR ≥		[S1] ≥ [S2] 时导通
FNC232/D AND =	触点比较串联指令	[S1] = [S2] 时导通			
FNC233/D AND >		[S1] > [S2] 时导通			
FNC234/D AND <		[S1] < [S2] 时导通			
FNC236/D AND < >		[S1] ≠ [S2] 时导通			
FNC237/D AND ≤		[S1] ≤ [S2] 时导通			
FNC238/D AND ≥		[S1] ≥ [S2] 时导通			

1. 触点比较取指令

LD =（FNC224）、LD >（FNC225）、LD <（FNC226）、LD < >（FNC228）、LD ≤（FNC229）和 LD ≥（FNC230）这六条指令都是连续执行型,既可进行16位二进制数运算（5步）,又可进行32位二进制数运算（9步）。每条指令有两个源操作数[S1]、[S2],它们的取值范围为 K、H、KnX、KnY、KnM、KnS、T、C、D、R、V、Z。图 6.59 所示为触点比较取指令的应用说明。

触点比较取指令每一条指令对两个源操作数内容进行二进制（BIN）比较,根据其比较结果执行后段的运算。当源操作数最高位（16位指令为 b15;32 位指令为 b31）为 1 时,将该数值作为负数进行比较;当源操作数是 32 位计数器时,必须以 32 位指令来进行,即LD 前面加 D,否则出错。

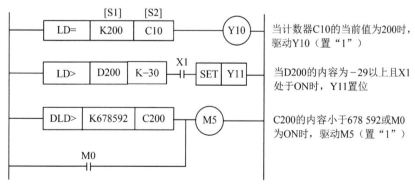

图 6.59　触点比较取指令的应用说明

2. 触点比较串联指令

AND =（FNC232）、AND ＞（FNC233）、AND ＜（FNC234）、AND ＜ ＞（FNC236）、AND ≤（FNC237）和 AND ≥（FNC238）这六条指令都是连续执行型,既可进行 16 位二进制数的运算（5 步指令）,又可进行 32 位二进制数的运算（9 步指令）。每条指令都有两个源操作数,操作数的取值范围与触点比较取指令相同。这六条指令的形式与导通条件同触点比较取指令类似。触点比较串联指令的应用说明如图 6.60 所示。

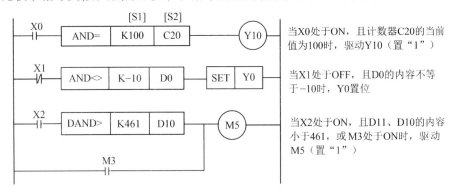

图 6.60　　触点比较串联指令的应用说明

3. 触点比较并联指令

OR =（FNC240）、OR ＞（FNC241）、OR ＜（FNC242）、OR ＜ ＞（FNC244）、OR ≤（FNC245）和 OR ≥（FNC246）这六条指令都是连续执行型,既可进行 16 位二进制数运算（5 步指令）,又可进行 32 位二进制数运算（9 步指令）。每条指令都有两个源操作数,其取值范围与触点比较取指令相同,六条指令的操作形式和导通条件也与触点比较取指令类似。触点比较并联指令的应用说明如图 6.61 所示。

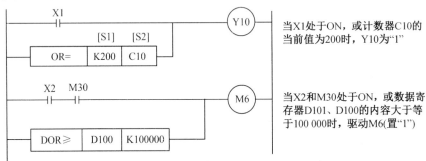

图 6.61　　触点比较并联指令的应用说明

当 PLC 扫描到该指令的梯形图时,两个源操作数的内容进行 BIN 比较,对应其比较结果执行后段的运算。

当源操作数的最高位为 1 时,将该数作为负数进行比较;当源操作数的内容是 32 位数时,必须以 32 位指令来进行操作即 OR 前加 D,否则出错。

以上是 FX 系列 PLC 常用功能指令的使用方法简介,其他功能指令的使用可查阅相关编程手册。

思　考　题

6.1 什么是功能指令？FX 系列 PLC 功能指令格式是什么？

6.2 K2X0、K3Y0、K4M20 分别表示什么样的数据？

6.3 使用循环指令求 $1 + 3 + 5 + 7 + \cdots + 51$ 的值。

6.4 试画出图 6.62 中 Y0 的波形。

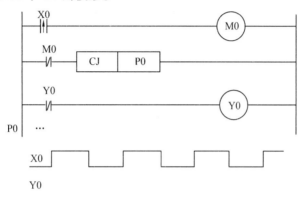

图 6.62　题 6.4 梯形图

6.5 在图 6.63 所示功能指令中，X0、（D）、（P）、D10、D14 的含义分别是什么？该指令实现什么功能？

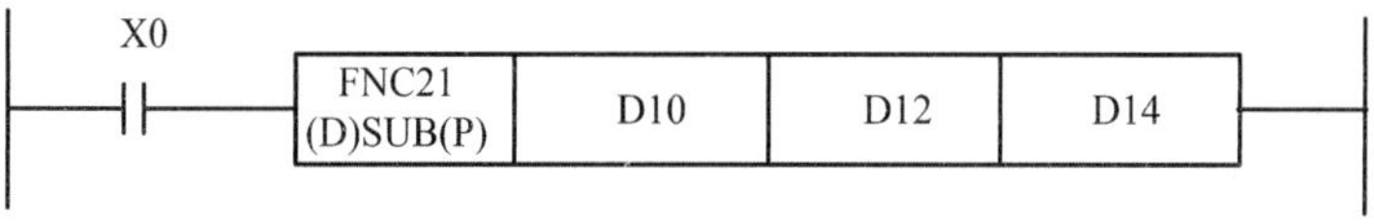

X0 ─┤├─── [FNC21 (D)SUB(P) | D10 | D12 | D14]

图 6.63　题 6.5 梯形图

6.6 图 6.64 中，若 D0 = K5，D1 = K7，则在 X0 合上后，D2、D3、D4、D5 的结果分别为多少？

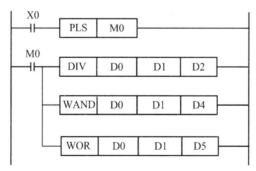

图 6.64　题 6.6 梯形图

6.7 用 CMP 指令实现下面功能：X0 为脉冲输入，当脉冲数大于 5 时，Y1 为 ON；反之，Y0 为 ON。编写此梯形图程序。

6.8 用 ALT 指令设计用按钮 X0 控制 Y0 的电路,用 X0 输入 4 个脉冲,从 Y0 中输出一个脉冲,请画出梯形图。

6.9 求出 D30 ~ D32 中最大的数,存放在 D40 中,设计梯形图程序。

6.10 设计一个用户程序,控制两台交流异步电动机 M1 和 M2 运行,其控制要求如下:M1 可单独起动、点动和停止;M2 必须在 M1 运行后才能起动,但 M2 可单独点动和停止。

6.11 设计一个用户程序,控制三台电动机相隔 5 s 起动,各运行 10 s 停止,循环往复。使用传送比较指令完成控制任务。

6.12 编制一个控制十字路口交通信号灯动作的用户程序。按下起动按钮(与开关量输入端 X10 相连接)后,按如下规律运行:

(1)南北向的绿灯亮 20 s,东西向的红灯亮;

(2)南北向的绿灯亮 20 s 后,改为闪烁 5 次,每次通、断各 0.5 s;

(3)闪烁 5 次后,南北向的绿灯灭,南北向的黄灯亮;

(4)南北向的黄灯亮 5 s 后灭,同时南北向的红灯亮,东西向的红灯灭,东西向的绿灯亮 30 s;

(5)东西向的绿灯亮 30 s 后,改为闪烁 5 次,每次通、断各 0.5 s;

(6)闪烁 5 次后,东西向的绿灯灭,东西向的黄灯亮;

(7)东西向的黄灯亮 5 s 后灭,同时南北向的红灯灭,重复(1)的内容。

第7章 GX Works2 编程软件的使用

三菱 GX Works2 是专门用于三菱系列 PLC 的编程软件，该软件有简单工程和结构化工程两种编程方式，支持梯形图、指令表、SFC、ST 及结构化梯形图等编程语言，集成了程序仿真软件 GX Simulator2，具备程序编辑、参数设定、网络设定、程序监控、仿真调试、在线更改、智能功能模块设置等功能，可以实现 PLC 与 HMI、运动控制器等的数据共享。

7.1 编程软件安装

在 GX Works2 安装软件文件夹中双击"setup.exe"文件，出现图 7.1 所示的 GX Works2 安装向导。

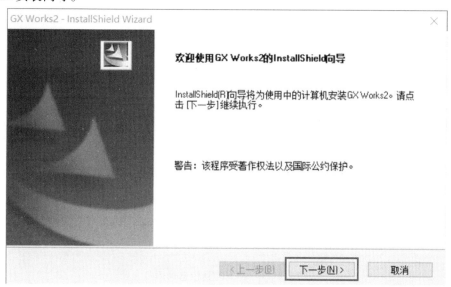

图 7.1 GX Works2 安装向导

单击图 7.1 中的"下一步"按钮，出现图 7.2 所示的信息输入窗口，根据实际情况分别输入姓名、公司名和产品 ID。

然后单击图 7.2 中的"下一步"按钮，出现图 7.3 所示的软件安装路径选择窗口，可以利用图中的"更改"按钮改变软件的安装路径。

单击图 7.3 中的"下一步"按钮，出现图 7.4 所示的软件安装设置内容的确认窗口。

单击图 7.4 中的"下一步"按钮，开始进入程序安装状态，这个过程需要持续几分钟。程序安装结束后，出现图 7.5 所示的结束安装提示窗口，单击图中的"结束"按钮完成安装。

图 7.2　　信息输入窗口

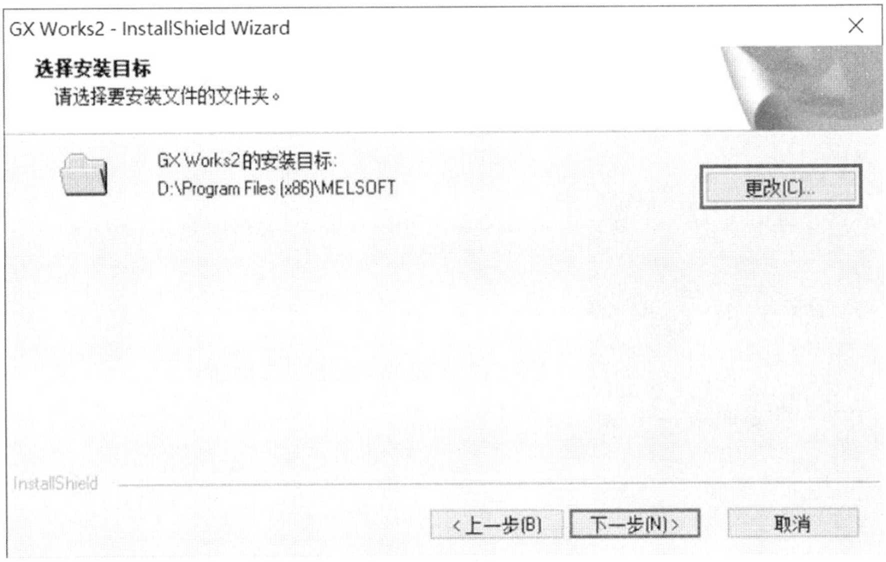

图 7.3　　软件安装路径选择窗口

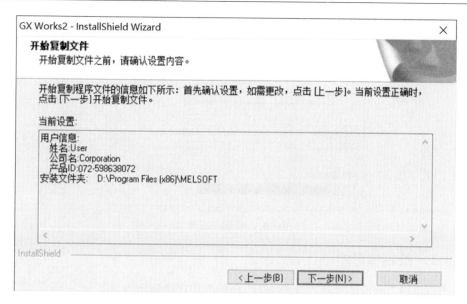

图 7.4　软件安装设置内容的确认窗口

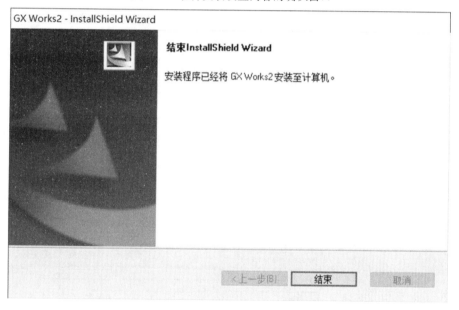

图 7.5　结束安装提示窗口

7.2　编程软件使用入门

7.2.1　新建工程

运行 GX Works2 软件，单击菜单栏中的"工程"→"新建工程"，出现图 7.6 所示的新建工程窗口，工程类型选择"简单工程"，PLC 系列选择"FXCPU"，PLC 类型根据所用 PLC 型号进行选择，程序语言选择"梯形图"。单击图 7.6 中的"确定"按钮后进入程序编辑界面。

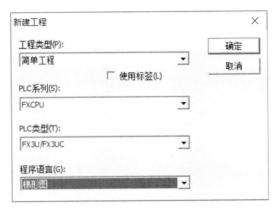

图 7.6　　新建工程窗口

7.2.2　绘制梯形图

下面以图 7.7 所示的梯形图为例,说明梯形图程序的编辑方法。

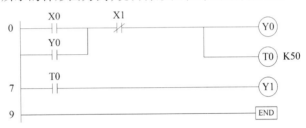

图 7.7　　梯形图

点击图 7.8 所示梯形图编辑窗口的工具栏中标记为 F5 的按钮,出现梯形图输入对话框,在其空白处输入 x0,单击"确定"按钮后出现图 7.9 所示界面。

图 7.8　　梯形图编辑窗口

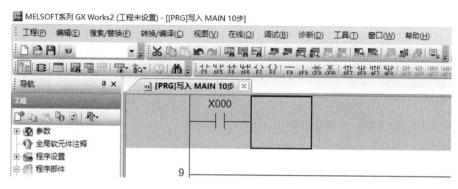

图 7.9　梯形图编辑界面(一)

　　类似地,依次点击标记为 F6、F7 的按钮,分别输入 x1 和 y0,确定后出现图 7.10 所示界面。点击标记为 SF5 的按钮,输入 y0,确定后出现图 7.11 所示界面。用鼠标点击图 7.11 中 X001 与 Y000 之间的任一位置,然后点击标记为 SF9 的按钮,确定后将光标下移一位,再点击工具栏中标记为 F7 的按钮,在出现的梯形图输入框空白处填写 t0 k50(图 7.12),确定后光标转入下一行。依次点击标记为 F5 和 F7 的按钮,分别输入 t0 和 y1,确定后出现图 7.13 所示界面。点击工具栏中转换按钮📇(或按键盘上的 F4 键),完成对梯形图程序的编译。点击工具栏中保存工程按钮📇,出现工程另存为对话框,指定保存路径,输入文件名为“梯形图编程举例”(文件扩展名默认为 gxw),单击保存,生成工程文件“梯形图编程举例.gxw”。

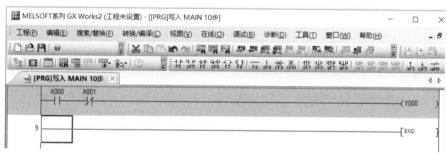

图 7.10　梯形图编辑界面(二)

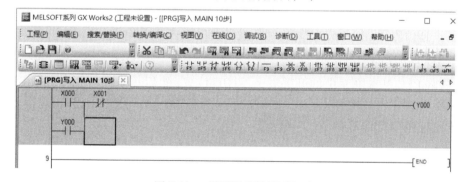

图 7.11　梯形图编辑界面(三)

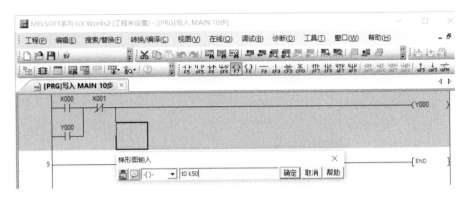

图 7.12　梯形图编辑界面（四）

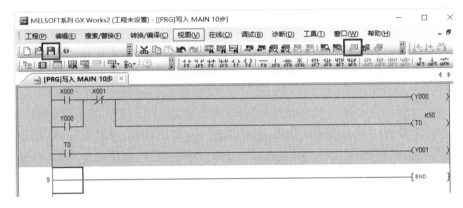

图 7.13　梯形图编辑界面（五）

7.2.3　程序写入 PLC

1. 上位机与 PLC 通信设置

单击图 7.14 所示导航窗口左侧的连接目标选项卡，出现图 7.15 所示的连接目标窗口。双击图 7.15 左侧当前连接目标窗口下的 Connection1 图标，出现连接目标设置窗口。双击计算机侧对应的 Serial USB 图标，在出现的计算机侧 I/F 串行详细设置对话框中根据上位机所识别出的虚拟串口号正确地设置 COM 端口，测试上位机与 PLC 通信正常与否。可以通过"通信测试"按钮进行验证，通信设置窗口如图 7.16 所示。

2. 程序写入 PLC

首先将 PLC 基本单元中的开关置入 STOP 位置，然后单击菜单栏中的"在线"→"PLC 写入"，弹出在线数据操作窗口，勾选程序和参数，单击"执行"按钮，进行 PLC 写入，梯形图程序写入 PLC 如图 7.17 所示。

图 7.14　导航窗口

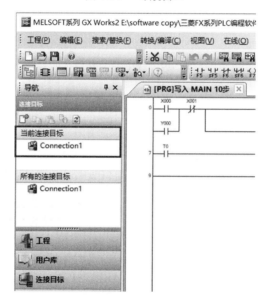

图 7.15　连接目标窗口

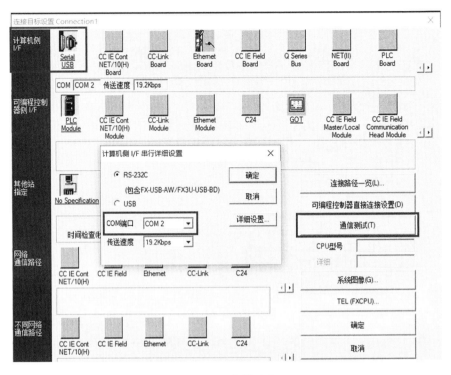

图 7.16 通信设置窗口

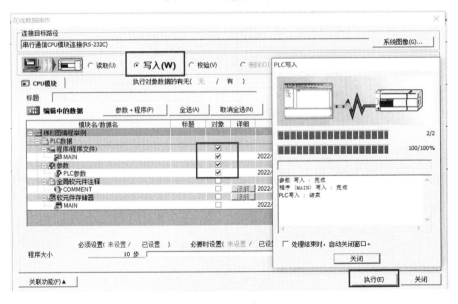

图 7.17 梯形图程序写入 PLC

7.2.4 在线监视

在 PLC 与上位机通信连接正常情况下,通过 GX Works2 软件能够对 PLC 的运行状态进行在线监视。将 PLC 基本单元中的开关置入 RUN 位置,点击工具栏中监视模式按钮,PLC 进入在线监视运行状态(图 7.18)。

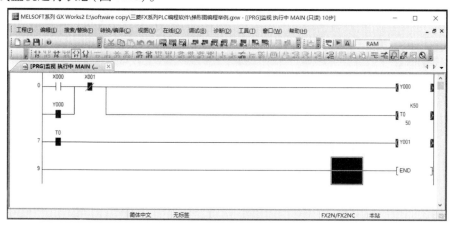

图 7.18　PLC 在线监视运行窗口

7.2.5　仿真运行与模拟调试

在没有 PLC 硬件设备的情况下,GX Works2 软件能够对用户编写的 PLC 程序进行仿真模拟,以验证用户程序的有效性。点击工具栏中模拟开始按钮 ▨ ,进入梯形图程序仿真运行模式(图 7.19)。再次点击按钮 ▨ 则退出仿真运行状态。

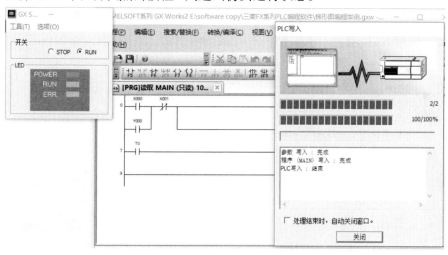

图 7.19　进入仿真运行界面

在仿真运行状态下,点击工具栏中更改当前值按钮 ▨ ,出现当前值更改窗口,更改软元件当前值如图 7.20 所示。在图 7.20 中当前值更改窗口的软元件／标签输入框中输入 X0 并单击"ON"按钮,X0 置 1(模拟接入 PLC 的 X0 端子的开关闭合),则图 7.7 所示的梯形图程序的输入 X0 满足接通条件,Y0 置 1,定时器 T0 开始定时,5 s 后 Y1 置 1。如果想监视软元件的运行状态,可以点击工具栏中的按钮 ▨ ,出现软元件／缓冲存储器批量监视窗口,如图 7.21 所示。在该窗口的软元件名输入框中输入 y0 并回车,可以对 PLC 的输出继电器 Y 的运行结果进行监视。

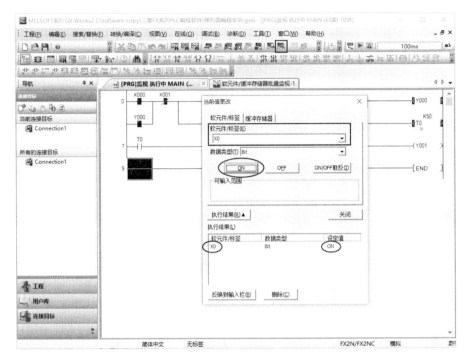

图 7.20　更改软元件当前值

图 7.21　软元件／缓冲存储器批量监视窗口

思　考　题

7.1 学习安装 GX Works2 编程软件,建立工程。

7.2 在 GX Works2 中练习上位机与三菱 FX_{3U} 系列 PLC 串口通信的正确设置方法。

7.3 在 GX Works2 中编辑并仿真本书第 5 章图 5.32 所示的交通信号灯控制系统梯形图程序。

第 8 章　FX₃ᵤ 系列 PLC 的特殊功能模块和通信网络

FX₃ᵤ 系列 PLC 配有多种特殊功能模块和特殊适配器供用户选用,以满足不同场合控制任务需求。本章主要介绍模拟量模块、温度检测模块、高速计数器模块及通信模块的性能参数和使用方法。在工业控制中,除用数字量信号完成控制外,有时还要用模拟量信号来进行控制。模拟量模块包括模拟量输入模块、模拟量输出模块和模拟量输入／输出模块。温度检测模块连接外部温度传感器后,可以构成智能温度调节系统。高速计数器模块能够方便地实现对外部高速脉冲信号的采集和处理。

可编程控制器是一种新型的工业控制装置,随着计算机网络通信技术的发展,它已从单一的开关量控制功能发展到连续 PID 控制等多种功能,从单台独立运行发展到数台组成 PLC 网络运行。自动控制方式由传统的集中控制向多级分布式方向发展,PLC 的通信和联网功能越来越强。本章详细介绍三菱 FX₃ᵤ 系列 PLC 的 CC - Link 网络基础知识,在此基础上完成几个 CC - Link 网络组网的应用实例。

8.1　特殊功能模块扩展概述

8.1.1　三菱 FX₃ᵤ 系列 PLC 的扩展

三菱 FX₃ᵤ 系列 PLC 可以通过基本单元扩展的方式来实现诸多特殊的功能。该系列 PLC 配有多种功能模块和特殊功能模块供用户选择,以适应不同场合控制的需要。FX₃ᵤ 系列 PLC 基本单元和扩展功能单元的连接图如图 8.1 所示,扩展设备主要有扩展模块、特殊单元、特殊功能模块、通信模块、特殊适配器、功能扩展板等。基本单元和常见扩展模块作用见表 8.1。

图 8.1　FX₃ᵤ 系列 PLC 基本单元和典型扩展功能单元的连接图

表 8.1　基本单元和常见扩展模块作用

种类	功能	连接内容	安装位置
基本单元	具有 CPU 和内置电源的输入输出,附有连接电缆	输入输出总点数为 256,基本单元可以连接八个特殊单元和特殊模块,但实际上可以连接的特殊单元的数量与电源容量有关	
扩展模块	用于输入输出扩展,从基本单元和扩展单元获得电源,内置连接电缆		基本单元右侧
特殊单元	用于输入特殊控制的扩展,内置电源,附有连接电缆		基本单元右侧
特殊模块	用于输入特殊控制的扩展,无内置电源,从基本单元和扩展单元获得电源,不占用输入输出点数		基本单元右侧
特殊适配器	用于输入特殊控制的扩展,无内置电源,从基本单元和扩展单元获得电源,不占用输入输出点数	通过使用 FX – CN V – BD 型功能扩展板,可以连接一台	基本单元左侧
功能扩展板	用于功能的扩展,不占用输入输出点数	可以内置一台	内置在基本单元上
存储盒功能扩展存储器	EEPROM 存储器:最大 16 000 步 RAM:最大 16 000 步	可以内置一台,能够与功能扩展板合用	内置在基本单元上

能够连接到 FX_{3U} 系列 PLC 的功能扩展板和特殊适配器型号见表 8.2 和表 8.3。

表 8.2　功能扩展板型号

名称	型号	名称	型号
USB 通信	FX_{3U} – USB – BD	485 通信	FX_{3U} – 485 – BD
232 通信	FX_{3U} – 232 – BD	8 模拟量旋钮用	FX_{3U} – 8A V – BD
422 通信	FX_{3U} – 422 – BD	连接转换器	FX_{3U} – CN V – BD

表 8.3　特殊适配器型号

名称	型号	名称	型号
232 通信	FX_{3U} – 232ADP	模拟量输入	FX_{3U} – 4AD – ADP
485 通信	FX_{3U} – 485ADP	模拟量输出	FX_{3U} – 4DA – ADP
高速输入输出	FX_{3U} – 4HSX – ADP	温度输入	FX_{3U} – 4AD – PT – ADP
高速输入输出	FX_{3U} – 4HSY – ADP	温度输入	FX_{3U} – 4AD – TC – ADP

能够连接到 FX_{3U} 系列 PLC 的通信模块见表 8.4。

表8.4　通信模块

名称	型号	名称	型号
CC - Link 主站	FX$_{3U}$ - 16CCL - M	CC - Link 从站	FX$_{3U}$ - 64CCL
CC - Link 主站	FX$_{2N}$ - 16CCL - M	CC - Link 从站	FX$_{2N}$ - 32CCL
CC - Link 主站	FX$_{2N}$ - 64CCL - M		

FX$_{2N}$ 系列 PLC 的特殊功能模块与 FX$_{3U}$ 系列 PLC 的特殊功能模块是兼容的。能够连接到 FX$_{3U}$ 系列 PLC 的 FX$_{2N}$ 特殊功能模块见表8.5。

表8.5　FX$_{2N}$ 特殊功能模块

名称	型号	名称	型号
模拟量输入模块	FX$_{2N}$ - 2AD	高速计数模块	FX$_{2N}$ - 1HC
模拟量输入模块	FX$_{2N}$ - 4AD	脉冲发生器模块	FX$_{2N}$ - 1PG
模拟量输入模块	FX$_{2N}$ - 8AD	定位控制单元	FX$_{2N}$ - 10GM
温度输入模块	FX$_{2N}$ - 4AD - PT	定位控制单元	FX$_{2N}$ - 20GM
温度输入模块	FX$_{2N}$ - 4AD - TC	通信接口	FX$_{2N}$ - 232 - BD
模拟量输出模块	FX$_{2N}$ - 2DA	通信接口	FX$_{2N}$ - 485 - BD
模拟量输出模块	FX$_{2N}$ - 4DA	通信接口	FX$_{2N}$ - 422 - BD
温度控制模块	FX$_{2N}$ - 2LC	接口模块	FX$_{2N}$ - 2321F RS - 232C

8.1.2　特殊单元和特殊模块的模块号

可编程控制器基本单元为识别所扩展的特殊单元和特殊模块,对连接在基本单元右侧的特殊单元和特殊模块进行编号,编号不包括输入输出扩展单元,最靠近基本单元的编号为 0 号,然后依次为 1 ~ 7 号,以供可编程控制器进行识别。一个基本单元最多可以连接八个特殊单元和特殊模块。特殊单元和特殊模块的模块号如图8.2所示。

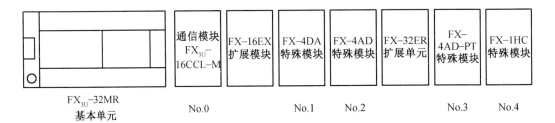

图 8.2　特殊单元和特殊模块的模块号

8.2　模拟量输入／输出模块

8.2.1　模拟量输入模块

1. 模拟量输入模块 FX$_{2N}$ – 4AD

FX$_{2N}$ – 4AD 是一种高精度的模拟量输入模块,只要选择合适的传感器及前置放大器,就可以将其用于温度、压力、流量、电压和电流等模拟信号的监视与控制。FX$_{2N}$ – 4AD 模拟量输入模块有四个输入通道,通道号分别为 CH1、CH2、CH3、CH4。输入通道用于将外部输入的模拟量信号转换成数字量信号,称为 A/D 转换,其分辨率为 12 位。

输入的模拟量信号可以是电压,也可以是电流,输入电压或电流的选择是由用户通过不同的接线来完成的。模拟电压值范围为 – 10 ~ 10 V,分辨率为 5 mV。如果为电流输入,则电流输入范围为 4 ~ 20 mA 或 – 20 ~ 20 mA,分辨率为 20 μA。

模拟量输入模块的特点如下:

(1) 提供 12 位高精度分辨率(包括符号位);

(2) 4 通道电压输入(– 10 ~ 10 V) 或电流输入(– 20 ~ 20 mA);

(3) 每一通道都可以分别指定为电压输入或电流输入;

(4) FX$_{3U}$ 型 PLC 最多可连接八台。

2. 性能指标

(1) 电源。

模拟电路:24 × (1 ± 10%) V,电流为 55 mA(源于基本单元的外部电源)。

数字电路:DC5 V,电流为 30 mA(源于基本单元的内部电源)。

(2) 环境。

使用环境与 PLC 基本单元相一致,耐压绝缘电压为 AC5 000 V,耐压时间为 1 min(在所有端子与地之间)。

(3) 性能指标。

FX$_{2N}$ – 4AD 的性能指标见表 8.6。

表 8.6　FX$_{2N}$ – 4AD 的性能指标

项目	电压输入	电流输入
	电压输入或电流输入应选择的输入端子,可使用四个输入点	
模拟量输入范围	– 10 ~ 10 V (如果输入电压超过 ± 15 V,单元会被损坏)	– 20 ~ 20 mA (如果输入电流超过 ± 32 mA,单元会被损坏)
数字输出	带符号位的 12 位二进制(有效位数 11 位),超过 2 047 时为 2 047,小于 – 2 048 时为 – 2 048	
分辨率	5 mV(10 V × 1/2 000)	20 μA(20 mA × 1/1 000)

续表

项目	电压输入	电流输入
	电压输入或电流输入应选择的输入端子,可使用四个输入点	
总体精度	±1%(满量程 0 ~ 10 V)	±1%(满量程 4 ~ 20 mA)
转换速度	15 ms/ 通道(常速),6 ms/ 通道(高速)	

(4)模拟输入量的设定值范围。

① − 10 ~ 10 V;

② 4 ~ 20 mA;

③ − 20 ~ 20 mA。

FX$_{2N}$ − 4AD 模拟量输入模块的 A/D 转换关系如图 8.3 所示。

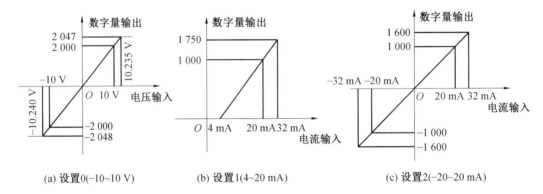

(a) 设置0(−10~10 V)　　　　　(b) 设置1(4~20 mA)　　　　　(c) 设置2(−20~20 mA)

图 8.3　　FX$_{2N}$ − 4AD 模拟量输入模块的 A/D 转换关系

3. FX$_{2N}$ − 4AD 模块的外部接线

FX$_{2N}$ − 4AD 模块的外部接线如图 8.4 所示。

4. FX$_{2N}$ − 4AD 缓冲寄存器(BFM)

FX$_{2N}$ − 4AD 内部共有 32 个缓冲寄存器(BFM),每个缓冲寄存器的位数为 16 位,可用来与 PLC 基本单元进行数据交换。可编程控制器基本单元与 FX$_{2N}$ − 4AD 之间的数据通信是由 FROM/TO 指令来执行的。FROM 是基本单元从 FX$_{2N}$ − 4AD 读取数据的指令;TO 是基本单元将数据写到 FX$_{2N}$ − 4AD 的指令。实际上,读写操作都是针对 FX$_{2N}$ − 4AD 的缓冲寄存器 BFM 进行的操作。缓冲寄存器编号为 BFM#0 ~ #31,FX$_{2N}$ − 4AD 的缓冲寄存器 BFM 分配表见表 8.7。

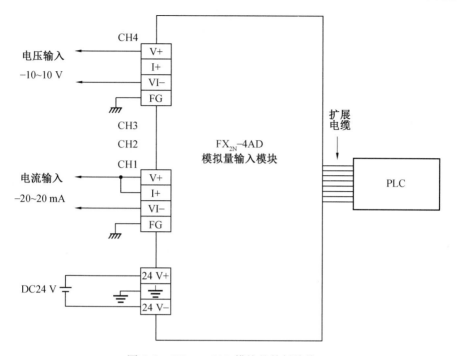

图 8.4　FX$_{2N}$ – 4AD 模块的外部接线

表 8.7　FX$_{2N}$ – 4AD 的缓冲寄存器 BFM 分配表

BFM	内容	
#0	初始化通道,缺省值为 H0000。设定值如用 H△△△△ 表示,则: △ = 0 时,设定值输入范围为 – 10 ~ 10 V; △ = 1 时,设定值输入范围为 4 ~ 20 mA; △ = 2 时,设定值输入范围为 – 20 ~ 20 mA; △ = 3 时,关闭该通道。 H△△△△ 的最低位 △ 控制通道1,依次为通道2、通道3,最高位 △ 控制通道4	
#1	通道 1	各通道平均值的采样次数,采样次数范围为 1 ~ 4 096,
#2	通道 2	若超过该值范围,则按缺省值八次处理
#3	通道 3	
#4	通道 4	
#5	通道 1	输入采样的平均值
#6	通道 2	
#7	通道 3	
#8	通道 4	

续表

BFM		内容
#9	通道 1	输入采样的当前值
#10	通道 2	
#11	通道 3	
#12	通道 4	
#13 ~ #14		未使用
#15		转换速度的选择:置 0 时为 15 ms/ 通道;置 1 时为 6 ms/ 通道
#16 ~ #19		未使用
#20		置 1 时设定值均回到缺省值;置 0 时设定值不改变
#21 ~ #24		偏移值与增益值的设定
#25 ~ #28		未使用
#29		错误状态信息
#30		特殊功能模块识别码,FX_{2N} – 4AD 的识别码为 K2010
#31		未使用

5. FX_{2N} – 4AD 的基本应用举例

将 FX_{2N} – 4AD 特殊功能模块安装于基本单元右边第一个位置,即 0 号模块。设置 CH1、CH2 为电压输入,平均采样次数为四次,CH1 中的平均值存放到 D0 中,CH2 中的平均值存放到 D1 中,用 M10 ~ M25 存放错误状态信息,根据以上情况编制的 FX_{2N} – 4AD 的基本应用程序梯形图如图 8.5 所示。

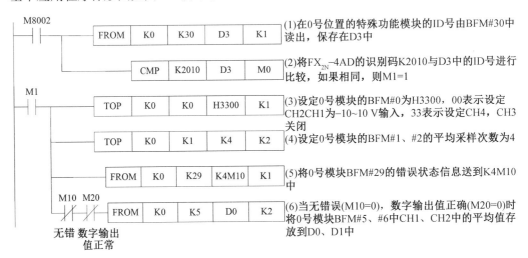

图 8.5　FX_{2N} – 4AD 的基本应用程序梯形图

8.2.2　模拟量输出模块 FX$_{2N}$ – 4DA

　　FX$_{2N}$ – 4DA 模拟量输出模块用于将可编程控制器中的 12 位数字量转换成模拟量输出到外部,控制外部电气设备。FX$_{2N}$ – 4DA 有四个模拟量输出通道,可以输出 – 10 ~ 10 V 的直流电压(分辨率为 5 mV)或 0 ~ 20 mA 的直流电流(分辨率为 20 μA)。FX$_{2N}$ – 4DA 与 FX$_{2N}$ 系列 PLC 的基本单元之间通过缓冲器交换数据。FX$_{2N}$ – 4DA 共有 32 个缓冲器,每个缓冲器 16 位。FX$_{2N}$ – 4DA 占用 FX$_{2N}$ 基本单元扩展总线的八个点,这八个点可以分配成输入或输出。FX$_{2N}$ – 4DA 消耗 FX$_{2N}$ 基本单元或有源扩展单元 5 V 电源槽的 30 mA 电流。

1. FX$_{2N}$ – 4DA 的接线方式

　　FX$_{2N}$ – 4DA 的接线方式如图 8.6 所示。

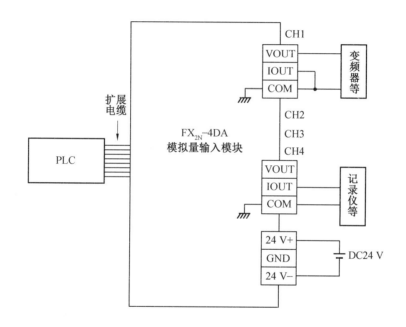

图 8.6　FX$_{2N}$ – 4DA 的接线方式

2. FX$_{2N}$ – 4DA 的性能指标

　　FX$_{2N}$ – 4DA 的性能指标见表 8.8。

3. FX$_{2N}$ – 4DA 的缓冲器的分配

　　FX$_{2N}$ – 4DA 与 FX$_{2N}$ 基本单元之间通过缓冲器交换数据。FX$_{2N}$ – 4DA 共有 32 个缓冲器,每个缓冲器 16 位。FX$_{2N}$ – 4DA 的缓冲器分配表见表 8.9。

表 8.8   FX$_{2N}$ – 4DA 的性能指标

项目	电压输出	电流输出
模拟输出范围	DC – 10 ~ 10 V	DC0 ~ 20 mA
数字输入	16 位,二进制,有符号位(有效位 11 位和一个符号位)	
分辨率	5 mV(10 V × 1/2 000)	20 μA(20 mA × 1/1 000)
总体精度	±1%(对于 + 10 V 的全范围)	±1%(对于 + 20 mA 的全范围)
转换速度	4 个通道 2.1 ms(改变使用的通道数不会改变转换速度)	
隔离	模拟与数字电路之间用光电耦合器隔离。DC/DC 转换器用来隔离电源和 FX$_{2N}$ 基本单元。模拟通道之间没有隔离	
外部电源	24 × (1 + 10%) V,200 mA	
占用 I/O 点数目	占用 FX$_{2N}$ 扩展总线八点 I/O(输入输出皆可)	
功率消耗	5 V,30 mA(MPU 的内部电源或有源扩展单元)	
I/O 特性 (缺省值:模式 0)	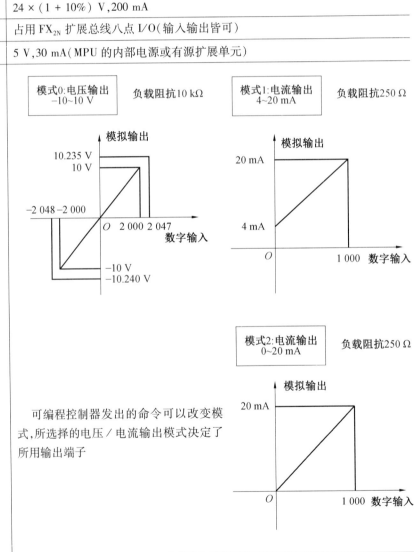	

可编程控制器发出的命令可以改变模式,所选择的电压 / 电流输出模式决定了所用输出端子

表 8.9　FX$_{2N}$ – 4DA 的缓冲器分配表

BFM		说明	
W （写入）	#0	输出模式选择。出厂设置 H0000	
	#1		
	#2		
	#3		
	#4		
	#5	数据保持模式。出厂设置 H0000	
#6,#7		保留	
W （写入）	#8	CH1、CH2 的偏移／增益设定命令,初始值 H0000	
	#9	CH3、CH4 的偏移／增益设定命令,初始值 H0000	
	#10	偏移数据　　CH1 * 1	
	#11	增益数据　　CH1 * 2	
	#12	偏移数据　　CH2 * 1	
	#13	增益数据　　CH2 * 2	单位:mV 或 μA
	#14	偏移数据　　CH3 * 1	
	#15	增益数据　　CH3 * 2	
	#16	偏移数据　　CH4 * 1	
	#17	增益数据　　CH4 * 2	
#18、#19		保留	
W （写入）	#20	初始化,初始值 = 0	
	#21	禁止调整 I/O 特性（初始值:1）	
#22 ~ #28		保留	
#29		错误状态	
#30		K3020 识别码	
#31		保留	

下面介绍 FX$_{2N}$ – 4DA 的主要缓冲器功能。

BFM#0:输出模式选择。BFM#0 的值用于确定此模块的四个通道模拟量输出是电压还是电流。采用 4 位 16 进制形式。从最低位算起,第一位数字是通道 1（CH1）的输出模式,第二位是通道 2 的（CH2）输出模式,依此类推。写入 BFM#0 的数值格式为

$$\mathrm{H}\ \underset{\mathrm{CH4}}{\underline{O}}\ \underset{\mathrm{CH3}}{\underline{O}}\ \underset{\mathrm{CH2}}{\underline{O}}\ \underset{\mathrm{CH1}}{\underline{O}}$$

其中,O 能取值 0、1、2。O = 0 表示设置电压输出模式（ – 10 ~ 10 V）;O = 1 表示设置电流输出模式（4 ~ 20 mA）;O = 2 表示设置电流输出模式（0 ~ 20 mA）。BFM#0 的缺省值是 H0000。

例如,写入 BFM#0 的值是 H2110,则表示通道 1 为电压输出模式（ – 10 ~ 10 V）,通道

2 为电流输出模式(4 ～ 20 mA),通道 3 为电流输出模式(4 ～ 20 mA),通道 4 为电流输出模式(0 ～ 20 mA)。

BFM#1:通道 1(CH1)的输出数据。

BFM#2:通道 2(CH2)的输出数据。

BFM#3:通道 3(CH3)的输出数据。

BFM#4:通道 4(CH4)的输出数据。

BFM#5:当 PLC 进入 STOP 状态时,运行状态的最后输出值将被保存,由写入的值决定是将最后的值保持输出,还是移位到偏移值中去。写入 BFM#5 的数值格式为

$$\underset{\text{CH4 CH3 CH2 CH1}}{H \quad O \quad O \quad O \quad O}$$

其中,O 的取值可为 0 或 1。O = 0 表示保持输出;O = 1 表示复位到偏移值。

例如,写入 BFM#5 的值是 H0011,表示通道 1 和通道 2 的值移位存入偏移值中,通道 3 和通道 4 保持输出。

BFM#29:错误状态。当出现错误时,可以用 FROM 指令从这里读出错误的详细信息。

BFM#30:特殊模块的标识码,可以使用 FROM 命令读取。FX_{2N} - 4DA 的标识码是 K3020。

4. FX_{2N} - 4DA 应用程序举例

将 FX_{2N} - 4DA 特殊功能模块安装在基本单元右边第二个位置,即 1 号模块。设置 CH1、CH2 为电压输出,CH3 为电流输出模式(4 ～ 20 mA),CH4 为电流输出模式(0 ～ 20 mA)。FX_{2N} - 4DA 的基本应用程序梯形图如图 8.7 所示。

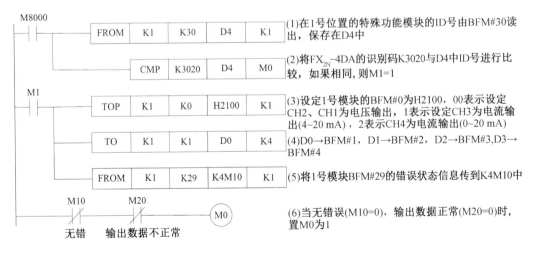

图 8.7 FX_{2N} - 4DA 的基本应用程序梯形图

本实例操作过程说明如下。

(1)关闭基本单元的电源,通过扩展电缆连接 FX_{2N} - 4DA,然后连接 FX_{2N} - 4DA 的 I/O 导线。

（2）设置基本单元为 STOP 状态，打开电源，写入上面的程序，然后将基本单元切换到 RUN 状态。

（3）从 D0（BFM1）、D1（BFM2）、D2（BFM3）、D3（BFM4）中将模拟值分别写入各自对应的输出通道。由于没有改写 BFM5 的值，因此当基本单元处于 STOP 状态时，停止基本单元之前的模拟值将保持在输出端。

8.3　温度检测模块

8.3.1　温度检测模块 FX$_{2N}$ – 4AD – PT 概述

FX$_{2N}$ – 4AD – PT 模块将来自四个温度传感器（PT100，3 线，100 Ω 铂电阻）的输入信号放大，并将数据转换成 12 位的可读数据存储于基本单元中。摄氏度和华氏度数据都可读取，读分辨率是 0.2 ~ 0.3 ℃/0.36 ~ 0.54 °F。所有的数据传输和参数设置都可以通过软件来调整，由 FX$_{2N}$ 系列 PLC 的 TO/FROM 应用指令来完成。

8.3.2　温度检测模块 FX$_{2N}$ – 4AD – PT 的使用

1. FX$_{2N}$ – 4AD – PT 的接线方式

FX$_{2N}$ – 4AD – PT 的接线方式如图 8.8 所示。

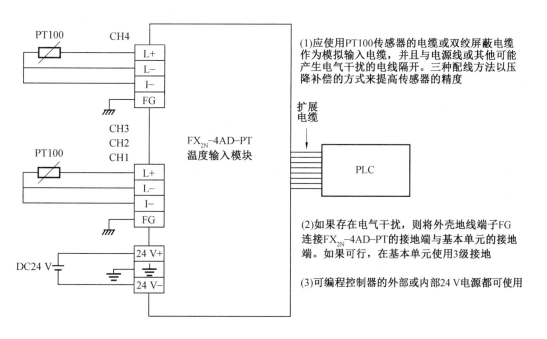

图 8.8　FX$_{2N}$ – 4AD – PT 的接线方式

2. FX$_{2N}$ - 4AD - PT 的性能指标

FX$_{2N}$ - 4AD - PT 的性能指标见表 8.10。

表 8.10　FX$_{2N}$ - 4AD - PT 的性能指标

项目	摄氏度	华氏度
	通过读取适当的缓冲区,可以得到摄氏度和华氏度两种可读数据	
模拟输入信号	铂温度 PT100 传感器(100 Ω),3 线,4 通道(CH1、CH2、CH3、CH4)	
传感器电流	1 mA 传感器:100Ω PT100	
补偿范围	- 100 ~ 600 ℃	- 148 ~ 1 112 ℉
数字输出	- 1 000 ~ 6 000	- 1 480 ~ 11 120
	12 位转换:11 数据位 + 1 符号位	
最小可测温度	0.2 ~ 0.3 ℃	0.36 ~ 0.54 ℉
总精度	全范围的 ±1%(补偿范围)	
转换速度	4 通道 15 ms	

3. FX$_{2N}$ - 4AD - PT 的缓冲器的分配

被平均的采样值次数被分配给 BFM#1 ~ #4。只有 1 ~ 4 096 的范围是有效的,溢出的值将被忽略,缺省值是 8。

最近转换的一些可读值被平均后给出的稳定平均值保存在 BFM#5 ~ #8 和 BFM#13 ~ #16 中。这个值也是直接用于显示的值。

BFM#9 ~ #12 和 BFM#17 ~ #20 保存输入数据的当前值。这个值以 0.1 ℃ 或 0.1 ℉ 为单位。

FX$_{2N}$ - 4AD - PT 的缓冲器分配表见表 8.11。

表 8.11　FX$_{2N}$ - 4AD - PT 的缓冲器分配表

BFM	内容
#1 ~ #4	分别设定 CH1 ~ CH4 平均值的取样次数(1 ~ 4 096),缺省值 = 8
#5 ~ #8	CH1 ~ CH4 在 0.1 ℃ 单位下的平均温度
#9 ~ #12	CH1 ~ CH4 在 0.1 ℃ 单位下的当前温度
#13 ~ #16	CH1 ~ CH4 在 0.1 ℉ 单位下的平均温度
#17 ~ #20	CH1 ~ CH4 在 0.1 ℉ 单位下的当前温度
#21 ~ #27	保留
#28	数字范围错误锁存
#29	错误状态
#30	识别号 K2040
#31	保留

4. FX$_{2N}$ – 4AD – PT 模块的应用举例

图 8.9 所示 FX$_{2N}$ – 4AD – PT 模块的应用举例中,FX$_{2N}$ – 4AD – PT 模块占用特殊模块 2 的位置(即紧靠基本单元的第三个模块),平均值是 4 次采样的值,输入通道 CH1 ~ CH4 以 ℃ 表示的平均值保存在数据寄存器 D0 ~ D3 中。

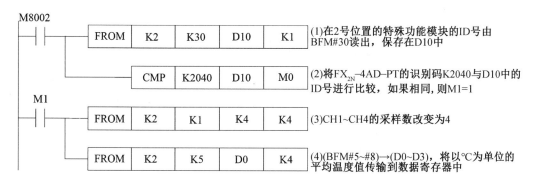

图 8.9　FX$_{2N}$ – 4AD – PT 模块的应用举例

8.4　高速计数器模块

8.4.1　高速计数模块 FX$_{2N}$ – 1HC 概述

FX$_{2N}$ – 1HC 模块是 2 相 50 kHz 的高速计数器,其计数速度比 PLC 内置的高速计数器 (2 相 30 kHz,1 相 60 kHz) 的计数速度高,而且它可以直接进行比较和输出。FX$_{2N}$ – 1HC 模块的计数模式可以用 PLC 的指令进行设置,如 1 相或 2 相,16 位或 32 位模式。只有这些模式参数设定之后,FX$_{2N}$ – 1HC 单元才能工作。输入信号必须是 1 相或 2 相编码器。可以使用 5 V、12 V 或 24 V 电源,也可以用初始设置命令输入预置(PRESET)和计数禁止命令(DISABLE)。FX$_{2N}$ – 1HC 有两个输出,当计数值与输出设定值一致时,输出设置为 ON。FX$_{2N}$ – 1HC 与基本单元之间的数据传输是通过缓冲器交换的。FX$_{2N}$ – 1HC 有 32 个缓冲存储器(每个 16 位)。FX$_{2N}$ – 1HC 占用 PLC 扩展总线上的八个 I/O 点,这八个点可由输入或输出进行分配。

8.4.2　高速计数模块 FX$_{2N}$ – 1HC 的使用

1. FX$_{2N}$ – 1HC 的接线方式

FX$_{2N}$ – 1HC 的接线方式如图 8.10 所示。

2. FX$_{2N}$ – 1HC 的性能指标

FX$_{2N}$ – 1HC 的性能指标见表 8.12。

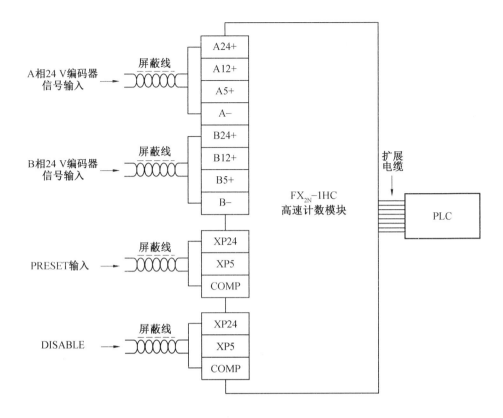

图 8.10　FX$_{2N}$ - 1HC 的接线方式

表 8.12　FX$_{2N}$ - 1HC 的性能指标

项目		1 相输入		2 相输入		
		1 个输入	2 个输入	1 边缘计数	2 边缘计数	3 边缘计数
输入信号	信号水平	A 相,B 相[A24 +],[B24 +]:DC24 × (1 ± 10%) V　7 mA 或更小 [A12 +],[B12 +]:DC12 × (1 ± 10%) V　7 mA 或更小 [A5 +],[B5 +]:DC(3.5 ~ 5.5) × (1 ± 10%) V　10.5 mA 或更小 PRESET,DISABLE[XP24 +],[XD24 +]:DC10.8 ~ 26.4 V　15 mA 或更小 [XP5 +],[XD5 +]:DC5 × (1 ± 10%) V　8 mA 或更小 (由端子连接进行选择)				
	最大频率	50 kHz			25 kHz	12.5 kHz
	脉冲形状	T1:上升 / 下降时间为 3 ms 或更小 T2:ON/OFF 脉冲持续时间 10 μs 或更多 T3:相位 A 和相位 B 的相位差为 3.5 ms 或更多 PRESET(Z 相)输入 100 μs 或更多 DISABLE(计数禁止)输入 100 ms 或更多				

续表

项目		1 相输入		2 相输入		
		1 个输入	2 个输入	1 边缘计数	2 边缘计数	3 边缘计数
计数特性	格式	自动 UP/DOWN(但是,当为 1 相 1 输入模式时,UP/DOWN 由 PLC 命令或输入端子决定)				
	范围	当使用 32 位时: - 2 147 483 648 ~ 2 147 483 647 当使用 16 位时:0 ~ 65 535(上限可由用户指定)				
	比较类型	当计数器的当前值与比较值(由 PLC 传送)相匹配时,每个输出被设置,而且 PLC 的复位命令可将其转向 OFF 状态 YH:由硬件处理的直接输出 YS:由软件处理的输出,其最坏的延迟时间为 300 μs				
输出信号	输出类型	YH + :YH 的晶体管输出 YH - :YH 的晶体管输出 YS + :YS 的晶体管输出 YS - :YS 的晶体管输出				
	输出容量	DC5 ~ 24 V,0.5 A				
占用的 I/O		FX₃ᵤ 控制总线的八个点被占用(可以是输入或输出)				
基本单元供电		5 V,90 mA(由基本单元或有源扩展单元提供的内部电源供电)				

3. FX₂ₙ - 1HC 的缓冲器的分配

FX₂ₙ - 1HC 的缓冲器分配表见表 8.13。

表 8.13　FX₂ₙ - 1HC 的缓冲器分配表

BFM 编号		内容	
写	#0	计数模式 K0 ~ K11	缺省值:K0
	#1	DOWN/UP 命令(1 相 1 输入模式)	缺省值:K0
	#3、#2	环长度高 / 低	缺省值:K65536
	#4	命令	缺省值:K0
	#11、#10	预设置数据高 / 低	缺省值:K0
	#13、#12	YH 比较值高 / 低	缺省值:K32767
	#15、#14	YS 比较值高 / 低	缺省值:K32767
读 / 写	#21、#20	计数器当前值高 / 低	缺省值:K0
	#23、#22	最大计数值高 / 低	缺省值:K0
	#25、#24	最小计数值高 / 低	缺省值:K0
读	#26	比较结果	
	#27	端子状态	
	#29	错误状态	
	#30	模块辨识码 K0	

缓冲器 BFM#5、#9、#16、#19、#28、#31 保留。

其中,BFM#0 计数模式(K0 ~ K11) 和 BFM#1 下降／上升的使用见表 8.14。

表 8.14 BFM#0 计数模式(K0 ~ K11) 和 BFM#1 下降／上升的使用

计数模式		32 位	16 位
2 相输入(相位差脉冲)	1 边缘计数	K0	K1
	2 边缘计数	K2	K3
	4 边缘计数	K4	K5
2 相 2 输入(加／减脉冲)		K6	K7
1 相 1 输入模式	硬件上／下	K8	K9
	软件上／下	K10	K11

4. FX$_{2N}$ - 1HC 的应用举例

图 8.11 所示 FX$_{2N}$ - 1HC 模块的应用举例中,FX$_{2N}$ - 1HC 模块占用特殊模块 2 的位置(即紧靠基本单元的第三个模块)。

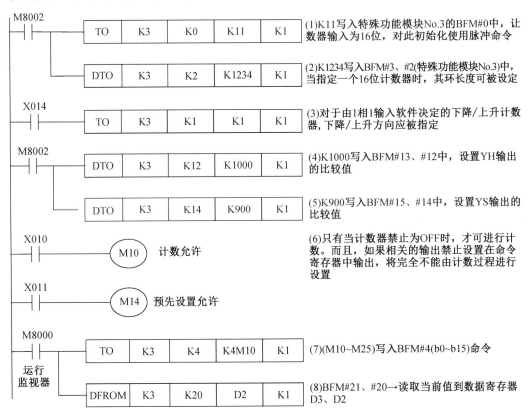

图 8.11 FX$_{2N}$ - 1HC 模块的应用举例

8.5　PLC 通信的基本概念

8.5.1　通信的基本概念

计算机 CPU 与外部的信息交换称为通信。基本的数据通信方式有两种:并行通信方式和串行通信方式。在并行通信方式中,并行传输的数据的每一位同时传送;在串行通信方式中,数据一位接一位地顺序传送。并行通信的传送速度快,但是并行传送的数据有多少位,传输线就要有多少根,因此不适宜远距离通信;而串行通信的数据的各不同位可以分时使用同一传输通道,因此能节省传输线,特别是当传送数据的位数很多或长距离传送时,这个优点就更为突出。在实际工程中,串行通信占据主导地位。

8.5.2　串行通信的数据传送方式

串行通信中,根据要求,数据在两个站之间可以单向传送,也可以双向数据传送。串行通信根据数据传送的方向可分为单工(simples)、半双工(half duplex)和全双工(full duplex)三种传送方式。

(1)单工。

单工通信示意图如图 8.12 所示,数据只按一个固定的方向传送。若 A 站作为发送端,则 B 站就只能作为接收端;若 B 站作为发送端,则 A 站就只能作为接收端。

图 8.12　单工通信示意图

(2)半双工。

半双工通信每次只能有一个站发送,即只能是由 A 站发送到 B 站,或是由 B 站发送到 A 站,不能 A 站和 B 站同时发送。

(3)全双工。

全双工通信两个站都能同时发送、同时接收。

在串行通信中经常采用非同步通信方式,即异步通信方式。异步是指相邻两个字符数据之间的停顿时间是长短不一的,在异步通信中,收发的每一个字符数据是由四个部分按顺序组成的。异步串行通信方式的信息格式如图 8.13 所示。

①起始位。起始位标志着一个新字符的开始。当发送设备要发送数据时,首先发送一个低电平信号,起始位通过通信线传向接收设备,接收设备检测到这个逻辑低电平后就开始准备接收数据位信号。

②数据位。起始位之后就是 5、6、7、8 位数据位,计算机中经常采用 7 位或 8 位数据传送。当数据位为 0 时,收发线为低电平;反之,则为高电平。

③奇偶校验位。奇偶校验位用于检查在传送过程中是否发生错误。若选择偶校验,则各位数据位加上校验位使字符数据中为"1"的个数为偶数;若选择奇校验,其和将是奇

数。奇偶校验可有可无,可奇可偶。

④ 停止位。停止位是高电平,表示一个字符数据传送的结束。停止位可以是一位、一位半或两位。

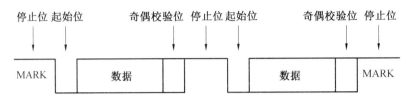

图 8.13　异步串行通信方式的信息格式

在异步数据传送中,CPU 与外设之间必须遵循下面两项规定。

① 字符数据格式。字符数据格式即前述的字符信号编码形式。例如,起始位占用 1 位,数据位为 7 位,奇偶校验位为 1 位,加上 1 位停止位,于是一个字符数据就由 10 个位构成,也可以采用数据位为 8 位,无奇偶校验位等格式。

② 波特率。

波特率即在异步数据传送中单位时间内传送的二进制数的位数。假如数据传送的格式是7位字符,加上奇偶校验位、一个起始位及一个停止位,共10个数据位,而数据传送的速率是 960 字符 /s,则传送的波特率为 10 × 960 = 9 600 位 /s = 9 600 bit/s。

每一位的传送时间为波特率的倒数,即 $T = 1/9\ 600$ bit/s $= 0.104$ ms。

因此,要想通信双方能够正常收发数据,则必须有一定的数据收发规定。

8.5.3　异步串行通信接口

在分布式控制系统中普遍采用串行数据通信,下面介绍三菱 FX 系列 PLC 与 PC 机或 PLC 与 PLC 之间进行数据传送时所采用的几种串行通信接口。

1. RS - 232C 通信接口

RS - 232C 通信接口是美国电子工业协会(Electronics Industries Association,EIA)于 1962 年公布的一种标准化接口,它采用按位串行的方式,传递的波特率规定为 19 200、9 600、4 800、2 400、1 200、600、300 等,在通信距离较近,波特率要求不高的场合可以直接采用,既简单又方便。但是,由于 RS - 232C 接口采用单端发送、单端接收,因此在使用中存在数据通信速率低、通信距离近(15 m)、抗公模干扰能力差等缺点。

2. RS - 422 通信接口

RS - 422 通信接口采用差动发送、差动接收的工作方式,发送器、接收器仅使用 5 V 电源。因此,在通信速率、通信距离、抗公模干扰能力等方面,RS - 422 通信接口相较于 RS - 232C 通信接口有了很大提高。使用 RS - 422 通信接口,最大数据通信速率可达 10 Mbit/s(对应通信距离 12 m),最大通信距离为 1 200 m(对应通信速率 10 kbit/s)。

3. RS - 485 通信接口

RS - 485通信接口与RS - 422通信接口相似,都是采用差动发送、差动接收的工作方式,发送器、接收器仅使用 5 V 电源。因此,RS - 485 通信接口在通信速率、通信距离、抗公模干扰能力等方面的性能与 RS - 422 通信接口相似。RS - 485 通信接口与 RS - 422 通信接口的不同点在于:RS - 422 通信接口采用两组通信线,可以同时发送和接收数据;而 RS - 485 通信接口采用一组通信线,不能同时双向发送数据和接收数据,只能采用分时的方式来发送和接收数据,以实现数据的双向传送。

FX 系列 PLC 对应的通信功能见表 8.15。

表 8.15　FX 系列 PLC 对应的通信功能

<table>
<tr><td colspan="2"></td><td>功能</td><td>用途</td></tr>
<tr><td rowspan="6">链接功能</td><td>CC - Link</td><td>对于以 MELSEC - A/QnA 可编程控制器作为主站的 CC - Link 系统而言,FX 可编程控制器可以作为远程设备站进行连接
对于以 MELSEC Q 可编程控制器作为主站的 CC - Link 系统而言,FX 可编程控制器可以作为远程设备站或智能设备站进行连接
可以构筑以 FX 可编程控制器为主站的 CC - Link 系统</td><td>生产线的分散控制和集中管理,与上位网络之间的信息交换等</td></tr>
<tr><td>N:N 网络</td><td>可以在 FX 可编程控制器之间进行简单的数据链接</td><td>生产线的分散控制和集中管理等</td></tr>
<tr><td>并联链接</td><td>可以在 FX 可编程控制器之间进行简单的数据链接</td><td>生产线的分散控制和集中管理等</td></tr>
<tr><td>计算机链接</td><td>可以将计算机等作为主站,FX 可编程控制器作为从站进行连接。计算机侧的协议对应"计算机链接协议格式 1,格式 4"</td><td>数据的采集和集中管理等</td></tr>
<tr><td>变频器通信</td><td>可以通过通信控制三菱电机变频器 FREQROL</td><td>运行监视,控制值的写入、参数的参考及变更等</td></tr>
<tr><td>MODBUS 通信</td><td>可以与 RS - 232C 及 RS - 485 支持 MODBUS 的设备进行 MODBUS 通信</td><td>生产线的分散控制和集中管理等</td></tr>
<tr><td>以太网通信功能</td><td>以太网通信</td><td>可以利用 TCP/IP、UDP/IP 通信协议,经过以太网(100BASE - TX、10BASE - T),将 FX 系列可编程控制器与计算机或工作站等上位系统连接</td><td>生产线的分散控制和集中管理,与上位网络之间的信息交换等</td></tr>
</table>

续表

		功能	用途
通用串行通信功能	无协议通信	可以与具备 RS－232C 通信或 RS－485 通信接口的各种设备以无协议的方式进行数据交换	与计算机、条形码阅读器、打印机、各种测量仪表之间的数据交换
顺控程序功能	编程通信	除可编程控制器标准配备的 RS－422 端口外,还可增加 RS－232C、RS－422、USB 及以太网等部件	同时连接两台人机界面或编程工具等
	远程维护	可以通过调制解调器用电话线连接远距离的可编程控制器实现程序的传送和监控等远程访问	用于对 FX 可编程控制器的顺控程序进行维护
I/O 链接功能	CC－Link/LT	可以构筑以 FX 可编程控制器为主站的 CC－Link/LT 系统	控制柜内、设备中的省配线网络
	AnyWireASLINK	可以构筑以 FX 可编程控制器为主站的 AnyWireASLINK 的系统	控制柜内、设备中的省配线网络
	AS－i 系统	可以构筑以 FX 可编程控制器为主站模块的 AS－i(actuator sensor interface)系统	控制柜内、设备中的省配线网络
	MELSEC I/O LINK	通过在远距离的输入输出设备附近配置远程 I/O 单元,可以实现省配线	远距离的输入输出设备的 ON/OFF 控制等
电子邮件发送功能	互联网邮件	使用可编程控制器的 RS－232C 通信设备,向电脑或手机发送互联网邮件	无人设备的监视,远程设备的监视,工厂内设备的监视
	短信	向 NTT DoCoMo 各家公司的手机发送短信	通知材料短缺、内容错误、工作时间等

8.6　CC - Link 网络及特殊功能通信模块

8.6.1　FX 系列 PLC 构成的 CC - Link 网络

CC - Link 系统是用专用电缆将分散配置的输入输出单元、智能功能单元及特殊功能单元等连接起来并通过可编程控制器对这些单元进行控制所需的系统。CC - Link 系统的优点如下：

（1）通过将各单元分散在传送生产线或机械装置等设备上，可以省去系统整体的配线连接；

（2）可轻松且高速地收发由各单元处理的输入输出等 ON/OFF 信息及数值数据；

（3）通过连接合作厂家的各种软元件设备，可以对应与用户的用途相符的系统。

1. FX_{3U} - 16CCL - M 为主站的 CC - Link 网络构成

FX_{3U} - 16CCL - M 型 CC - Link 主模块是 FX_{3U} 可编程控制器用作 CC - Link 主站所需的特殊扩展模块。16CCL - M 主站模块可以连接远程 I/O 站、远程设备站及智能设备站等从站，支持 CC - Link Ver.1 和 Ver.2 版本。智能设备站就是 PLC 加从站模块 64CC - Link 或 32CC - Link 模块。

以 16CCL - M 为主站的 CC - Link 系统最多可以连接八个远程 I/O 站及八个"远程设备站 + 智能设备站"，总计可达 16 站。

（1）CC - Link 网络构成。

以 FX_{3U} - 16CCL - M 为主站的 CC - Link 网络构成如图 8.14 所示。图中的连接台数：远程 I/O 站，最多八台；远程设备站 + 智能设备站，最多八台。最大传输距离为 1 200 m，其根据传输速度而改变。

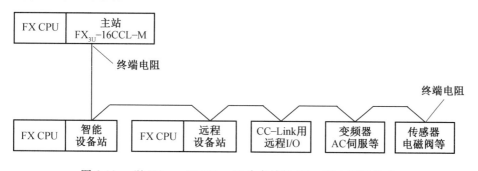

图 8.14　以 FX_{3U} - 16CCL - M 为主站的 CC - Link 网络构成

（2）主站模块 FX_{3U} - 16CCL - M 与 FX_{3U} 的连接。

FX_{3U} - 16CCL - M 被当作可编程控制器的特殊扩展模块对待，通过扩展电缆连接可编程控制器与 FX_{3U} - 16CCL - M 模块，从靠近可编程控制器的特殊扩展模块开始自动分配 No.0 ~ No.7 的单元编号。

FX_{3U} 基本单元与 16CCL - M 之间通过 FROM/TO 指令（或缓冲寄存器的直接指定）经由缓冲寄存器进行数据的交换，并转换为内部软元件（M、R、D 等）在顺控程序中使用。主站模块与从站可进行循环传送及扩展循环传送。

（3）主站与从站之间的数据交换。

CC - Link 主站与从站之间的数据交换如图 8.15 所示。

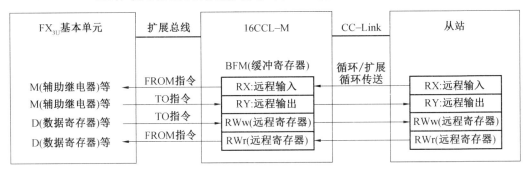

图 8.15　CC - Link 主站与从站之间的数据交换

（4）FX$_{3U}$ 系列 PLC 构成的 CC - Link 网络配线图。

CC - Link 网络配线采用专用的屏蔽电缆,在第一个站和最后一个站,在通信总线的首尾两端要加上 110 Ω 的终端电阻。FX$_{3U}$ 系列 PLC 构成的 CC - Link 网络配线图如图 8.16 所示。

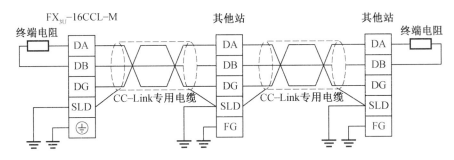

图 8.16　FX$_{3U}$ 系列 PLC 构成的 CC - Link 网络配线图

2. FX 系列 PLC 组成的 CC - Link 网络参数设置

下面对 CC - Link 网络中进行数据链接所需的参数设置进行说明。

（1）从参数设置到数据链接开始为止的步骤。

通过参数设置启动数据链接时,有通过缓冲存储器的数据链接启动和通过网络参数的数据链接启动这两种方法。

注意:不能同时进行通过缓冲存储器的数据链接启动和通过网络参数的数据链接启动。

① 主站的缓冲存储器与内部存储器的关系。

a.缓冲存储器。将参数信息写入到内部存储器所需的暂时存储区。使用顺控程序将参数信息写入到缓冲存储器中。如果主模块的电源变为 OFF,则参数信息会丢失。

b.内部存储器。通过存储在内部存储器中的参数信息执行数据链接。如果主模块的电源变为 OFF,则参数信息会丢失。

② 通过缓冲存储器的数据链接启动。

a.将刷新指示(BFM#10 b0)置为 ON,将远程输出(RY)的数据设为有效。刷新指示(BFM#10 b0)为 OFF 时,远程输出(RY)的数据全部作为 0(OFF)处理。

b.将数据链接启动(BFM#10 b6)置为 ON,开始数据链接。数据链接正常开始后,本站数据链接状态(BFM#10 b1)为 ON。

从通过缓冲存储器的参数设置至数据链接为止的步骤如图 8.17 所示。

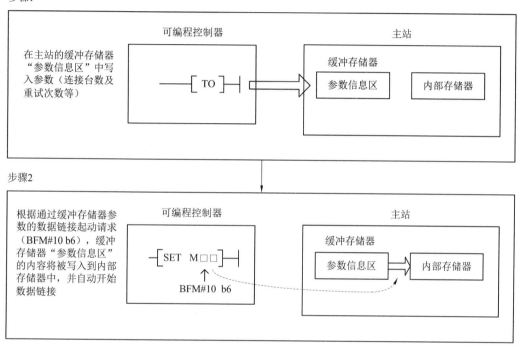

图 8.17　从通过缓冲存储器的参数设置至数据链接为止的步骤

③ 网络参数与内部存储器的关系。

a.网络参数。使用 GX Works2 将网络参数写入可编程控制器的参数区中。可编程控制器的电源为 ON 时,将被存储到主站的内部存储器中。

b.内部存储器。通过存储在内部存储器中的网络参数执行数据链接。内部存储器的信息也将被反映到缓冲存储器的参数信息区。如果主模块的电源变为 OFF,则参数信息会丢失。

④ 通过网络参数的数据链接启动。通过三菱编程软件 GXWorks2,可以设置 FX₃ᵤ-16CCL-M 模块的网络参数。在 GX Works2 导航窗口的工程选项卡中首先展开参数图标,再展开网络参数图标,然后双击 CC-Link,打开图 8.18 所示 GX Works2 中的 CC-Link 网络参数设置窗口。具体参数设置如下。

a.在连接块的选择中选择"有"(Connect Block:SET)。

b.特殊块号选择"0"(主站地址)。

c.模式设置可以在三种模式中选择:远程网络(Ver.1 模式);远程网络(Ver.2 模式);

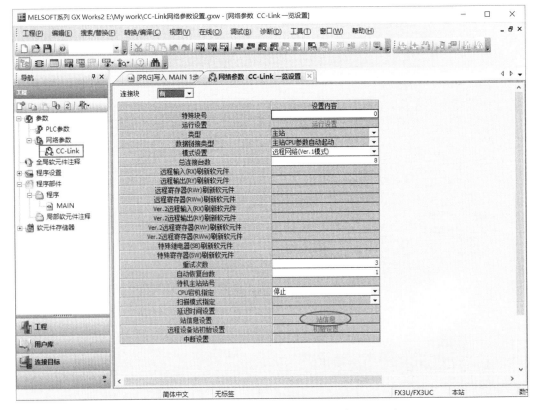

图 8.18　GX Works2 中的 CC - Link 网络参数设置窗口

远程网络添加模式。

　　d.总连接台数根据具体连接的从站有多少进行设置。

　　e.重试次数为默认。

　　f.自动恢复台数为默认。

　　g.CPU 宕机指定为默认。

　　h.站信息设置。单击站信息按钮,弹出图 8.19 所示的 CC - Link 站信息设置窗口,在该窗口中可以设置从站的各种站信息和各种扩展循环信息等。站类别为 Ver.2 的站才可以进行扩展循环设置(站类别为 Ver.1 的站不需要进行扩展循环设置,都是 1 倍)。

　　在进行 CC - Link 网络系统配置时应注意:为防止来自远程 I/O 单元的误输入,应将远程 I/O 单元的电源置 ON 之后再开始数据链接;应该在停止数据链接之后再将远程 I/O 单元的电源置为 OFF。

　　(2) 主站参数设置项目。

　　主站模块 16CCL - M 的主要参数设置见表 8.16。

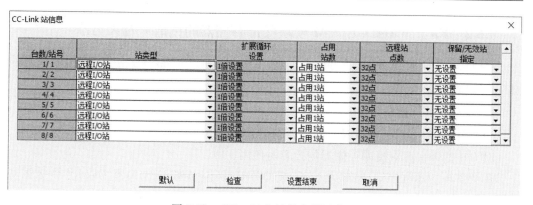

图 8.19　CC - Link 站信息设置窗口

表 8.16　主站模块 16CCL - M 的主要参数设置

BFM 编号	项目	内容	初始值
#0H	模式设置	设置主站的动作模式： 0 为远程网络（Ver.1 模式）； 1 为远程网络添加模式； 2 为远程网络（Ver.2 模式）	K0
#1H	连接台数	设置连接至主站的远程站及智能设备站的台数： 对于 FX_{3U} 可编程控制器则为 1 ~ 16 台	K8
#2H	重试次数	设置通信异常时的重试次数：设置范围为 1 ~ 7 次	K3
#3H	自动恢复台数	设置可通过一个链接扫描恢复的远程站及智能设备站的台数	K1
#10H	预留站指定	设置预留站	K0
#20H ~ #2FH	站信息	设置连接至主站的远程站及智能设备站的站信息： b15　~　b12　　b11　~　b8　　b7　~　b0 ｜站类型｜占用站数｜站号｜ 1~16 1: 占用1站 2: 占用2站 3: 占用3站 4: 占用4站 0H: Ver.1对应远程I/O站 1H: Ver.1对应远程设备站 2H: Ver.1对应智能设备站 5H: Ver.2对应1倍设置远程设备站 6H: Ver.2对应1倍设置智能设备站 8H: Ver.2对应2倍设置远程设备站 9H: Ver.2对应2倍设置智能设备站 BH: Ver.2对应4倍设置远程设备站 CH: Ver.2对应4倍设置智能设备站 EH: Ver.2对应8倍设置远程设备站 FH: Ver.2对应8倍设置智能设备站	

8.6.2　FX$_{3U}$ – 16CCL – M 模块缓冲存储器的读取／写入方法

16CCL – M 内的缓冲存储器的读取或写入方法中,有 FROM/TO 指令或缓冲存储器的直接指定等方法。

1. FROM/TO 指令

(1)FROM 指令(BFM → 读取到可编程控制器)。

FROM 指令在读取缓冲存储器的内容时使用。

在图 8.20 所示程序中,将单元 No.0、缓冲存储器(BFM #29) 的内容读取 1 点到数据寄存器(D0) 中。

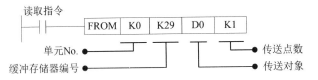

图 8.20　单元 No.0 缓冲器的数据读取

(2)TO 指令(写入到可编程控制器 → BFM)。

TO 指令在向缓冲存储器写入数据时使用。

在图 8.21 所示程序中,向单元 No.0、缓冲存储器(BFM #0) 写入 1 点数据(H0002)。

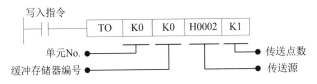

图 8.21　单元 No.0 缓冲器的数据写入

2. 缓冲存储器的直接指定

缓冲存储器的直接指定方法是将图 8.22 中已设置的软元件指定为直接应用指令的源或目的地。

图 8.22　单元与缓冲器的直接指定

(1)BFM → 读取到可编程控制器(使用 MOV 指令的示例)。

在图 8.23 所示程序中,将单元 No.1、缓冲存储器(BFM #29) 的内容读取到数据寄存器(D0) 中。

(2) 写入到可编程控制器 → BFM(使用 MOV 指令的示例)。

在图 8.24 所示程序中,向单元 No.1、缓冲存储器(BFM #1) 写入数据(H0001)。

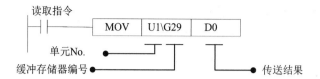

图 8.23　单元与缓冲器直接指定时的数据读取

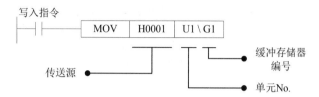

图 8.24　单元与缓冲器直接指定时的数据写入

8.6.3　FX$_{3U}$ – 16CCL – M 模块各种模式所使用的缓冲存储器分配

FX$_{3U}$ – 16CCL – M 模块各种模式时所使用的缓冲存储器区域见表 8.17。

表 8.17　16CCL – M 模块各种模式时所使用的缓冲存储器区域

远程网络（Ver.1 模式）	远程网络添加模式	远程网络（Ver.2 模式）
Ver.1 区域 （兼容 FX$_{2N}$ – 16CCL – M）	Ver.1 区域 （兼容 FX$_{2N}$ – 16CCL – M）	Ver.1 区域 （兼容 FX$_{2N}$ – 16CCL – M）
Ver.1 远程输入（RX）区域 （BFM#E0H ~ #FFH）	Ver.1 远程输入（RX）区域 （BFM#E0H ~ #FFH）	远程网络（Ver.2 模式）中 不可使用
Ver.1 远程输出（RY）区域 （BFM#160H ~ #17FH）	Ver.1 远程输出（RY）区域 （BFM#160H ~ #17FH）	
Ver.1 远程寄存器（RWw）区域 （BFM#1E0H ~ #21FH）	Ver.1 远程寄存器（RWw）区域 （BFM#1E0H ~ #21FH	
Ver.1 远程寄存器（RWr）区域 （BFM#2E0H ~ #31FH）	Ver.1 远程寄存器（RWr）区域 （BFM#2E0H ~ #31FH）	
Ver.2 扩展区域	Ver.2 扩展区域	Ver.2 扩展区域
远程网络（Ver.1 模式）中 不可使用	Ver.2 远程输入（RX）区域 （BFM#4000H ~ #401FH）	Ver.2 远程输入（RX）区域 （BFM#4000H ~ #401FH）
	Ver.2 远程输出（RY）区域 （BFM#4200H ~ #421FH）	Ver.2 远程输出（RY）区域 （BFM#4200H ~ #421FH）
	Ver.2 远程寄存器（RWw）区域 （BFM#4400H ~ #445FH）	Ver.2 远程寄存器（RWw）区域 （BFM#4400H ~ #443FH）
	Ver.2 远程寄存器（RWr）区域 （BFM#4C00H ~ #4C5FH）	Ver.2 远程寄存器（RWr）区域 （BFM#4C00H ~ #4C3FH）

1. Ver.1 模式下的缓冲存储器分配

(1) BFM#E0H ~ #FFH 远程输入(RX)。

选择远程网络(Ver.1 模式)或远程网络添加模式时使用。BFM#E0H ~ #FFH 用于存储来自远程 I/O 站、远程设备站及智能设备站的输入状态,每站使用 2 个字。主站模块 Ver.1 模式下的开关量输入缓冲存储器分配表见表 8.18。

表 8.18　主站模式 Ver.1 模式下的开关量输入缓冲存储器分配表

BFM 编号(主站)	远程输入 RX(主站)	对应的从站号
E0H	RX　F ~ 0	1 号站用
E1H	RX　1F ~ 10	
E2H	RX　2F ~ 20	2 号站用
E3H	RX　3F ~ 30	
E4H	RX　4F ~ 40	3 号站用
E5H	RX　5F ~ 50	
E6H	RX　6F ~ 60	4 号站用
E7H	RX　7F ~ 70	
…	…	…
FCH	RX　1CF ~ 1C0	15 号站用
FDH	RX　1DF ~ 1D0	
FEH	RX　1EF ~ 1E0	16 号站用
FFH	RX　1FF ~ 1F0	

(2) BFM#160H ~ #17FH 远程输出(RY)。

选择远程网络(Ver.1 模式)或远程网络添加模式时使用。BFM#160H ~ #17FH 用于存储发送至远程 I/O 站、远程设备站及智能设备站的输出状态,每站使用 2 个字。主站模块 Ver.1 模式下的开关量输出缓冲存储器分配表见表 8.19。

表 8.19　主站模块 Ver.1 模式下的开关量输出缓冲存储器分配表

BFM 编号(主站)	远程输出 RY(主站)	对应的从站号
160H	RY　F ~ 0	1 号站用
161H	RY　1F ~ 10	
162H	RY　2F ~ 20	2 号站用
163H	RY　3F ~ 30	
164H	RY　4F ~ 40	3 号站用
165H	RY　5F ~ 50	
166H	RY　6F ~ 60	4 号站用
167H	RY　7F ~ 70	
…	…	…

续表

BFM 编号(主站)	远程输出 RY(主站)	对应的从站号
17CH	RY 1CF ~ 1C0	15 号站用
17DH	RY 1DF ~ 1D0	
17EH	RY 1EF ~ 1E0	16 号站用
17FH	RY 1FF ~ 1F0	

(3)BFM#1E0H ~ 21FH 远程寄存器(RWw)。

选择远程网络(Ver.1 模式)或远程网络添加模式时使用。BFM#1E0H ~ 21FH 用于存储发往远程设备站及智能设备站的远程寄存器(RWw)的发送数据,每站使用 4 个字。主站模块 Ver.1 模式下的数字量输出缓冲存储器分配表见表 8.20。

表 8.20 主站模块 Ver.1 模式下的数字量输出缓冲存储器分配表

BFM 编号(主站)	远程寄存器 RWw(主站)	对应的从站号
1E0H	RWw 0H	1 号站用
1E1H	RWw 1H	
1E2H	RWw 2H	
1E3H	RWw 3H	
1E4H	RWw 4H	2 号站用
1E5H	RWw 5H	
1E6H	RWw 6H	
1E7H	RWw 7H	
1E8H	RWw 8H	3 号站用
1E9H	RWw 9H	
1EAH	RWw AH	
1EBH	RWw BH	
1ECH	RWw CH	4 号站用
1EDH	RWw DH	
1EEH	RWw EH	
1EFH	RWw FH	
…	…	…
218H	RWw 38H	15 号站用
219H	RWw 39H	
21AH	RWw 3AH	
21BH	RWw 3BH	

续表

BFM 编号（主站）	远程寄存器 RWw（主站）	对应的从站号
21CH	RWw　3CH	
21DH	RWw　3DH	16 号站用
21EH	RWw　3EH	
21FH	RWw　3FH	

（4）BFM#2E0H ~ 31FH 远程寄存器（RWr）。

选择远程网络（Ver.1 模式）或远程网络添加模式时使用。BFM#2E0H ~ 31FH 用于存储来自远程设备站及智能设备站的远程寄存器（RWr）的发送数据，每站使用 4 个字。主站模块 Ver.1 模式下的数字量输入缓冲存储器分配表见表 8.21。

表 8.21　主站模块 Ver.1 模式下的数字量输入缓冲存储器分配表

BFM 编号（主站）	远程寄存器 RWr（主站）	对应的从站号
2E0H	RWr　0H	
2E1H	RWr　1H	1 号站用
2E2H	RWr　2H	
2E3H	RWr　3H	
2E4H	RWr　4H	
2E5H	RWr　5H	2 号站用
2E6H	RWr　6H	
2E7H	RWr　7H	
2E8H	RWr　8H	
2E9H	RWr　9H	3 号站用
2EAH	RWr　AH	
2EBH	RWr　BH	
2ECH	RWr　CH	
2EDH	RWr　DH	4 号站用
2EEH	RWr　EH	
2EFH	RWr　FH	
…	…	…
318H	RWr　38H	
319H	RWr　39H	15 号站用
31AH	RWr　3AH	
31BH	RWr　3BH	

续表

BFM 编号(主站)	远程寄存器 RWr(主站)	对应的从站号
31CH	RWr　3CH	
31DH	RWr　3DH	16 号站用
31EH	RWr　3EH	
31FH	RWr　3FH	

2. Ver.2 模式或远程网添加模式时的缓冲存储器分配

(1) BFM#4000H ~ #401FH　Ver.2 对应远程输入(RX)。

主站安排了 32 个字的缓存来接收来自从站的输入,不是按每个从站分配 2 个字的存储空间,而是根据每个从站的具体需要字数来顺序安排主站的存储空间。

(2) BFM#4200H ~ #421FH　Ver.2 对应远程输出(RY)。

主站安排了 32 个字的缓存来发送从站需要的输出,不是按每个从站分配 2 个字的存储空间,而是根据每个从站的具体需要字数来顺序安排主站的存储空间。

(3) BFM#4400H ~ #445FH　Ver.2 对应远程寄存器(RWw)。

主站安排了 96 个字的缓存来存放发送到从站需要的输出,不是按每个从站分配 4 个字的存储空间,而是根据每个从站的具体需要字数来顺序安排主站的存储空间。

(4) BFM#4C00H ~ #4C5FH　Ver.2 对应远程寄存器(RWr)。

主站安排了 96 个字的缓存来存放接收来自从站的数据,不是按每个从站分配 4 个字的存储空间,而是根据每个从站的具体发送字数来顺序安排主站的存储空间。

8.6.4　智能设备从站通信模块

1. 从站模块 FX₃ᵤ - 64CCL 的参数设置

(1) 与从站模块 FX₃ᵤ - 64CCL 参数设置相关的几个概念。

① 占用站数。一台远程及智能设备站所占用的网络上的站数称为占用站数。根据传送数据的大小,可以设置 1 ~ 4 站,但远程 I/O 仅占用 1 站。

② 站号。主站的站号为 0。远程站及智能设备站分配的站号为 1 ~ 16。当连接占用 2 站以上的站点时,后面站的站号要顺延,而不是每台从站占用一个站号。

③ 台数和站数。台数是指物理性的单元数量。站数是指远程站及智能设备站的占用站数。

(2) 从站模块 FX₃ᵤ - 64CCL 的设置(开关设置)。

拆除 64CCL 的顶盖,通过主机中嵌入的旋转开关进行站号设置、传送速度设置、硬件测试、占用站数设置和扩展循环设置。从站模块 FX₃ᵤ - 64CCL 的参数设置开关如图 8.25 所示。

①STATION NO.。站号设置(在 1 ~ 64 范围内进行设置,0 和 65 ~ 99 的值无效)。设置 64CCL 的站号时,占用站数设置可以在 1 ~ 4 站中选择,因此请勿设置与其他单元重复的站号。

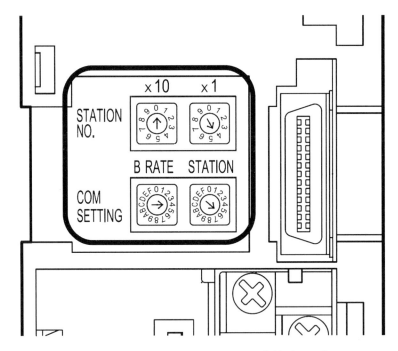

图 8.25　　从站模块 FX_{3U} – 64CCL 的参数设置开关

②COM SETTING、B RATE。传送速度设置、硬件测试(设置范围为 0 ~ 4、A ~ E)。传送速度设置表见表 8.22。

表 8.22　　传送速度设置表

设置	内容	状态
0	传送速度 156 kbit/s	在线
1	传送速度 625 kbit/s	
2	传送速度 2.5 Mbit/s	
3	传送速度 5 Mbit/s	
4	传送速度 10 Mbit/s	
5 ~ 9	禁止设置	禁止设置
A	传送速度 156 kbit/s	硬件测试
B	传送速度 625 kbit/s	
C	传送速度 2.5 Mbit/s	
D	传送速度 5 Mbit/s	
E	传送速度 10 Mbit/s	
F	禁止设置	禁止设置

应按照最大传送距离和传送速度的规格,根据主站的设置进行传送速度的指定。主站、远程站及智能设备站的全部站的传送速度应该设置相同。只要有一个站设置不同,就无法进行正常的数据链接。

③COM SETTING、STATION。占用站数设置、扩展循环设置(设置范围为 0 ~ 9、C)。占用站数和扩展循环设置见表8.23。

表 8.23　占用站数和扩展循环设置

设置	占用站数	扩展循环设置	主站的设置
0	占用 1 站	1 倍设置	应作为 Ver.1 智能设备站进行设置
1	占用 2 站	1 倍设置	
2	占用 3 站	1 倍设置	
3	占用 4 站	1 倍设置	
4	占用 1 站	2 倍设置	应作为 Ver.2 智能设备站进行设置
5	占用 2 站	2 倍设置	
6	占用 3 站	2 倍设置	
7	占用 4 站	2 倍设置	
8	占用 1 站	4 倍设置	
9	占用 2 站	4 倍设置	
A、B	禁止设置	禁止设置	
C	占用 1 站	8 倍设置	应作为 Ver.2 智能设备站进行设置
D ~ F	禁止设置	禁止设置	

2. FX_{3U} – 64CCL 模块通信时的缓冲存储器分配

(1)FX_{3U} – 64CCL 模块通信时用到的主要缓冲存储器。

FX_{3U} – 64CCL 模块通信时用到的主要缓冲存储器见表8.24。

表 8.24　FX_{3U} – 64CCL 模块通信时用到的主要缓冲存储器

BFM No.	内容	读/写
#0 ~ #7	FROM 指令时:远程输出(RY) TO 指令时:远程输入(RX)	R/W
#8 ~ #23	FROM 指令时:远程寄存器(RWw) TO 指令时:远程寄存器(RWr)	R/W
#24	传送速度、硬件测试的设置值	R
#25	通信状态	R
#26	CC – Link 机型代码	R
#27	本站站号的设置值	R
#28	占用站数、扩展循环的设置值	R
#29	出错代码	R/W
#30	FX 系列机型代码	R

续表

BFM No.	内容	读/写
#32、#33	链接数据的处理	R/W
#36	单元状态	R
#60 ~ #63	一致性控制	R/W
#64 ~ #77	远程输入(RX000 ~ RX0DF)224 点 通过 TO 指令(或缓冲存储器的直接指定)设置用于向主站发送的 ON/OFF 信息	R/W
#120 ~ #133	远程输出(RY000 ~ RY0DF)224 点 通过 FROM 指令(或缓冲存储器的直接指定)读取从主站接收的 ON/OFF 信息	R
#176 ~ #207	远程寄存器(RWw00 ~ RWw1F)32 字 通过 FROM 指令(或缓冲存储器的直接指定)读取从主站接收的字信息	R
#304 ~ #335	远程寄存器(RWr00 ~ RWr1F)32 字 通过 TO 指令(或缓冲存储器的直接指定)设置用于向主站发送的字 信息	R/W

(2)FX$_{3U}$ – 64CCL 模块使用 Ver.1 模式时用到的缓冲存储器。

①BFM#0 ~ 7 远程输入输出(RX/RY)。Ver.1 模式时使用(即扩展循环设置为 1 倍时)。这是一个影子寄存器,当从站使用 TO 指令时,BFM#0 ~ 7 对应的是 RX0 ~ 7;而当从站使用 FROM 指令时,BFM#0 ~ 7 对应的是 RY0 ~ 7。从站模块 Ver.1 模式下的开关量缓冲存储器分配表见表 8.25。

表 8.25　从站模块 Ver.1 模式下的开关量缓冲存储器分配表

BFM No.	读取时 (FROM 指令)	写入时 (TO 指令)	占用站数(Ver.1 模式)			
			占用 1 站时	占用 2 站时	占用 3 站时	占用 4 站时
#0	RY00 – 0F	RX00 – 0F	☆	☆	☆	☆
#1	RY10 – 1F	RX10 – 1F	★	☆	☆	☆
#2	RY20 – 2F	RX20 – 2F	—	☆	☆	☆
#3	RY30 – 3F	RX30 – 3F	—	★	☆	☆
#4	RY40 – 4F	RX40 – 4F	—	—	☆	☆
#5	RY50 – 5F	RX50 – 5F	—	—	★	☆
#6	RY60 – 6F	RX60 – 6F	—	—	—	☆
#7	RY70 – 7F	RX70 – 7F	—	—	—	★
缓冲存储器数(包括系统区域)			2	4	6	8

注:☆ 表示用户区域;★ 表示系统区域;— 表示未分配区域(对未分配区域的读写是无效的)。

②BFM#8 ～ 23 远程寄存器(RWw/RWr)。Ver.1 模式时使用(即扩展循环设置为 1 倍时)。这是一个影子寄存器,当从站使用 TO 指令时,BFM#8 ～ 23 对应的是 RWr8 ～ 23;而当从站使用 FROM 指令时,BFM#8 ～ 23 对应的是 RWw8 ～ 23。从站模块 Ver.1 模式下的数字量缓冲存储器分配表表见表 8.26。

表 8.26　从站模块 Ver.1 模式下的数字量缓冲存储器分配表

BFM No.	读取时 (FROM 指令)	写入时 (TO 指令)	占用站数(Ver.1 模式)			
			占用 1 站时	占用 2 站时	占用 3 站时	占用 4 站时
#8	RWw0	RWr0	☆	☆	☆	☆
#9	RWw1	RWr1	☆	☆	☆	☆
#10	RWw2	RWr2	☆	☆	☆	☆
#11	RWw3	RWr3	☆	☆	☆	☆
#12	RWw4	RWr4	—	☆	☆	☆
#13	RWw5	RWr5	—	☆	☆	☆
#14	RWw6	RWr6	—	☆	☆	☆
#15	RWw7	RWr7	—	☆	☆	☆
#16	RWw8	RWr8	—	—	☆	☆
#17	RWw9	RWr9	—	—	☆	☆
#18	RWwA	RWrA	—	—	☆	☆
#19	RWwB	RWrB	—	—	☆	☆
#20	RWwC	RWrC	—	—	—	☆
#21	RWwD	RWrD	—	—	—	☆
#22	RWwE	RWrE	—	—	—	☆
#23	RWwF	RWrF	—	—	—	☆
BFM(字) 数			4	8	12	16

注:☆ 表示用户区域;— 表示未分配区域(对未分配区域的读写是无效的)。

(3)FX$_{3U}$ - 64CCL 模块使用 Ver.2 模式时用到的缓冲存储器。

①BFM#64 ～ #77 远程输入(RX)。扩展循环设置时的远程输入(RX)的缓冲存储器详细分配表见表 8.27。

表 8.27　从站模块 Ver.2 模式下的开关量输入缓冲存储器分配表

BFM No.	远程输入 RX 编号	占用站数									
		占用 1 站时				占用 2 站时			占用 3 站时		占用 4 站时
		扩展循环设置									
		1 倍	2 倍	4 倍	8 倍	1 倍	2 倍	4 倍	1 倍	2 倍	1 倍	2 倍
#64	RX00 - 0F	☆	☆	☆	☆	☆	☆	☆	☆	☆	☆	☆
#65	RX10 - 1F	★	★	☆	☆	☆	☆	☆	☆	☆	☆	☆

续表

BFM No.	远程输入 RX 编号	占用站数										
		占用1站时				占用2站时			占用3站时		占用4站时	
		扩展循环设置										
		1倍	2倍	4倍	8倍	1倍	2倍	4倍	1倍	2倍	1倍	2倍
#66	RX20－2F	—	—	☆	☆	☆	☆	☆	☆	☆	☆	☆
#67	RX30－3F	—	—	★	☆	★	☆	☆	☆	☆	☆	☆
#68	RX40－4F	—	—	—	☆	—	☆	☆	☆	☆	☆	☆
#69	RX50－5F	—	—	—	☆	—	★	☆	★	☆	☆	☆
#70	RX60－6F	—	—	—	☆	—	—	☆	—	☆	☆	☆
#71	RX70－7F	—	—	—	★	—	—	☆	—	☆	★	☆
#72	RX80－8F	—	—	—	—	—	—	☆	—	☆	—	☆
#73	RX90－9F	—	—	—	—	—	—	☆	—	★	—	☆
#74	RXA0－AF	—	—	—	—	—	—	☆	—	—	—	☆
#75	RXB0－BF	—	—	—	—	—	—	★	—	—	—	☆
#76	RXC0－CF	—	—	—	—	—	—	—	—	—	—	☆
#77	RXD0－DF	—	—	—	—	—	—	—	—	—	—	★
缓冲存储器数（包括系统区域）		2	2	4	8	4	6	12	6	10	8	14

注：☆ 表示用户区域；★ 表示系统区域；— 表示未分配区域。

②BFM#120 ~ #133 远程输出（RY）。扩展循环设置时的远程输出（RY）的缓冲存储器详细分配表见表8.28。

表 8.28　从站模块 Ver.2 模式下的开关量输出缓冲存储器分配表

BFM No.	远程输出 RY 编号	占用站数										
		占用1站时				占用2站时			占用3站时		占用4站时	
		扩展循环设置										
		1倍	2倍	4倍	8倍	1倍	2倍	4倍	1倍	2倍	1倍	2倍
#120	RY00－0F	☆	☆	☆	☆	☆	☆	☆	☆	☆	☆	☆
#121	RY10－1F	★	★	☆	☆	☆	☆	☆	☆	☆	☆	☆
#122	RY20－2F	—	—	☆	☆	☆	☆	☆	☆	☆	☆	☆
#123	RY30－3F	—	—	★	☆	★	☆	☆	☆	☆	☆	☆
#124	RY40－4F	—	—	—	☆	—	☆	☆	☆	☆	☆	☆
#125	RY50－5F	—	—	—	☆	—	★	☆	★	☆	☆	☆
#126	RY60－6F	—	—	—	☆	—	—	☆	—	☆	☆	☆
#127	RY70－7F	—	—	—	★	—	—	☆	—	☆	★	☆

续表

BFM No.	远程输出 RY 编号	占用站数									
		占用 1 站时				占用 2 站时			占用 3 站时		占用 4 站时	
		扩展循环设置										
		1 倍	2 倍	4 倍	8 倍	1 倍	2 倍	4 倍	1 倍	2 倍	1 倍	2 倍
#128	RY80 – 8F	—	—	—	—	—	—	☆	—	☆	—	☆
#129	RY90 – 9F	—	—	—	—	—	—	☆	—	★	—	☆
#130	RYA0 – AF	—	—	—	—	—	—	☆	—	—	—	☆
#131	RYB0 – BF	—	—	—	—	—	—	★	—	—	—	☆
#132	RYC0 – CF	—	—	—	—	—	—	—	—	—	—	☆
#133	RYD0 – DF	—	—	—	—	—	—	—	—	—	—	★
缓冲存储器数（包括系统区域）		2	2	4	8	4	6	12	6	10	8	14

注：☆ 表示用户区域；★ 表示系统区域；— 表示未分配区域。

③BFM#176 ～ #207 远程寄存器 RWw。远程寄存器 RWw 存储从主站接收到的字信息。从站模块 Ver.2 模式下的数字量输出缓冲存储器分配表见表 8.29。

表 8.29　从站模块 Ver.2 模式下的数字量输出缓冲存储器分配表

BFM No.	远程寄存器编号	占用站数									
		占用 1 站时				占用 2 站时			占用 3 站时		占用 4 站时	
		扩展循环设置										
		1 倍	2 倍	4 倍	8 倍	1 倍	2 倍	4 倍	1 倍	2 倍	1 倍	2 倍
#176	RWw00	☆	☆	☆	☆	☆	☆	☆	☆	☆	☆	☆
#177	RWw01	☆	☆	☆	☆	☆	☆	☆	☆	☆	☆	☆
#178	RWw02	☆	☆	☆	☆	☆	☆	☆	☆	☆	☆	☆
#179	RWw03	☆	☆	☆	☆	☆	☆	☆	☆	☆	☆	☆
#180	RWw04	—	☆	☆	☆	☆	☆	☆	☆	☆	☆	☆
#181	RWw05	—	☆	☆	☆	☆	☆	☆	☆	☆	☆	☆
#182	RWw06	—	☆	☆	☆	☆	☆	☆	☆	☆	☆	☆
#183	RWw07	—	☆	☆	☆	☆	☆	☆	☆	☆	☆	☆
#184	RWw08	—	—	☆	☆	—	☆	☆	☆	☆	☆	☆
#185	RWw09	—	—	☆	☆	—	☆	☆	☆	☆	☆	☆
#186	RWw0A	—	—	☆	☆	—	☆	☆	☆	☆	☆	☆
#187	RWw0B	—	—	☆	☆	—	☆	☆	☆	☆	☆	☆
#188	RWw0C	—	—	☆	☆	—	☆	☆	—	☆	☆	☆
#189	RWw0D	—	—	☆	☆	—	☆	☆	—	☆	☆	☆

续表

BFM No.	远程寄存器编号	占用站数										
		占用1站时				占用2站时			占用3站时		占用4站时	
		扩展循环设置										
		1倍	2倍	4倍	8倍	1倍	2倍	4倍	1倍	2倍	1倍	2倍
#190	RWw0E	—	—	☆	☆	—	☆	☆	—	☆	☆	☆
#191	RWw0F	—	—	☆	☆	—	☆	☆	—	☆	☆	☆
#192	RWw10	—	—	—	☆	—	—	☆	—	☆	—	☆
#193	RWw11	—	—	—	☆	—	—	☆	—	☆	—	☆
#194	RWw12	—	—	—	☆	—	—	☆	—	☆	—	☆
#195	RWw13	—	—	—	☆	—	—	☆	—	☆	—	☆
#196	RWw14	—	—	—	☆	—	—	☆	—	☆	—	☆
#197	RWw15	—	—	—	☆	—	—	☆	—	☆	—	☆
#198	RWw16	—	—	—	☆	—	—	☆	—	☆	—	☆
#199	RWw17	—	—	—	☆	—	—	☆	—	☆	—	☆
#200	RWw18	—	—	—	☆	—	—	☆	—	—	—	☆
#201	RWw19	—	—	—	☆	—	—	☆	—	—	—	☆
#202	RWw1A	—	—	—	☆	—	—	☆	—	—	—	☆
#203	RWw1B	—	—	—	☆	—	—	☆	—	—	—	☆
#204	RWw1C	—	—	—	☆	—	—	☆	—	—	—	☆
#205	RWw1D	—	—	—	☆	—	—	☆	—	—	—	☆
#206	RWw1E	—	—	—	☆	—	—	☆	—	—	—	☆
#207	RWw1F	—	—	—	☆	—	—	☆	—	—	—	☆
缓冲存储器数		4	8	16	32	8	16	32	12	24	16	32

注:☆ 表示可使用区域;— 表示未分配区域。

④BFM#304 ～ #335 远程寄存器 RWr。远程寄存器 RWr 通过 TO 指令(或缓冲存储器的直接指定)设置用于向主站发送的字信息。从站模块 Ver.2 模式下的数字量输入缓冲存储器分配表见表 8.30。

表 8.30　从站模块 Ver.2 模式下的数字量输入缓冲存储器分配表

BFM No.	远程寄存器编号	占用站数										
		占用1站时				占用2站时			占用3站时		占用4站时	
		扩展循环设置										
		1倍	2倍	4倍	8倍	1倍	2倍	4倍	1倍	2倍	1倍	2倍
#304	RWr00	☆	☆	☆	☆	☆	☆	☆	☆	☆	☆	☆
#305	RWr01	☆	☆	☆	☆	☆	☆	☆	☆	☆	☆	☆

续表

BFM No.	远程寄存器编号	占用站数										
		占用 1 站时				占用 2 站时			占用 3 站时		占用 4 站时	
		扩展循环设置										
		1倍	2倍	4倍	8倍	1倍	2倍	4倍	1倍	2倍	1倍	2倍
#306	RWr02	☆	☆	☆	☆	☆	☆	☆	☆	☆	☆	☆
#307	RWr03	☆	☆	☆	☆	☆	☆	☆	☆	☆	☆	☆
#308	RWr04	—	☆	☆	☆	☆	☆	☆	☆	☆	☆	☆
#309	RWr05	—	☆	☆	☆	☆	☆	☆	☆	☆	☆	☆
#310	RWr06	—	☆	☆	☆	☆	☆	☆	☆	☆	☆	☆
#311	RWr07	—	☆	☆	☆	☆	☆	☆	☆	☆	☆	☆
#312	RWr08	—	—	☆	☆	—	☆	☆	☆	☆	☆	☆
#313	RWr09	—	—	☆	☆	—	☆	☆	☆	☆	☆	☆
#314	RWr0A	—	—	☆	☆	—	☆	☆	☆	☆	☆	☆
#315	RWr0B	—	—	☆	☆	—	☆	☆	☆	☆	☆	☆
#316	RWr0C	—	—	☆	☆	—	☆	☆	—	☆	☆	☆
#317	RWr0D	—	—	☆	☆	—	☆	☆	—	☆	☆	☆
#318	RWr0E	—	—	☆	☆	—	☆	☆	—	☆	☆	☆
#319	RWr0F	—	—	☆	☆	—	☆	☆	—	☆	☆	☆
#320	RWr10	—	—	—	☆	—	—	☆	—	☆	—	☆
#321	RWr11	—	—	—	☆	—	—	☆	—	☆	—	☆
#322	RWr12	—	—	—	☆	—	—	☆	—	☆	—	☆
#323	RWr13	—	—	—	☆	—	—	☆	—	☆	—	☆
#324	RWr14	—	—	—	☆	—	—	☆	—	☆	—	☆
#325	RWr15	—	—	—	☆	—	—	☆	—	☆	—	☆
#326	RWr16	—	—	—	☆	—	—	☆	—	☆	—	☆
#327	RWr17	—	—	—	☆	—	—	☆	—	☆	—	☆
#328	RWr18	—	—	—	☆	—	—	☆	—	—	—	☆
#329	RWr19	—	—	—	☆	—	—	☆	—	—	—	☆
#330	RWr1A	—	—	—	☆	—	—	☆	—	—	—	☆
#331	RWr1B	—	—	—	☆	—	—	☆	—	—	—	☆
#332	RWr1C	—	—	—	☆	—	—	☆	—	—	—	☆
#333	RWr1D	—	—	—	☆	—	—	☆	—	—	—	☆
#334	RWr1E	—	—	—	☆	—	—	☆	—	—	—	☆

续表

BFM No.	远程寄存器编号	占用站数										
		占用 1 站时				占用 2 站时			占用 3 站时		占用 4 站时	
		扩展循环设置										
		1 倍	2 倍	4 倍	8 倍	1 倍	2 倍	4 倍	1 倍	2 倍	1 倍	2 倍
#335	RWr1F	—	—	—	☆	—	—	☆	—	☆	—	☆
缓冲存储器数		4	8	16	32	8	16	32	12	24	16	32

注:☆表示可使用区域;—表示未分配区域。

8.6.5　远程 I/O 站模块

1. CC – Link 远程复合模块 AJ65SBTB32 – 8DT

CC – Link 远程复合模块 AJ65SBTB32 – 8DT 的面板图如图 8.26 所示。

AJ65SBTB32 – 8DT 模块的外部连接图如图 8.27 所示。

在传送的远程输入 X0 ~ XF 中,只有 X0 ~ X3 四位有效;在传送的远程输出 Y 中,Y0 ~ Y7 和 YC ~ YF 无效,只有 Y8 ~ YB 四位有效。

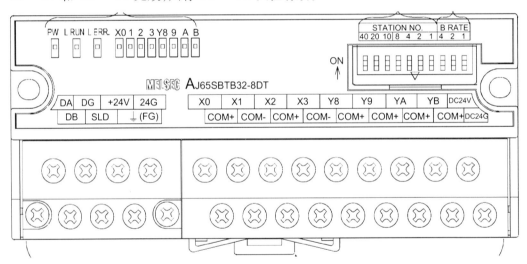

图 8.26　CC – Link 远程复合模块 AJ65SBTB32 – 8DT 的面板图

传送速度开关设置见表 8.31。

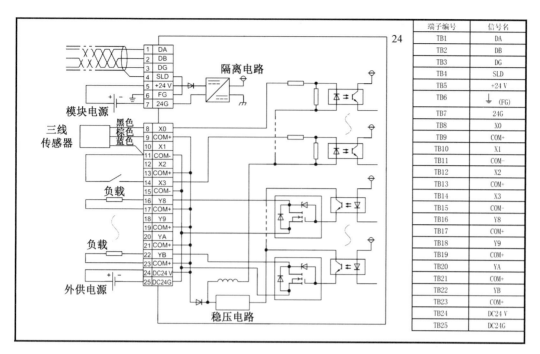

端子编号	信号名
TB1	DA
TB2	DB
TB3	DG
TB4	SLD
TB5	+24 V
TB6	↓ (FG)
TB7	24G
TB8	X0
TB9	COM+
TB10	X1
TB11	COM−
TB12	X2
TB13	COM+
TB14	X3
TB15	COM−
TB16	Y8
TB17	COM+
TB18	Y9
TB19	COM+
TB20	YA
TB21	COM+
TB22	YB
TB23	COM+
TB24	DC24 V
TB25	DC24G

图 8.27　AJ65SBTB32 – 8DT 模块的外部连接图

表 8.31　传送速度开关设置

设置值	设置开关状态			传送速度
	4	2	1	
0	OFF	OFF	OFF	156 kbit/s
1	OFF	OFF	ON	625 kbit/s
2	OFF	ON	OFF	2.5 Mbit/s
3	OFF	ON	ON	5.0 Mbit/s
4	ON	OFF	OFF	10 Mbit/s

　　站号设置开关的设置是以 STATION No. 的"10""20""40"设置站号的十位数,以 STATION No. 的"1""2""4""8"设置站号的个位数。站号必须在 1 ~ 64 的范围内设置。站号设置开关的设置见表 8.32。

表 8.32　站号设置开关的设置

站号	十位数			个位数			
	40	20	10	8	4	2	1
1	OFF	OFF	OFF	OFF	OFF	OFF	ON
2	OFF	OFF	OFF	OFF	OFF	ON	OFF
3	OFF	OFF	OFF	OFF	OFF	ON	ON
4	OFF	OFF	OFF	OFF	ON	OFF	OFF

续表

站号	十位数			个位数			
	40	20	10	8	4	2	1
…	…	…	…	…	…	…	…
10	OFF	OFF	ON	OFF	OFF	OFF	OFF
11	OFF	OFF	ON	OFF	OFF	OFF	ON
…	…	…	…	…	…	…	…
64	ON	ON	OFF	OFF	ON	OFF	OFF

思　考　题

8.1 常用的 FX_{3U} 系列 PLC 的扩展模块有哪些,各适用于什么场合?

8.2 模拟量信号模块分为哪两种,它们的作用分别是什么?

8.3 模拟量输入模块 FX_{2N} - 4AD 通道 1 的输入量程为 - 10 ~ 10 V,通道 2 的输入量程为 0 ~ 20 mA,通道 3 和 4 禁止。FX_{2N} - 4AD 模块的位置编号为 1,平均值滤波的周期数为 8,数据寄存器 D20 和 D21 用来存放通道 1 和通道 2 的数字量输出的平均值,请设计模拟量输入的梯形图程序。

8.4 模拟量输出模块 FX_{2N} - 4DA 通道 2 的输出量程为 4 ~ 20 mA,通道 3 的输出量程为 - 10 ~ 10 V,通道 1 和 4 禁止。FX_{2N} - 4DA 模块的位置编号为 2,数据寄存器 D10 和 D11 用来存放通道 2 和通道 3 的输出数据,请设计完成实现该任务的程序。

8.5 简述串行通信的通信过程。

8.6 简述 RS - 232C 与 RS - 485 在通信中的相同点和不同点。

8.7 在串行异步通信中,数据传输速率为每秒传送 1 920 字符,一个传送字符由 7 位有效位、1 位起始位、1 位停止位和 1 位奇偶检验位构成,试计算通信波特率。

8.8 CC - Link 网络的从站地址是如何分配的?

8.9 CC - Link 网络从站模块号与从站地址之间有怎样的关系?

第 9 章　三菱 FX_{3U} 系列 PLC 控制系统设计和综合应用

PLC 的应用就是以 PLC 为控制中心组成电气控制系统,实现对生产过程的控制。PLC 学习的落脚点是如何应用可编程控制器来设计满足具体任务要求的控制系统。为提高对 PLC 控制系统的设计与应用能力,本章首先阐述 PLC 控制系统的设计内容和设计步骤,然后以编者研制开发的 PLC 综合实验实训装置为平台,详细介绍几个综合 PLC 控制系统设计方法和 CC - Link 组网步骤。

9.1　PLC 控制系统设计的内容和步骤

9.1.1　PLC 控制系统设计的基本原则

PLC 控制系统的设计思路与其他计算机控制系统的设计思路是相似的,对于工业领域或其他领域的被控对象来说,电气控制的目的是在满足其生产工艺要求的情况下,最大限度地提高生产效率和产品质量。为达到此目的,在可编程控制系统设计时应遵循如下原则:

(1) 最大限度地满足被控对象的要求;

(2) 在满足控制要求的前提下,力求使控制系统简单,经济和维护方便;

(3) 保证系统的安全可靠;

(4) 考虑生产发展和工艺改进的要求,在选型时应留有适当的裕量。

9.1.2　PLC 控制系统设计内容

PLC 控制系统的设计主要包含以下几个方面内容。

1. 熟悉控制对象,明确设计任务和要求

应用可编程控制器,首先要详细分析被控对象、控制过程和要求,熟悉工艺流程后列写出控制系统的所有功能和指标要求,如果控制对象的工业环境较差,而安全性、可靠性要求特别高,系统工艺复杂,输入／输出量以开关量为主,则在这种情况下,用常规继电器和接触器难以实现要求,用可编程控制器进行控制是合适的。控制对象确定后,可编程控制器的控制范围还要进一步明确。一般来说,能够反映生产过程的运行情况,能用传感器进行直接测量的参数,用人工进行控制工作量大,操作复杂、容易出错的或操作过于频繁、人工操作不容易满足工艺要求的,往往由 PLC 控制。

2. 选定 PLC 的型号,对控制系统的硬件进行配置

PLC 机型选择的基本原则应是在满足功能要求的情况下,主要考虑结构、功能、统一性和在线编程要求等几个方面。在结构方面,对于工艺过程比较固定、环境条件较好的场合,一般维修量较小,可选用整体式结构的 PLC;在其他情况下,可选用模块式的 PLC。在功能方面,如果是开关量控制的工程项目,无须考虑其控制速度,则一般的低档机型就可以满足。对于以开关量为主,带少量模拟量控制的工程项目,可选用带 A/D、D/A 转换,加减运算和数据传送功能的低档机。而对于控制比较复杂,控制功能要求高的工程项目,可视控制规模及其复杂程度,选用中档机或高档机。其中,高档机主要用于大规模过程控制、全 PLC 的分布式控制系统及整个工厂的自动化控制等方面。为实现资源共享,采用同一机型的 PLC 配置,配以上位机后,可将控制各个独立系统的多台 PLC 连成一个多级分布式控制系统,相互通信,集中管理。

3. 选择所需的 I/O 模块,编制 PLC 的 I/O 分配表和 I/O 端子接线图

可编程控制器输入模块的任务是检测来自现场设备(按钮、限位开关、接近开关等)的开关信号并转换为机器内部电平信号,模块类型分为直流 5 V、12 V、24 V、48 V、60 V 几种,以及交流 115 V 和 220 V 两种。由现场设备与模块之间的远近程度选择电压的大小。一般 5 V、12 V、24 V 属于低电平,传输距离不宜太远,距离较远的设备选用较高电压的模块比较可靠。另外,高密度的输入模块同时接通点数取决于输入电压和环境温度。一般来说,同时接通点数不得超过 60%。为提高系统的稳定性,必须考虑接通电平与关断电平之差,即门槛电平的大小。门槛电平值越大,则抗干扰能力越强,传输距离越远。

输出模块的任务是将机器内部信号电平转换为外部过程控制的信号。对开关频率高、电感性、低功率因数的负载,推荐使用晶闸管型输出模块,其缺点是价格高,过载能力稍差。继电器型输出模块的优点是适用电压范围宽,导通压降损失小,但响应速度较慢。输出模块同时接通点数的电流累计值必须小于公共端允许通过的电流值,输出模块的电流输出能力必须大于负载电流的额定值。

4. 根据系统设计要求编写程序规格说明书,再用相应的编程语言进行程序设计

程序规格说明书应该包括技术要求和编程依据等方面的内容,如程序模块功能要求、控制对象及其动作时序、精确度要求、响应速度要求、输入装置、输入条件、输出条件、接口条件、输入模块和输出模块接口、I/O 分配表等内容。根据 PLC 控制系统硬件结构和生产工艺条件要求,在程序规格说明书的基础上使用相应的编程语言指令编制实际应用程序的过程即程序设计。

5. 设计操作台、电气柜,选择所需的电气元件

根据实际的控制系统要求,设计相应配套适用的操作台和电气柜,并且按照系统要求选择所需的电气元件。

6. 编写设计说明书和操作使用说明书

设计说明书是对整个设计过程的综合说明,一般包括设计的依据、基本结构、各个功能单元的分析、使用公式和原理、各参数的来源和运算过程、程序调试情况等内容。操作使用说明书主要是提供给使用者和现场调试人员使用的,一般包括操作规范、步骤及常见故障问题。

9.1.3　PLC 控制系统设计的一般步骤

PLC 控制系统具体设计步骤如下:

(1) 详细了解被控对象的生产工艺过程,分析控制要求,如需要完成的动作(动作顺序、条件、必须的保护和连锁等)、操作方式(手动、自动、连续、单周期、单步)等;

(2) 根据控制要求确定所需要的用户 I/O 设备,并确定 PLC 的 I/O 点数;

(3) 选择 PLC 类型;

(4) 分配 PLC 的 I/O 点,设计 I/O 连接图;

(5) 进行 PLC 软件设计,同时进行控制台的设计和现场施工;

(6) 系统调试,固化程序,交付使用。

PLC 控制系统设计流程图如图 9.1 所示。

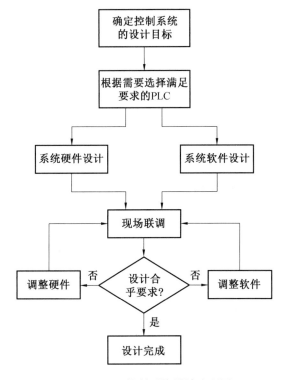

图 9.1　PLC 控制系统设计流程图

9.2　网络化 PLC 综合实验实训系统

编者研制开发的 PLC 综合实验实训装置是一种开放式、系统化、网络化的实验开发平台,主要由上位机、触摸屏、可编程控制器基本单元、网络模块、远程 I/O 模块、扩展模块、高速计数模块、模拟量 I/O 模块、变频器、异步电动机、直流发电机、测速发电机及模拟负载装置、开关电源、空气自动开关、接触器、热继电器、钮子开关、电压和电流检测仪表、三菱 PLC 编程软件 GX Works2 及 GOT 编程软件 GT Designer2 等构成。

（1）上位机（PC）中的编程软件 GX Works2 用于 PLC 的程序设计和运行时的监控；上位机中的编程软件 GT Designer2 完成触摸屏 GOT 的程序设计。它们都是界面友好、功能强大的可视化编程软件。

（2）GOT 能够完成对 PLC 的控制和状态显示，它是一种友好的人机操作界面。本实训装置中采用的触摸屏是一种高分辨率、大屏幕（屏幕为 10.4 in，1 in = 2.54 cm）、功能高级的 GOT 操作屏。

（3）PLC 基本单元完成系统的所有控制功能，它是数字系统，也是整个装置的大脑。

（4）各种特殊功能模块完成外部模拟信号的量化并输入 PLC，或把 PLC 的数字控制信号转换成模拟信号输出，它们是 PLC 控制系统的重要外设。

（5）变频器把 PLC 经特殊功能模块输出的模拟信号转换成变化的频率输出，以控制交流电机完成调速。

（6）电气线路把 PLC 的控制信号进行功率放大，完成对大负载的驱动。

（7）显示仪表监视系统的电流和电压参数。

（8）网络模块可以把远程 I/O 模块与多个 PLC 控制柜连接起来，组成一个 CC - Link 网络。

9.2.1　PLC 综合实验实训系统架构框图

为更好地满足电气控制和可编程控制器方面的实验教学和实习实训需要，所设计的 PLC 综合实验实训系统的架构框图如图 9.2 所示。

9.2.2　三菱触摸屏 GOT1175

1. 三菱触摸屏 GOT1175 简介

三菱触摸屏 GOT1175（简称 GOT）是一款高级的触摸操作屏，屏幕尺寸为 10.4 in，分辨率高。GOT 安装于控制盘或操作的面板上，与控制盘内的 PLC 等连接，实现开关操作、指示显示、数据显示、信息显示等功能。

显示画面中包括用户画面和应用程序画面两种。

（1）用户画面。

用户画面是通过 GT Designer2 绘制的画面。用户画面中可以任意布置并显示"触摸对象""指示显示""注释显示"或"数值显示"等对象。

（2）应用程序画面。

应用程序画面是 GOT 用的预先准备的画面。通过将基本功能 OS 从 GT Designer2 或 CF 卡安装到 GOT 中，可以显示应用程序。

2. GOT1175 触摸屏与 PLC 的通信硬件连接

通过连接 PLC 的 FX_{3U} - 232 - BD 通信功能扩展板与 GOT1175 触摸屏的 RS - 232 通信接口，可以实现 GOT1175 触摸屏与 PLC 之间的串口通信。FX_{3U} - 232 - BD 通信功能扩

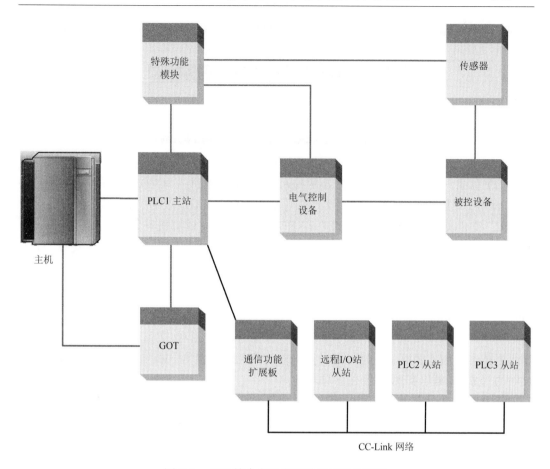

图 9.2　PLC 综合实验实训系统的架构框图

展板安装于 FX$_{3U}$ - 32MR 基本单元的左侧插口上，GOT1175 触摸屏与 PLC 的通信硬件连接如图 9.3 所示。

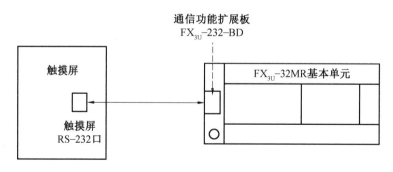

图 9.3　GOT1175 触摸屏与 PLC 的通信硬件连接

3. GOT 触摸屏软件 GT Designer2 安装步骤

（1）打开计算机资源管理器，找到 GT Designer 软件所在目录，双击文件图标开始解压，解压完成后，打开"GTD2"文件夹，选中安装文件"SETUP.EXE"并双击，计算机开始安装 GT Designer2 软件。如果计算机系统的配置与 GT Designer2 软件的安装环境有冲突,则 GT Designer2 软件不能正常安装,出现图 9.4 所示 GT Designer2 不能进行安装的提示界面。

图 9.4　GT Designer2 不能进行安装的提示界面

（2）如果出现上述不能正常安装的提示界面,则需要进入"GTD2"文件夹,选择并打开"EnvMEL"文件夹,双击运行该文件夹中的"SETUP.EXE"文件,安装完成后,退回到"GTD2"文件夹,选择其中的"SETUP.EXE"文件并双击,计算机开始安装 GT Designer2 软件,安装过程中按照出现的提示做相应的选择,直到完成 GT Designer2 软件安装。

4. GT Designer2 软件启动过程中的设置

GOT 中的显示画面（工程数据）是通过安装于个人计算机上的专用软件（GT Designer2）创建的。

在 GT Designer2 软件中,通过粘贴开关图形、指示灯图形、数值显示等被称为对象的显示框图形来创建画面。通过可编程控制器的软元件存储器（位、字）将动作功能设置到粘贴的对象中,可以实现 GOT 的各项功能。

点击电脑桌面左下角的"开始"→"所有程序"→"MELSOFT 应用程序"→"GT Designer2",运行 GT Designer2 软件,按照出现的对话框进行相应的设置,在出现图 9.5 所示选择 GOT 类型的对话框时,"GOT 类型"栏选择"GT11＊＊－ V － C(640×480)"。单击"下一步"按钮,出现图 9.6 所示选择 PLC 类型的对话框,"连接机器"栏选择"MELSEC－FX"。单击"下一步"按钮,出现图 9.7 所示选择同 PLC 的通信方式的对话框,"I/F(I)"栏选择"标准 I/F(标准 RS － 232)"。类似地,对随后出现的对话框进行相应的设置,直到出现图 9.8 所示的 GT Designer2 软件设计主窗口,就可以进行 GOT 界面设计了。

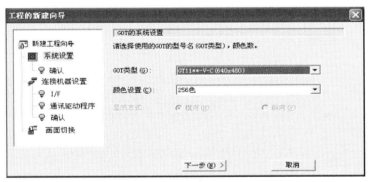

图 9.5　选择 GOT 类型的对话框

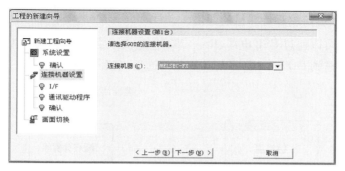

图 9.6　选择 PLC 类型的对话框

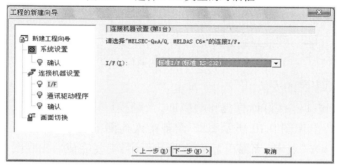

图 9.7　选择同 PLC 的通信方式的对话框

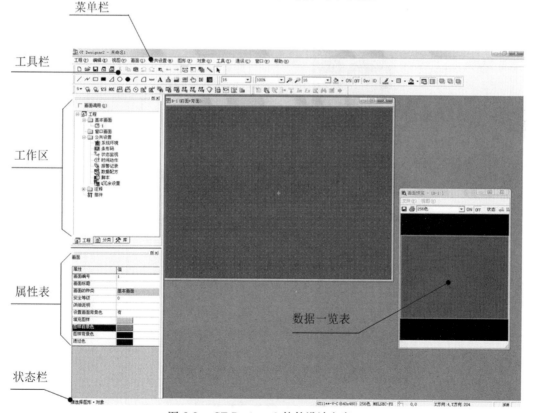

图 9.8　GT Designer2 软件设计主窗口

5. GOT 触摸屏与编程计算机的通信

编程计算机可以通过 USB 电缆、RS－232 电缆、以太网通信模块／电缆及存储卡将创建的工程数据传输到 GOT 中,GOT 与计算机的通信连接示意图如图 9.9 所示。

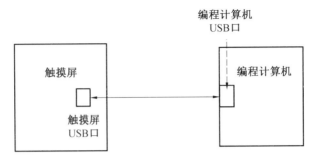

图 9.9　GOT 与计算机的通信连接示意图

(1)USB 驱动程序的安装。

首先用 USB 电缆连接好计算机和触摸屏,当触摸屏上电后,计算机操作系统会检测到 USB 设备接入,出现图 9.10 所示 USB 设备接入检测的提示,选择"自动安装软件(推荐)"后单击"下一步"按钮,系统开始安装驱动程序,安装完成后出现图 9.11 所示 USB 设备驱动程序安装完成窗口。

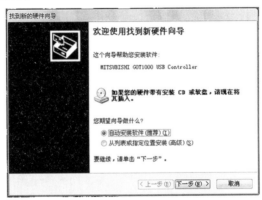

图 9.10　USB 设备接入检测

图 9.11　USB 设备驱动程序安装完成窗口

（2）通信设置和测试

打开 GT Designer2 软件并进入主窗口，点击主菜单"通讯"，在出现的下拉菜单中选择"通讯设置"，出现图 9.12 所示的通信方式选择界面。

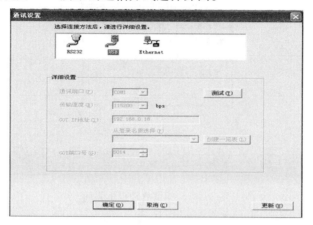

图 9.12　通信方式选择界面

在图 9.12 中，连接方法选择"USB"，单击"测试"按钮。如果通信成功，则会出现图 9.13 所示通信测试成功界面；如果通信不成功，则会出现图 9.14 所示通信故障提示界面。

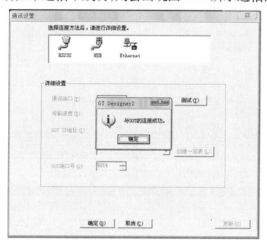

图 9.13　通信测试成功界面

（3）工程数据下载。

通过工程下载，可以将计算机上已经开发好的 GOT 程序下载到触摸屏中。在 GT Designer2 软件主窗口中，点击主菜单"通讯"，会出现图 9.15 所示工程下载选项的对话框，如果 GOT 没有安装"OS 系统"，那么首先需要选择"OS 安装 → GOT"。在图 9.16 所示 OS 系统下载选项的对话框中分别选择"基本功能"和"通讯驱动程序"选项，通过"安装"按钮进行安装。

当工程数据下载完成后，GOT 触摸屏会自动进入运行画面，GOT 触摸屏可以正常使用，此时可以拔掉连接 GOT 触摸屏与计算机的 USB 通信电缆。

图 9.14　通信故障提示界面

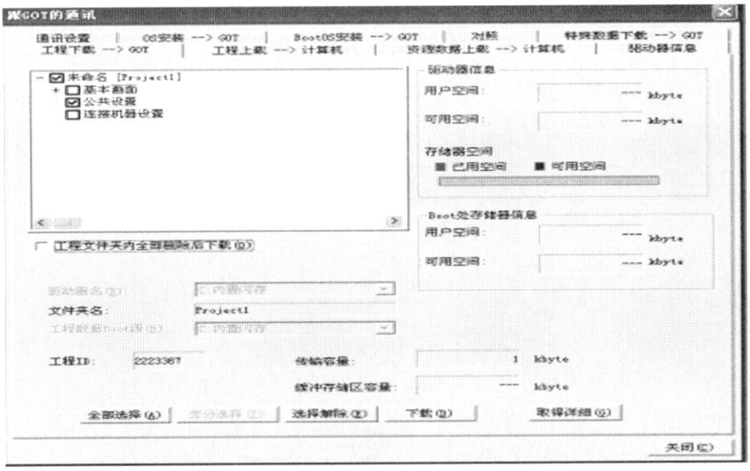

图 9.15　工程下载选项的对话框

图 9.16　OS 系统下载选项的对话框

9.2.3　VS mini 变频器的使用

1. VS mini 变频器接线端子的连接

图 9.17 所示为 VS mini 变频器控制端和主回路接线图。

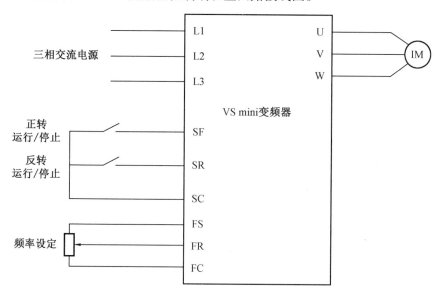

图 9.17　VS mini 变频器控制端和主回路接线图

2. 变频器运行测试

VS mini 变频器使用前需要参照表 9.1 所示的变频器测试步骤测试是否运行正常。如果测试结果与表中显示的状态不同,则说明变频器存在故障。

表 9.1　变频器测试步骤

操作步骤	工作显示	12LED 显示	LED 状态指示
(1) 接通电源,频率参考 60 Hz 显示	60	FREF 亮	RUN 闪烁 ALARM 灭
(2) 按 RUN 按钮,变频器在 60 Hz 运行	60	指示灯按照电机的 转动方向循环点亮	RUN 亮 ALARM 灭
(3) 按 STOP RESET 按钮,停止电机运行			

3. 变频器的操作

VS mini 变频器的所有操作和设定都是通过变频器上的数字操作盘实现的。变频器的数字操作盘操作步骤如图 9.18 所示。

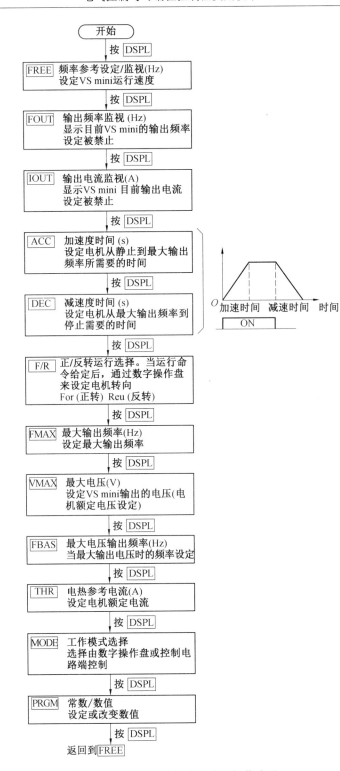

图 9.18　变频器的数字操作盘操作步骤

4. 变频器的工作模式

VS mini 变频器有以下两种工作模式。

（1）数字操作运行模式。

数字操作运行模式变频器的运行参数都由数字操作盘设定。

（2）控制端控制运行模式。

控制端控制运行模式变频器的运行、正／反转及频率由控制端确定。

5. VS mini 变频器各种工作模式的工作状况

VS mini 变频器各种工作模式下的工作状况如图 9.19 所示。

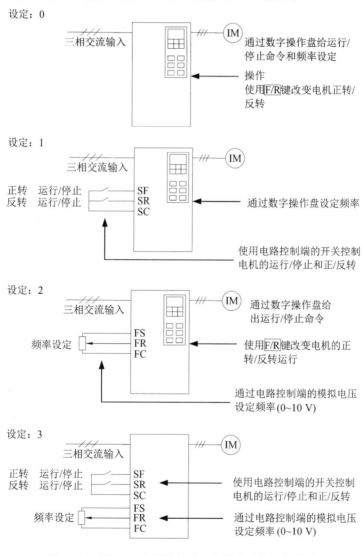

图 9.19　VS mini 变频器各种工作模式下的工作状况

9.2.4　原理接线图和装置实物图

1. 主电路原理图

PLC 综合实验实训装置的主电路原理图如图 9.20 所示。

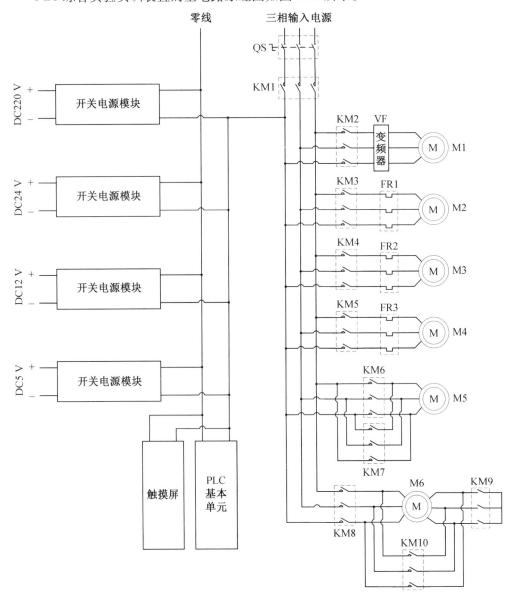

图 9.20　PLC 综合实验实训装置的主电路原理图

2. 输出端子接线图

为实现 PLC 控制,PLC 输出端子接线图如图 9.21 所示。

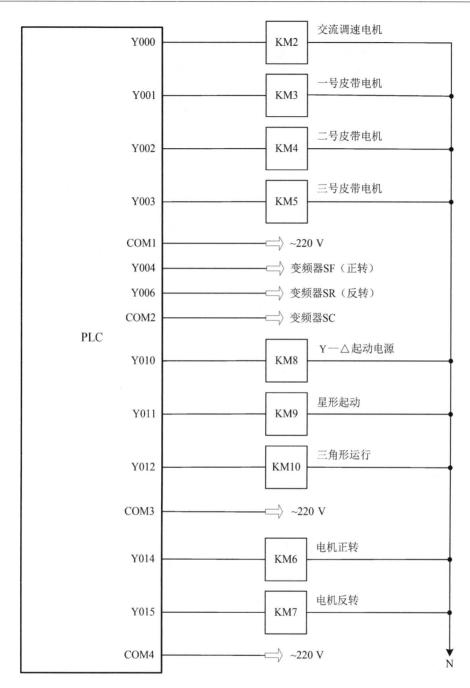

图 9.21　PLC 输出端子接线图

3. 装置实物图

PLC 综合实验实训装置的控制面板正面图如图 9.22 所示。

PLC 综合实验实训装置主站 PLC 控制系统实物图如图 9.23 所示。注意:在主站 PLC 控制系统中,主站通信模块 FX$_{3U}$ – 16CCL – M 位于 0 号模块位置。

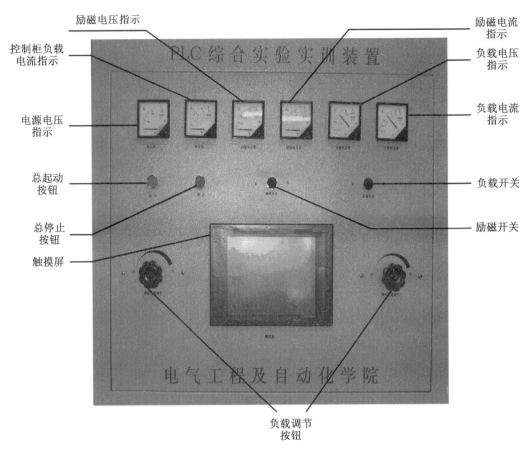

图 9.22　PLC 综合实验实训装置的控制面板正面图

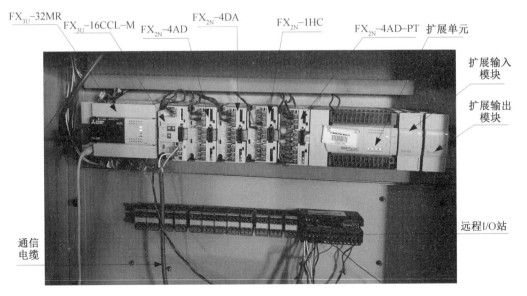

图 9.23　PLC 综合实验实训装置主站 PLC 控制系统实物图

　　PLC 综合实验实训装置从站 PLC 控制系统实物图如图 9.24 所示。注意：在从站 PLC 控制系统中，从站通信模块 FX$_{3U}$ - 64CCL 位于 4 号模块位置。

图 9.24　PLC 综合实验实训装置从站 PLC 控制系统实物图

9.2.5　PLC 综合实验实训装置所能实现功能

　　PLC 综合实验实训装置可用于电气控制与 PLC 等方面多样化的专项及综合训练，其能够完成的实验和实训项目包括但不限于以下几个方面。

　　（1）可编程控制器编程软件及可编程控制器基本功能的实训。通过实训掌握上位机与可编程控制器之间的通信设置，学会可编程控制器输入端点和输出端点的使用，熟悉可编程控制器内部所有资源的使用和各种模块的使用，并能用上位机和组态软件进行在线监控。能够完成四节传送带的模拟、自动配料系统的模拟、十字路口交通信号灯控制的模拟、液体混合装置控制的模拟、LED 数码显示控制、三层电梯控制系统的模拟、三相异步电动机点动控制和自锁控制、三相异步电动机 Y/△ 起动控制、三相异步电动机联锁正反转控制、三相异步电动机带延时正反转控制、三相异步电动机带限位自动往返控制、三相异步电机单向能耗制动控制等 PLC 控制程序的设计、调试和监控。

　　（2）触摸屏的使用。通过实训掌握上位机、触摸屏、可编程控制器之间的硬件连接。了解触摸屏的使用方法及触摸屏与 PLC 之间的通信方式。掌握 GT Designer2 软件的安装和使用，能够完成基本控制系统的设计，如基于触摸屏的输入／输出测试、基于触摸屏的LED 数码显示控制、基于触摸屏的电动机调速控制等。

（3）变频器的使用。包括掌握变频器的参数输入和修改、变频器的面板控制功能、变频器的外部正反转控制、变频器与可编程控制器的连接等。在熟悉已有变频器用法的基础上，了解其他型号变频器与所使用变频器的异同，真正学会变频器的实际使用。

（4）开环控制系统的设计和实训。通过上位机、触摸屏、变频器、可编程控制器构建开环控制系统，完成开环控制系统主回路和控制回路的设计，利用触摸屏设定参数和监控运行状况。通过实训，掌握开环系统的设计和调试。

（5）闭环控制系统的设计和实训。通过上位机、触摸屏、变频器、可编程控制器组成闭环控制系统。本实训装置能够完成一个恒速控制系统。进行实训时，需要设计完成闭环控制系统的主回路和控制回路，将设计的控制程序由上位机下载到可编程控制器后，通过触摸屏控制可编程控制器的程序运行，在触摸屏中改变速度设定，通过 PLC 程序控制进而改变变频器的频率，从而实现对电机转速的控制。

（6）通过温度输入模块，可以实现温度控制。

（7）通过扩展单元和扩展模块，可以同时进行多项其他控制，如皮带传送等。

（8）通过高速计数模块，能够实现全数字闭环高精度控制。

（9）通过网络模块，可以构建 CC - Link 网络，能够实现多台 PLC 控制柜的组网运行。

9.3　PLC 典型环节的编程方法

9.3.1　三相异步电动机的 Y/△ 起动控制

1. 控制要求

有一台三相异步电动机，原来采用继电接触系统实现电动机的 Y/△ 降压起动控制，现要改为 PLC 控制。

2. 实训任务

（1）设计由 PLC 实现的三相异步电动机 Y/△ 控制的主电路。

（2）设计实现本控制任务的 GOT 程序。

（3）设计由 PLC 实现的三相异步电动机 Y/△ 控制线路，并完成以下要求：

① 画出 PLC 的 I/O 接线图；

② 列出 PLC 的 I/O 地址分配表；

③ 设计 PLC 控制的梯形图；

④ 根据梯形图列写指令表；

⑤ 列写该设计线路的元器件（含材料）清单。

（4）按 PLC 控制的 I/O 接线图在线板上正确安装。

（5）程序输入及调试。能够正确地将所编程序输入 PLC，按照被控设备的动作要求进行模拟调试，达到设计要求。

（6）通电试验。模拟调试完成之后，在指导教师允许前提下，连接好 I/O 设备，并仔细检查后通电试验。

3. 参考接线图与参考程序

（1）参考接线图。

本设计的 Y/△ 起动控制主电路和 PLC 控制的 I/O 接线图分别如图 9.25（a）和（b）所示。需要指出的是，本例中 PLC 的输入信号由触摸屏提供，起动按钮来自 GOT 的 M40，停止按钮来自 GOT 的 M41。

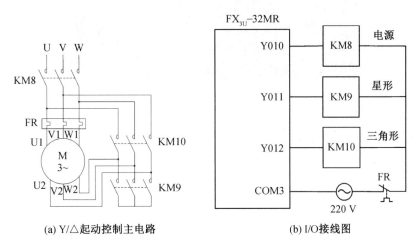

（a）Y/△ 起动控制主电路　　　　　（b）I/O 接线图

图 9.25　三相异步电动机 Y/△ 起动控制主电路和 I/O 接线图

（2）PLC 参考梯形图程序。

三相异步电动机 Y/△ 起动控制的参考梯形图如图 9.26 所示。

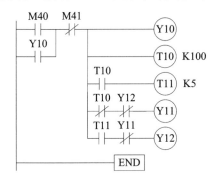

M40 为起动按钮，M41 为停止按钮；Y10、Y11、Y12 分别为 Y-△ 起动中控制电源、Y 的控制输出、△ 的控制输出；
定时器 T10 的作用是控制 Y 运行到 △ 运行转换的时间；
定时器 T11 的作用是防止 Y 到 △ 运行转换时出现短路

图 9.26　三相异步电动机 Y/△ 起动控制的参考梯形图

（3）GOT 参考程序设计。

电动机 Y - △ 起动控制界面如图 9.27 所示。

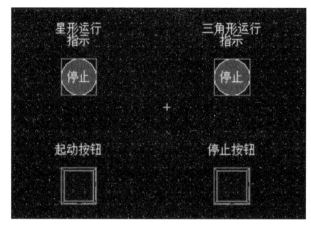

图 9.27　Y - △ 起动控制界面

9.3.2　三相异步电动机的可逆运行控制

1. 控制要求

有一台三相异步电动机,要求采用 PLC 控制以实现可靠的可逆运行。

2. 实训任务

(1) 设计由 PLC 实现的三相异步电动机可逆运行控制的主电路。

(2) 设计实现本控制任务的 GOT 程序。

(3) 设计由 PLC 实现的三相异步电动机可逆运行控制的控制电路,并完成以下要求:

① 画出 PLC 的 I/O 接线图;

② 列出 PLC 的 I/O 地址分配表;

③ 设计 PLC 控制的梯形图;

④ 根据梯形图列写指令表;

⑤ 列写该设计线路的元器件(含材料) 清单。

(4) 按 PLC 控制的 I/O 接线图在线板上正确安装。

(5) 程序输入及调试。能正确地将所编程序输入 PLC;按照被控设备的动作要求进行模拟调试,达到设计要求。

(6) 通电试验。模拟调试完成之后,在指导教师允许前提下,连接好 I/O 设备,并仔细检查后通电试验。

3. 参考接线图与参考程序

(1) 参考接线图。

本设计的可逆运行控制主电路和 PLC 控制的 I/O 接线图分别如图 9.28(a) 和(b) 所示。本例中 PLC 的输入信号由触摸屏提供,正转起动按钮来自 GOT 的 M42,反转起动按钮来自 GOT 的 M33,停止按钮来自 GOT 的 M44。

(2)PLC 参考梯形图程序。

三相异步电动机可逆运行控制的参考梯形图如图 9.29 所示。

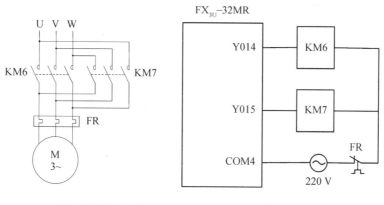

(a) 可逆运行控制主电路　　　　　　　　(b) I/O 接线图

图 9.28　三相异步电动机可逆运行控制主电路和 I/O 接线图

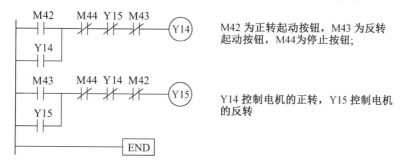

M42 为正转起动按钮，M43 为反转
起动按钮，M44 为停止按钮；

Y14 控制电机的正转，Y15 控制电机
的反转

图 9.29　三相异步电动机可逆运行控制的参考梯形图

（3）GOT 参考程序设计。

电动机可逆运行控制界面如图 9.30 所示。

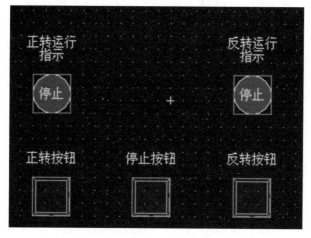

图 9.30　电动机可逆运行控制界面

9.3.3　皮带传送系统控制

1. 控制要求

有一个配有三条皮带运输机的传送系统,分别用三台电动机驱动,控制要求如下:选择联动控制时,起动时先起动最末一条皮带机,经过 5 s 延时,再依次起动其他皮带机。停止时先停止最前一条皮带机,经过 5 s 延时,再依次停止其他皮带机。如果选择手动控制,则每台电动机可以独立进行起动和停止控制。

2. 实训任务

(1) 画出 I/O 接线图,列出 PLC 的 I/O 地址分配表,列写该设计线路的元器件清单,并按 PLC 控制的 I/O 接线图正确地接入输入设备。

(2) 设计实现本控制任务的 GOT 程序。

(3) 编写 PLC 用户程序。

(4) 程序输入及调试。要求能正确地将所编程序输入 PLC,按照被控设备的动作要求进行模拟调试,达到设计要求。

(5) 在软件模拟调试完成后,断开 PLC 电源,连接输出设备,并经过指导教师检查无误后通电试验,观察程序运行结果。

3. 参考程序

(1)PLC 参考梯形图程序。

参考程序中,各控制开关来自 GOT。M101 为联动和手动选择开关,M101 为 1 时选择联动,为 0 时选择手动;M102 为联动起动开关,M102 为 1 时起动,为 0 时停止;M103、M104、M105 为手动控制时,皮带传送系统中一号电动机、二号电动机、三号电动机的起动／停止开关,为 1 时启动,为 0 时停止。皮带传送系统的 PLC 控制程序如图 9.31所示。

(2)GOT 参考程序设计。

皮带传送系统控制界面如图 9.32 所示。

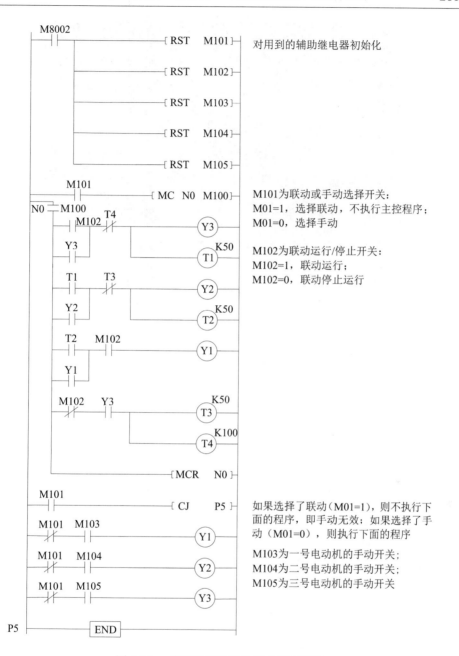

图 9.31　皮带传送系统的 PLC 控制程序

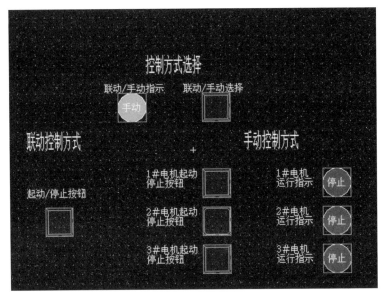

图 9.32　　皮带传送系统控制界面

9.4　PLC 在三相异步电动机闭环恒速控制系统中的应用

9.4.1　交流调速系统控制要求

通过 GOT 设定交流调速系统的转速并传送给 PLC,PLC 根据设定的转速通过模拟量输出模块产生模拟信号,将模拟信号加到变频器的输入端以控制变频器的输出频率,从而通过变频器的输出驱动交流电动机进行变频调速。变频器的转向由正 / 反转开关控制。交流调速系统的转速经测速发电机检测后,转换为相应的转速模拟信号送入模拟量输入模块,模拟量输入模块将产生的数字信号送给 PLC。通过开环 / 闭环设置开关,可以控制系统在开环或闭环状态下运行。当交流调速系统设定为开环运行时,PLC 不会对检测到的转速信号进行处理,直接送到 GOT 进行显示;当交流调速系统设定为闭环运行时,PLC一方面将检测到的转速信号与设定转速信号进行运算处理,处理过后的信号送去控制变频器,另一方面直接将检测到的转速信号送至 GOT 显示。

模拟负载由发电机和电阻电路构成。改变电阻的大小,相应地改变发电机的输出负载大小,即改变了交流调速系统的负载大小。通过研究开环 / 闭环控制方式在负载变化时的速度控制特性的不同,可以深入了解交流调速系统的控制特性。

9.4.2　实训任务

(1)通过变频器操作屏设定变频器的工作模式。设定变频器工作在模式3,即控制端控制运行模式,变频器的运行、正 / 反转及频率由控制端确定。

(2)画出 I/O 接线图,列出 PLC 的输入输出地址分配表,列写该设计线路的元器件清单,并按 PLC 控制的 I/O 接线图正确地接入输入设备。

(3)画出模拟量输出模块的接线图。

（4）画出模拟量输入模块的接线图。

（5）画出变频器的控制接线图。

（6）画出模拟负载的接线图。

（7）设计本控制任务的 GOT 程序。

（8）编写 PLC 用户程序。

（9）输入、下载调试用户程序。要求能正确地将所编程序输入 PLC，按照被控设备的动作要求进行模拟调试，达到设计要求。

（10）在软件模拟调试完成后，断开 PLC 电源，连接输出设备，并经过指导教师检查无误后通电试验，观察程序运行结果。

9.4.3　参考程序

1. PLC 参考梯形图程序

参考梯形图程序中，各控制开关来自 GOT。M0 为电源开关，M0 为 1 时，PLC 的输出 Y0 接通，则变频器接通电源；反之，输出 Y0 断开。M1 为开环／闭环选择开关，M1 为 1 时，选择闭环控制；M1 为 0 时，选择开环控制。M2 为电机正／反转选择开关，M2 为 1 时，选择正转；M2 为 0 时，选择反转。M3 为起动／停止控制开关，M3 为 1 时，起动；M3 为 0 时，停止。交流调速系统控制的 PLC 梯形图程序如图 9.33 所示。

图 9.33　交流调速系统控制的 PLC 梯形图程序

2. GOT 参考程序设计

交流调速系统控制界面如图 9.34 所示。

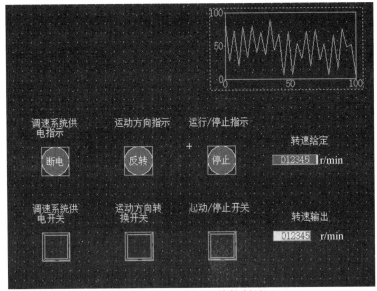

图 9.34　交流调速系统控制界面

9.5　高速计数模块和温度模块的使用

9.5.1　高速计数系统

1. 控制要求

利用高速计数模块,通过外部施加 24 V 脉冲信号,实现对高速脉冲的加／减、容许／禁止计数等功能。

2. 实训任务

(1) 画出 I/O 接线图,列出 PLC 的 I/O 地址分配表,列写该设计线路的元器件清单,并按 PLC 控制的 I/O 接线图正确地接入输入设备。

(2) 画出高速计数模块的接线图。

(3) 设计实现控制任务的 GOT 程序。

(4) 编写 PLC 用户程序。

(5) 输入、下载调试用户程序。要求能正确地将所编程序输入 PLC,按照被控设备的动作要求进行模拟调试,达到设计要求。

(6) 在软件模拟调试完成后,断开 PLC 电源,连接输出设备,并经过指导教师检查无误后通电试验,观察程序运行结果。

3. 参考程序

(1) PLC 参考梯形图程序。

参考程序中,各控制开关来自 GOT。M20 是允许／禁止计数开关,M20 为 1 时,允许高速计数模块计数;M20 为 0 时,禁止计数。M21 是加/减计数控制开关,M21 为 1 时,进行加计数;M21 为 0 时,进行减计数。M22 是允许/禁止预设定开关,M22 为 1 时,允许预设定;M22 为 0 时,禁止预设定。M23 为复位错误标志按钮。高速计数的输出存入数据寄存器 D330,并送至 GOT 显示。高速计数系统的 PLC 梯形图程序如图 9.35 所示。

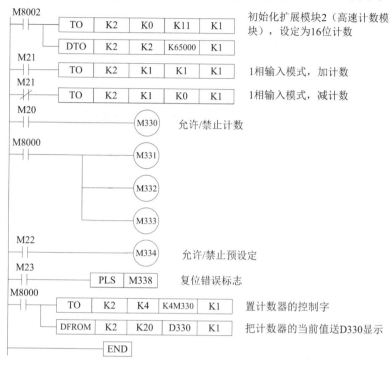

图 9.35　高速计数系统的 PLC 梯形图程序

（2）GOT 参考程序设计。

高速计数控制界面如图 9.36 所示。

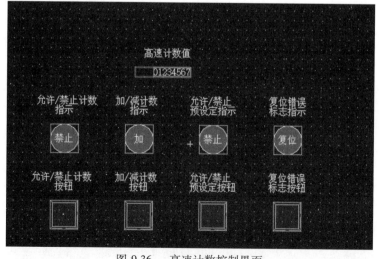

图 9.36　高速计数控制界面

9.5.2 温度检测系统

1. 控制要求

利用温度检测模块,通过外接 Pt100 温度传感器,实现对温度信号的检测和显示。

2. 实训任务

(1) 画出 I/O 接线图,列出 PLC 的 I/O 地址分配表,列写该设计线路的元器件清单,并按 PLC 控制的 I/O 接线图正确地接入输入设备。

(2) 画出温度检测模块的接线图。

(3) 设计实现控制任务的 GOT 程序。

(4) 编写 PLC 用户程序。

(5) 程序输入及调试。要求能正确地将所编程序输入 PLC,按照被控设备的动作要求进行模拟调试,达到设计要求。

(6) 在软件模拟调试完成后,断开 PLC 电源,连接输出设备,并经过指导教师检查无误后通电试验,观察程序运行结果。

3. 参考程序

(1) PLC 参考梯形图程序。

本实训中学习利用温度检测模块采集温度信息,编程将采集的温度数据存入数据寄存器 D300、D301、D302、D303,然后送至 GOT 显示。温度检测系统的 PLC 梯形图程序如图 9.37 所示。

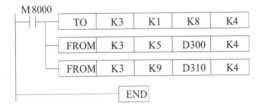

M8000						
	TO	K3	K1	K8	K4	设定扩展模块三的四个通道的平均次数为8
	FROM	K3	K5	D300	K4	把温度模块的四个通道的平均值读入到D300~D3003
	FROM	K3	K9	D310	K4	把温度模块的四个通道的瞬时值读入到D310~D313
			END			

图 9.37 温度检测系统的 PLC 梯形图程序

(2) GOT 参考程序设计。

温度检测系统界面如图 9.38 所示。

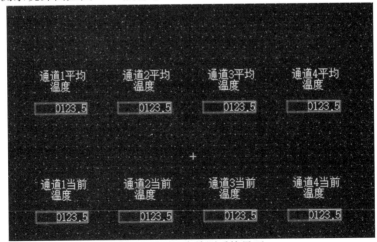

图 9.38 温度检测系统界面

9.6　CC – Link 网络系统应用

9.6.1　网络例程 1

（1）该网络包含一个 FX₃ᵤ – 16CCL – M 作为主站通信模块、一个远程 I/O 从站和一个由 FX₃ᵤ – 64CC 作为从站通信模块构成的智能从站，它们组成一个 CC – Link 网络。各主从站参数设置见表 9.2。

表 9.2　各主从站参数设置

主站	远程 I/O 站	智能设备站 1	
站号:0	站号:1	站号:2,占 2 站	扩展循环:2 倍
远程网络(Ver.2 模式)	远程网络(Ver.1 模式)	远程网络(Ver.2 模式)	

（2）各主从站的缓冲区分配表见表 9.3。

表 9.3　各主从站的缓冲区分配表

主站缓冲区	远程 I/O 站缓冲区	智能设备站 1 缓冲区
#4000H ~ #4001H(RX)	0H ~ 1FH(RX)	
#4002H ~ #4007H(RX)		#64 ~ #69(RX)
#4200H ~ #4201H(RY)	0H ~ 1FH(RY)	
#4202H ~ #4207H(RY)		#120 ~ #125(RY)
#4400H ~ #440FH(RWw)		#176 ~ #191(RWw)
#4C00H ~ #4C0FH(RWr)		#304 ~ #319(RWr)

（3）CC – Link 网络主从站的梯形图程序。

CC – Link 网络主站的梯形图程序如图 9.39 所示。

图 9.39　CC – Link 网络主站的梯形图程序

CC – Link 网络从站 2 的梯形图程序如图 9.40 所示。

把智能从站2的开关状态传送给主站

把主站传送来的开关状态通过智能从站2的Y40~Y47输出

把智能从站2中的数据D50传送到主站

把主站传送来的数据保存到智能从站2的D20寄存器中

图 9.40　CC - Link 网络从站 2 的梯形图程序

（4）触摸屏 GOT 操作界面设计。

图 9.41 所示为 CC - Link 网络主站的操作界面。

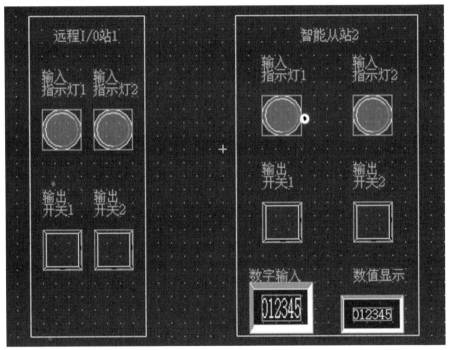

图 9.41　CC - Link 网络主站的操作界面

图 9.42 所示为 CC - Link 网络从站 2 的操作界面。

9.6.2　网络例程 2

（1）该网络包含一个 FX$_{3U}$ - 16CCL - M 作为主站通信模块、一个远程 I/O 从站和两个由 FX$_{3U}$ - 64CC 作为从站通信模块构成的智能从站,它们组成一个 CC - Link 网络。各主从站参数设置见表 9.4。

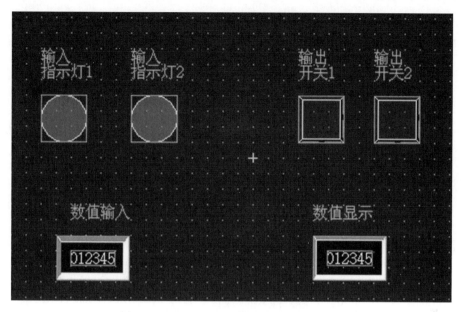

图 9.42　CC – Link 网络从站 2 的操作界面

表 9.4　各主从站参数设置

主站	远程 I/O 站	智能设备站 1	智能设备站 2
站号:0	站号:1	站号:2,占 1 站 扩展循环:2 倍	站号:3,占 2 站 扩展循环:2 倍
远程网络(Ver.2 模式)	远程网络(Ver.1 模式)	远程网络(Ver.2 模式)	远程网络(Ver.2 模式)

（2）各主从站的缓冲区分配表见表 9.5。

表 9.5　各主从站的缓冲区分配表

主站缓冲区	远程 I/O 站缓冲区	智能设备站 1 缓冲区	智能设备站 2 缓冲区
#4000H ~ #4001H(RX)	0H ~ 1FH(RX)		
#4002H ~ #4003H(RX)		#64 ~ #65(RX)	
#4004H ~ #4009H(RX)			#64 ~ #69(RX)
#4200H ~ #4201H(RY)	0H ~ 1FH(RY)		
#4202H ~ #4203H(RY)		#120 ~ #121(RY)	
#4204H ~ #4209H(RY)			#120 ~ #125(RY)
#4400H ~ #4407H(RWw)		#176 ~ #183(RWw)	
#4408H ~ #4417H(RWw)			#176 ~ #191(RWw)
#4C00H ~ #4C07H(RWr)		#304 ~ #311(RWr)	
#4C08H ~ #4C17H(RWr)			#304 ~ #319(RWr)

（3）CC – Link 网络主从站的梯形图程序。

CC – Link 网络主站的梯形图程序如图 9.43 所示。

CC – Link 网络从站 2 的梯形图程序如图 9.44 所示。

CC - Link 网络从站 3 的梯形图程序如图 9.45 所示。

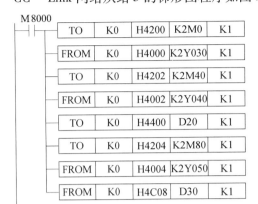

图 9.43　CC - Link 网络主站的梯形图程序

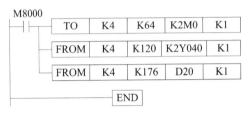

图 9.44　CC - Link 网络从站 2 的梯形图程序

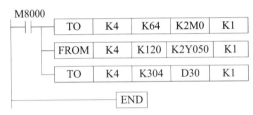

图 9.45　CC - Link 网络从站 3 的梯形图程序

（4）触摸屏 GOT 操作界面设计。

图 9.46 所示为 CC - Link 网络主站的操作界面。

图 9.47 所示为 CC - Link 网络从站 2 的操作界面。

图 9.48 所示为 CC - Link 网络从站 3 的操作界面。

9.6.3　网络例程 3

（1）该网络包含一个 FX_{3U} - 16CCL - M 作为主站通信模块、一个远程 I/O 从站和两个由 FX_{3U} - 64CC 作为从站通信模块构成的智能从站，它们组成一个 CC - Link 网络。各主从站参数设置见表 9.6。

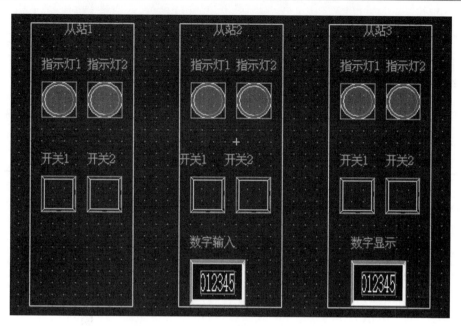

图 9.46　CC – Link 网络主站的操作界面

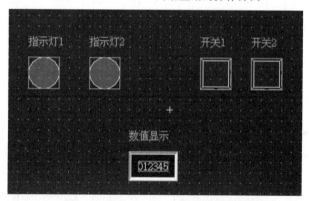

图 9.47　CC – Link 网络从站 2 的操作界面

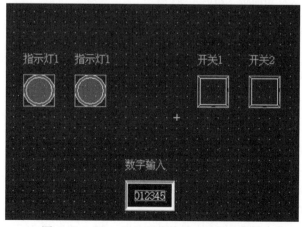

图 9.48　CC – Link 网络从站 3 的操作界面

表 9.6　　各主从站参数设置

主站	远程 I/O 站	智能设备站 1	智能设备站 2
站号:0	站号 1	站号 2,占 2 站 扩展循环:2 倍	站号 4,占 2 站 扩展循环:2 倍
远程网络(Ver.2 模式)	远程网络(Ver.1 模式)	远程网络(Ver.2 模式)	远程网络(Ver.2 模式)

（2）各主从站的缓冲区分配表见表 9.7。

表 9.7　　各主从站的缓冲区分配表

主站缓冲区	远程 I/O 站缓冲区	智能设备站 1 缓冲区	智能设备站 2 缓冲区
#4000H ~ #4001H(RX)	0H ~ 1FH(RX)		
#4002H ~ #4007H(RX)		#64 ~ #69(RX)	
#4008H ~ #400DH(RX)			#64 ~ #69(RX)
#4200H ~ #4201H(RY)	0H ~ 1FH(RY)		
#4202H ~ #4207H(RY)		#120 ~ #125(RY)	
#4208H ~ #420DH(RY)			#120 ~ #125(RY)
#4400H ~ #440FH(RWw)		#176 ~ #191(RWw)	
#4410H ~ #441FH(RWw)			#176 ~ #191(RWw)
#4C00H ~ #4C0FH(RWr)		#304 ~ #319(RWr)	
#4C10H ~ #4C1FH(RWr)			#304 ~ #319(RWr)

（3）CC - Link 网络主从站的梯形图程序。

CC - Link 网络主站的梯形图程序如图 9.49 所示。

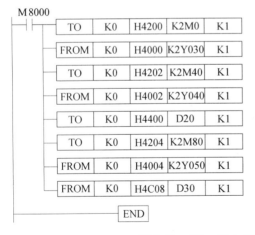

图 9.49　　CC - Link 网络主站的梯形图程序

CC - Link 网络从站 2 的梯形图程序如图 9.50 所示。

CC - Link 网络从站 3 的梯形图程序如图 9.51 所示。

（4）触摸屏 GOT 操作界面设计。

该 CC - Link 网络主站和从站的 GOT 操作界面与上述网络例程 2 是相同的。

图 9.50　CC – Link 网络从站 2 的梯形图程序

图 9.51　CC – Link 网络从站 3 的梯形图程序

思　考　题

9.1 简述 PLC 控制系统设计的基本原则。

9.2 简述 PLC 控制系统设计的一般步骤。

9.3 要求控制一台三相交流异步电动机正／反转、正／反点动、停止,试画出 PLC 的 I/O 接线图及梯形图。

9.4 设计以下梯形图:按一下起动按钮,电动机运行 10 s,停 5 s,重复 5 次后停止。

9.5 使用高速计数模块 FX$_{2N}$ – 1HC 的 A 通道,FX$_{2N}$ – 1HC 模块的位置编号为 2,编制 PLC 程序,每 100 ms 对通道的计数值进行采集,并通过 GOT 显示该计数值。

9.6 使用温度检测模块 FX$_{2N}$ – 4AD – PT 的通道 1 和 2,FX$_{2N}$ – 4AD – PT 模块的位置编号为 3,平均滤波的周期数为 16,数据寄存器 D30 和 D31 用来存放通道 1 和通道 2 的数字量输出平均值,请设计完成实现该任务的程序。

9.7 试构建一个由三菱 FX$_{3U}$ – 32MR、主站模块 FX$_{3U}$ – 16CCL – M、从站模块 AJ65SBTB32 – 8DT(远程 I/O 站)组成的 CC – Link 网络,要求编程实现读取远程 I/O 站的输入,同时输出到远程 I/O 站。

附录 A　《低压电器产品型号编制方法》（JB/T 2930—2007）

类别代号及名称	第一位组别代号及名称																							第二位组别代号及名称									
	A	B	C	D	E	F	G	H	J	K	L	M	N	P	Q	R	S	T	U	W	X	Y	Z	D	G	J	L	R	S	T	X	Z	H
H 空气式开关，隔离器，隔离开关及熔断器组合电器				隔离器		熔断器式隔离器		开关熔断器组（负荷开关）			隔离开关					熔断器式开关	转换隔离器				旋转式开关	其他	组合开关										
R 熔断器								汇流排式			螺旋式	密闭管式					半导体元件保护（快速）	有填料封闭管式			熔断信号器	其他	自复						半导体元件保护（快速）				
D 断路器										真空		灭磁					快速			万能式		其他	塑料外壳式				漏电			可通信	限流		

续表

类别代号及名称	第一位组别代号及名称																							第二位组别代号及名称									
	A	B	C	D	E	F	G	H	J	K	L	M	N	P	Q	R	S	T	U	W	X	Y	Z	D	G	J	L	R	S	T	X	Z	H
K 控制器	控制与保护开关电器						鼓形							平面			凸轮					其他				交流				可通信		直流	
C 接触器		按钮式	电磁式		固态		高压		交流	真空		灭磁		中频			时间					其他	直流		高压	交流							混合式(无弧)
Q 起动器			可编程	漏电					减压							软	手动	通用	油浸	无触点	星三角	其他	综合										
J 控制继电器											电流			频率		热	时间	通用		温度		其他	中间										
L 主令电器		按钮							接近开关	主令控制器							主令开关	足踏开关	旋钮	万能转换开关	行程开关	超速开关											

续表

类别代号及名称	第一位组别代号及名称																							第二位组别代号及名称									
	A	B	C	D	E	F	G	H	J	K	L	M	N	P	Q	R	S	T	U	W	X	Y	Z	D	G	J	L	R	S	T	X	Z	H
Z 电阻器变阻器			旋臂式								励磁		频敏		起动	非线性电力				液体起动	电阻器													
T 自动转换开关电器									接触器式				一体式							万能断路器式			塑壳断路器式							可通信		智能型	
B 总线电器																	接口																
M 电磁铁														牵引						起动		液压	制动			交流				推动器		直流	
P 组合电器																							终端										

续表

类别代号及名称		第一位组别代号及名称																								第二位组别代号及名称								
代号	名称	A	B	C	D	E	F	G	H	J	K	L	M	N	P	Q	R	S	T	U	W	X	Y	Z	G	J	L	R	S	T	X	Z	H
A	其他		保护器	插座	信号灯			电涌保护器(过电压保护器)	接线盒	交流接触器节电器		电铃							插头			电子消弧器	模数化电压表		多功能电子式	交流	漏电	热		可通信		直流	
F	辅助电器						导线分流器			接线端子排																							

注:1.本表系按目前已有的低压电器产品编制的,随着新产品的开发,表内所列汉语拼音大写字母将相应增加;

2.表中第二位组别代号一般不使用,仅在第一位组别代号不能充分表达时才使用。

附录 B FX₃U 系列 PLC 的特殊软元件

说明:用[ ]括起来的[M]、[D]软元件在程序中只能当触点使用,不能执行线圈驱动或写入。未使用的软元件或没有记载的未定义的软元件,请不要在程序上运行或写入。以下是对某些特殊软元件使用时注意事项的说明。

①RUN → STOP 时清除。

②STOP → RUN 时清除。

③电池后备。

④END 指令结束时处理。

⑤适用于 ASC、RS、HEX、CCD。

(1)PLC 状态见表 B - 1

表 B - 1 PLC 状态

PLC 状态			PLC 状态		
编号	名称	备注	编号	名称	备注
[M]8000	RUN 监控	RUN 时为 ON	D8000	监视定时器	初始值 200 ms
[M]8001	RUN 监控	RUN 时为 OFF	[D]8001	PLC 型号和版本	BCD 前 2 位:型号
[M]8002	初始脉冲	RUN 后第 1 个扫描周期为 ON	[D]8002	存储器容量	
[M]8003	初始脉冲	RUN 后第 1 个扫描周期为 OFF	[D]8003	存储器种类	保存内置 RAM、存储盒的种类
[M]8004	出错编号	M8060 ~ M8067 检测为 ON 时接通(62、63 除外)	[D]8004	出错特 M 地址	M8060 ~ M8068
[M]8005	电池电压降低	电池异常低时接通	[D]8005	电池电压	以 0.1 V 为单位
[M]8006	电池电压降低锁存	检出低电压后,锁存其值	[D]8006	电池电压降低后的电压,上电时读入	3.0 V(以 0.1 V 为单位)
[M]8007	瞬停检测		[D]8007	瞬停次数	电源关闭清除
[M]8008	停电检测		D8008	停电检测时间	初始值:10 ms

续表

PLC 状态			PLC 状态		
编号	名称	备注	编号	名称	备注
[M]8009	DC24 V 降低	检测 24 V 电源掉电接通	[D]8009	下降单元编号	失电单元起始编号

（2）时钟见表 B－2。

表 B－2　时钟

时钟			时钟		
编号	名称	备注	编号	名称	备注
[M]8010	不可使用		[D]8010	扫描当前值	以 0.1 ms 为单位，包括常数扫描等待时间
[M]8011	10 ms 时钟	10 ms 周期振荡	[D]8011	最小扫描时间	
[M]8012	100 ms 时钟	100 ms 周期振荡	[D]8012	最大扫描时间	
[M]8013	1 s 时钟	1 s 周期振荡	D8013	秒 0～59 预置或当前值	
[M]8014	1 min 时钟	1 min 周期振荡	D8014	分 0～59 预置或当前值	
M8015	计时停止或预置	实时时钟用	D8015	时 0～23 预置或当前值	
M8016	时间显示停止	实时时钟用	D8016	日 1～31 预置或当前值	
M8017	±30 s 修正	实时时钟用	D8017	月 1～12 预置或当前值	
[M]8018	实时时钟（RTC）检测	一直为 ON	D8018	公历 4 位预置或当前值	
[M]8019	实时时钟（RTC）出错		D8019	星期 0（日）～6（六）预置或当前值	

（3）标志位与输入滤波见表 B－3。

表 B－3　标志位与输入滤波

标志位			输入滤波		
编号	名称	备注	编号	名称	备注
[M]8020	零标志位	运算为 0 时置 1	[D]8020	调整输入滤波器	初始值 10 ms
[M]8021	借位标志位	运算有借位置 1	[D]8021	不可使用	
M8022	进位标志位	运算有进位置 1	[D]8022	不可使用	

续表

标志位			输入滤波		
编号	名称	备注	编号	名称	备注
[M]8023	不可使用		[D]8023	不可使用	
M8024	BMOV 方向指定	FNC 15	[D]8024	不可使用	
M8025	HSC 方式	FNC 53 ~ FNC 55	[D]8025	不可使用	
M8026	RAMP 方式	FNC 67	[D]8026	不可使用	
M8027	PR 方式	FNC 77	[D]8027	不可使用	
M8028	执行 FROM/TO 指令时允许中断	FNC 78,FNC 79	[D]8028	Z0(Z) 寄存器内容	寻址寄存器 Z 的内容
[M]8029	执行指令结束标志	应用命令用	[D]8029	V0(Z) 寄存器内容	寻址寄存器 V 的内容

（4）PLC 方式与模拟电位器见表 B - 4。

表 B - 4　PLC 方式与模拟电位器

PLC 方式			模拟电位器		
编号	名称	备注	编号	名称	备注
M8030	电池 LED 灭灯指令	关闭面板灯④	[D]8030	模拟电位器 VR1 的值(0 ~ 255 的整数值)	
M8031	非保持内存清除	消除元件的 ON/OFF 和当前值④	[D]8031	模拟电位器 VR2 的值(0 ~ 255 的整数值)	
M8032	保持内存清除		[D]8032	不可使用	
M8033	内存保存停止	数据区内容保持	[D]8033	不可使用	
M8034	全禁止输出	外部输出均为 OFF④	[D]8034	不可使用	
M8035	强制 RUN 方式		[D]8035	不可使用	
M8036	强制 RUN 指令	①	[D]8036	不可使用	
M8037	强制 STOP 指令		[D]8037	不可使用	
[M]8038	通信参数设定		[D]8038	不可使用	
M8039	恒定扫描方式	定扫描周期运作	[D]8039	常值扫描时间	初始值 0(以 1 ms 为单位)

（5）步进梯形图见表 B - 5。

表 B - 5　步进梯形图

步进梯形图			步进梯形图		
编号	名称	备注	编号	名称	备注
M8040	禁止转移	为 ON 时禁止状态间转移	[D]8040	ON 状态编号 1	S0 ~ S999 中正在动作状态的最小编号存于 D8040，其他动作的状态号由小到大依次存于 D8041 ~ D8047 中（最多八个）
M8041	开始转移①	IST(FNC 60) 指令用途	[D]8041	ON 状态编号 2	
M8042	启动脉冲		[D]8042	ON 状态编号 3	
M8043	原点回归结束①		[D]8043	ON 状态编号 4	
M8044	原点条件①		[D]8044	ON 状态编号 5	
M8045	禁止所有输出复位		[D]8045	ON 状态编号 6	
[M]8046	STL 状态工作④	S0 ~ S999 工作检测	[D]8046	ON 状态编号 7	
M8047	STL 监视有效④	D8040 ~ D8047 有效	[D]8047	ON 状态编号 8	
[M]8048	信号报警器动作④	S900 ~ S999 工作检测	[D]8048	不可使用	
M8049	信号报警器有效④	D8049 有效	[D]8049	ON 状态最小编号	S900 ~ S999 中 ON 的最小编号

（6）中断禁止与不可以使用的特 D 见表 B - 6。

表 B - 6　中断禁止与不可以使用的特 D

中断禁止			不可使用的特 D		
编号	名称	备注	编号	名称	备注
M8050	为 ON 时，I00□ 禁止	输入中断禁止	[D]8050	不可使用	
M8051	为 ON 时，I10□ 禁止		…		
M8052	为 ON 时，I20□ 禁止		[D]8059		
M8053	为 ON 时，I30□ 禁止		[D]8100		
M8054	为 ON 时，I40□ 禁止		[D]8110		
M8055	为 ON 时，I50□ 禁止		…		
M8056	为 ON 时，I60□ 禁止	定时器中断禁止	[D]8119		
M8057	为 ON 时，I70□ 禁止		[D]8160		
M8058	为 ON 时，I80□ 禁止		…		
M8059	为 ON 时，I010 ~ I060 全禁止	计数器中断禁止	[D]8163		

（7）出错检测见表 B - 7。

表 B - 7　出错检测

编号	名称	备注	编号	名称	备注
[M]8060	I/O 配置出错	PLC 继续运行	[D]8060	出错的 I/O 起始号	M8060
[M]8061	PLC 硬件出错	PLC 停止运行	[D]8061	PLC 硬件出错代码	M8061
[M]8062	PLC/PP 通信出错[通道 0]	PLC 继续运行	[D]8062	PLC/PP 通信出错代码	M8062
[M]8063	串行通信出错[通道 1]	PLC 继续运行②	[D]8063	串行通信出错代码	M8063
[M]8064	参数出错	PLC 停止运行	[D]8064	参数出错代码	M8064
[M]8065	语法出错	PLC 停止运行	[D]8065	语法出错代码	M8065
[M]8066	梯形图出错	PLC 停止运行	[D]8066	梯形图出错代码	M8066
[M]8067	运算出错	PLC 继续运行	[D]8067	运算出错代码②	M8067
[M]8068	运算出错锁存	M8067 保持	[D]8068	运算出错产生的步编号的锁存	M8068
[M]8069	I/O 总线检查	总线检查开始	[D]8069	M8065 ~ M8067 出错产生的步号	②

（8）并联链接见表 B - 8。

表 B - 8　并联链接

编号	名称	备注	编号	名称	备注
M8070	请在主站时驱动②	并联链接功能	[D]8070	判断并联链接错误的时间	默认值 500 ms
M8071	请在子站时驱动②		[D]8071	不可使用	
[M]8072	运行过程中接通		[D]8072	不可使用	
[M]8073	当 M8070/M8071 设定错误时置 ON		[D]8073	不可使用	

（9）采样跟踪见表 B-9。

表 B-9 采样跟踪

采样跟踪			采样跟踪		
编号	名称	备注	编号	名称	备注
[M]8074	不可使用		[D]8074	在计算机中使用了采样跟踪功能时，这些软元件是被可编程控制器系统占用的区域	
[M]8075	准备开始指令	采样跟踪功能	[D]8075		[M]8075 … [M]8079
[M]8076	执行开始指令		…		
[M]8077	执行中监控		[D]8096		
[M]8078	执行结束监控		[D]8097		
[M]8079	采样跟踪系统区域		[D]8098		

（10）RS 指令的计算机链接见表 B-10。

表 B-10 RS 指令的计算机链接

计算机链接(通道1)			计算机链接(通道1)		
编号	名称	备注	编号	名称	备注
[M]8120	不可使用		D8120	设定通信格式③	
[M]8121	发送待机标志位①		D8121	设定站号③	
M8122	发送请求①	RS(FNC 80)指令用途	[D]8122	发送数据的剩余点数①	
M8123	接收结束标志位①		[D]8123	接收点数的监控①	RS指令用途
[M]8124	载波检测标志位		D8124	报头(初始值:STX)	
[M]8125	不可使用		D8125	报尾(初始值:ETX)	
[M]8126	全局 ON		[D]8126	不可使用	
[M]8127	下位通信请求发送中		D8127	指定下位通信请求的起始编号	
M8128	下位通信请求错误标志位	计算机链接(通道1)中	D8128	指定下位通信请求的数据个数	
M8129	下位通信请求字/字节的切换或超时标志位		D8129	设定超时时间	

（11）高速列表见表 B - 11。

表 B - 11　高速列表

高速计数器比较、高速表格			高速计数器比较、高速表格			
编号	名称	备注	编号	名称		备注
M8130	HSZ 指令，表格比较模式	FNC 55	[D]8130	HSZ 指令，高速比较表格计数器		
[M]8131	同上的执行结束标志位		[D]8131	HSZ、PLSY 指令速度型式表格计数器		
M8132	HSZ、PLSY 指令，速度模型模式	FNC 55 FNC 57	[D]8132	低位	HSZ、PLSY 指令速度型式频率	
[M]8133	同上的执行结束标志位		[D]8133	高位		
[M]8134	不可使用		[D]8134	低位	HSZ、PLSY 指令速度型式目标脉冲数	
[M]8135	不可使用		[D]8135	高位		
[M]8136	不可使用		D8136	低位	PLSY、PLSR 输出到 Y0 和 Y1 的累计脉冲数	
[M]8137	不可使用		D8137	高位		
[M]8138	HSCT 指令执行结束标志位	FNC 280	[D]8138	HSCT 指令表格计数器		
[M]8139	高速计数器比较指令执行中	HSCS、HSCR HSZ、HSCT	[D]8139	HSCS、HSCR、HSZ、HSCT 执行中的指令数		
M8140	ZRN 指令，CLR 信号输出功能有效	FNC 156	D8140	低位	PLSY、PLSR 输出到 Y0 的脉冲数	
[M]8141	不可使用		D8141	高位		
[M]8142	不可使用		D8142	低位	PLSY、PLSR 输出到 Y1 的脉冲数	
[M]8143	不可使用		D8143	高位		
M8145	[Y0] 脉冲输出停止指令		D8145	ZRN、DRVI、DRVA 指令偏差速度		初始值:0

续表

编号	名称	备注	编号	名称		备注
	高速计数器比较、高速表格			高速计数器比较、高速表格		
M8146	[Y1]脉冲输出停止指令		D8146	低位	ZRN、DRVI、DRVA 指令最高速度	
[M]8147	[Y0]脉冲输出中的监控	BUSY/READY	D8147	高位		
[M]8148	[Y1]脉冲输出中的监控	BUSY/READY	D8148	ZRN、DRVI、DRVA 指令加减速时间		初始值:100

（12）变频器通信功能见表 B - 12。

表 B - 12　变频器通信功能

编号	名称	备注	编号	名称	备注
	变频器通信功能			变频器通信功能	
[M]8150	不可使用		D8150	变频器通信的响应等待时间(通道1)	
[M]8151	变频器通信中(通道1)		[D]8151	变频器通信中的步编号(通道1)	初始值: - 1
[M]8152	变频器通信错误(通道1)		[D]8152	变频器通信的错误代码(通道1)	
[M]8153	变频器通信错误的锁定(通道1)		[D]8153	变频器通信的错误步锁存(通道1)	初始值: - 1
[M]8154	I VBWR 指令错误(通道1)	FNC 274	[D]8154	出错的参数编号(通道1)或 EXTR 指令的等待时间	
[M]8155	通过 EXTR 指令使用通信端口		D8155	变频器通信的响应等待时间(通道2)	
[M]8156	变频器通信中(通道2)		[D]8156	变频器通信中的步编号(通道2)	初始值: - 1
[M]8157	变频器通信错误(通道2)		[D]8157	变频器通信的错误代码(通道2)	
[M]8158	变频器通信错误的锁存(通道2)		[D]8158	变频器通信的错误步锁存(通道2)	初始值: - 1

续表

变频器通信功能			变频器通信功能		
编号	名称	备注	编号	名称	备注
[M]8159	ⅠVBWR 指令错误（通道 2）		[D]8159	ⅠVBWR 指令中发生错误的参数编号（通道 2）	初始值：- 1

（13）扩展功能见表 B - 13。

表 B - 13　扩展功能

扩展功能			扩展功能					
编号	名称	备注	编号	名称	备注			
M8160	XCH 的 SWAP 功能		[D]8160 ~ [D]8163 不可使用					
M8161	8 位处理模式	16/8 位切换⑤	D8164	指定 FROM、TO 指令的传送点数	M8164			
M8162	高速并联链接模式		[D]8165 ~ [D]8168 不可使用					
[M]8163	不可使用		[D]8169	当前值	存取的限制状态	程序	监控	更改当前值
						读出	写入	
M8164	FROM、TO 指令，传送点数可改变模式							
M8165	SORT2 指令，降序排列			H0000	第二关键字未设定	○	○	○ ○
[M]8166	不可使用			H0010	禁止写入	○	×	○ ○
M8167	HKY 指令，处理 HEX 数据的功能			H0011	禁止读出／写入	×	×	○ ○
M8168	SMOV 指令，处理 HEX 数据的功能			H0012	禁止全部在线操作	×	×	× ×
[M]8169	不可使用			H0020	解除关键字	○	○	○ ○

（14）脉冲捕捉与简易 PC 间链接见表 B - 14。

表 B - 14　脉冲捕捉与简易 PC 间链接

脉冲捕捉／通信端口的通道设定			简易 PC 间链接（设定）		
编号	名称	备注	编号	名称	备注
M8170	输入 X0 脉冲捕捉		［D］8170 ~ ［D］8172 不可使用		
M8171	输入 X1 脉冲捕捉		［D］8173	相应的站号的设定状态	
M8172	输入 X2 脉冲捕捉		［D］8174	通信子站的设定状态	
M8173	输入 X3 脉冲捕捉	②	［D］8175	刷新范围的设定状态	
M8174	输入 X4 脉冲捕捉		D8176	设定相应站号	
M8175	输入 X5 脉冲捕捉		D8177	设定通信的子站数	
M8176	输入 X6 脉冲捕捉		D8178	设定刷新范围	
M8177	输入 X7 脉冲捕捉		D8179	重试的次数	
［M］8178	并联链接通道切换（OFF 为通道 1,ON 为通道 2）		D8180	监视时间	
［M］8179	简易 PC 间链接通道切换		［D］8181	不可使用	

（15）简易 PC 间链接与变址寄存器见表 B - 15。

表 B - 15　简易 PC 间链接与变址寄存器

简易 PC 间链接			变址寄存器		
编号	名称	备注	编号	名称	备注
［M］8180 ~ ［M］8182 不可使用			［D］8182	Z1 寄存器的内容	
［M］8183	数据传送顺控错误（主站）		［D］8183	V1 寄存器的内容	
［M］8184	数据传送顺控错误（1 号站）		［D］8184	Z2 寄存器的内容	
［M］8185	数据传送顺控错误（2 号站）		［D］8185	V2 寄存器的内容	寻址寄
［M］8186	数据传送顺控错误（3 号站）		…	…	存器当
［M］8187	数据传送顺控错误（4 号站）		［D］8194	Z7 寄存器的内容	前值
［M］8188	数据传送顺控错误（5 号站）		［D］8195	V7 寄存器的内容	
［M］8189	数据传送顺控错误（6 号站）		［D］8196	不可使用	
［M］8190	数据传送顺控错误（7 号站）		［D］8197	不可使用	
［M］8191	数据传送顺控执行中		…	不可使用	
［M］8192 ~ ［M］8197 不可使用			［D］8199	不可使用	

（16）计数器加／减计数的计数方向见表 B－16。

表 B－16　计数器加／减计数的计数方向

32 位计数器加／减计数的计数方向		
编号	名称	备注
M8200	驱动 M8□□□ 后,与其对应的计数器 C□□□ 变为减计	
M8201	数;没有驱动 M8□□□ 时,与其对应的 C□□□ 为加计	
…	数(□□□ 为 200 ~ 234)。即:	
M8233	M8□□□ ＝ ON 为减计数;	
M8234	M8□□□ ＝ OFF 为加计数	

（17）高速计数器加／减计数的计数方向见表 B－17。

表 B－17　高速计数器加／减计数的计数方向

高速计数器加／减计数的计数方向		
编号	名称	备注
M8235		
M8236		
…	驱动 M8□□□ 时,1 相 1 计数输入高速计数器 C□□□	
M8244	为减计数,否则为加计数(□□□ 为 235 ~ 245)	
M8245		
[M]8246	1 相 2 计数输入、2 相 2 计数输入高速计数器 C□□□ 为	
[M]8247	减计数模式时,与其对应的 M□□□ 为 ON(□□□ 为	
…	246 ~ 255)。	
[M]8254	ON:减计数	
[M]8255	OFF:加计数	

附录 C FX 系列 PLC 功能指令汇总表

分类	FNC No.	指令助记符	功能	对应可编程控制器		
				FX$_{2N}$	FX$_{2NC}$	FX$_{3U}$
程序流程	00	CJ	条件跳转	√	√	√
	01	CALL	子程序调用	√	√	√
	02	SRET	子程序返回	√	√	√
	03	IRET	中断返回	√	√	√
	04	EI	中断许可	√	√	√
	05	DI	中断禁止	√	√	√
	06	FEND	主程序结束	√	√	√
	07	WDT	监控定时器	√	√	√
	08	FOR	循环区开始	√	√	√
	09	NEXT	循环区终了	√	√	√
传送与比较	10	CMP	比较	√	√	√
	11	ZCP	区域比较	√	√	√
	12	MOV	传送	√	√	√
	13	SMOV	位移动	√	√	√
	14	CML	取反传送	√	√	√
	15	BMOV	成批传送	√	√	√
	16	FMOV	多点传送	√	√	√
	17	XCH	交换	√	√	√
	18	BCD	BCD 转换	√	√	√
	19	BIN	二进制转换	√	√	√

续表

分类	FNC No.	指令助记符	功能	对应可编程控制器		
				FX$_{2N}$	FX$_{2NC}$	FX$_{3U}$
四则逻辑运算	20	ADD	二进制加法	√	√	√
	21	SUB	二进制减法	√	√	√
	22	MUL	二进制乘法	√	√	√
	23	DI V	二进制除法	√	√	√
	24	INC	二进制加一	√	√	√
	25	DEC	二进制减一	√	√	√
	26	WAND	逻辑与	√	√	√
	27	WOR	逻辑或	√	√	√
	28	WXOR	逻辑异或	√	√	√
	29	NEG	补码	√	√	√
循环移位	30	ROR	循环右移	√	√	√
	31	ROL	循环左移	√	√	√
	32	RCR	带进位右移	√	√	√
	33	RCL	带进位左移	√	√	√
	34	SFTR	位右移	√	√	√
	35	SFTL	位左移	√	√	√
	36	WSFR	字右移	√	√	√
	37	WSFL	字左移	√	√	√
	38	SFWR	移位写入	√	√	√
	39	SFRD	移位读出	√	√	√
数据处理	40	ZRST	成批复位	√	√	√
	41	DECO	解码	√	√	√
	42	ENCO	编码	√	√	√
	43	SUM	ON 位数	√	√	√
	44	BON	ON 位判定	√	√	√
	45	MEAN	平均值	√	√	√
	46	ANS	信号报警器置位	√	√	√
	47	ANR	信号报警器复位	√	√	√
	48	SQR	二进制开方	√	√	√
	49	FLT	二进制整数 → 二进制浮点数转换	√	√	√

续表

分类	FNC No.	指令助记符	功能	对应可编程控制器		
				FX$_{2N}$	FX$_{2NC}$	FX$_{3U}$
高速处理	50	REF	输入输出刷新	√	√	√
	51	REFF	滤波调整	√	√	√
	52	MTR	矩阵输入	√	√	√
	53	HSCS	比较置位(高速计数器)	√	√	√
	54	HSCR	比较复位(高速计数器)	√	√	√
	55	HSZ	区域比较(高速计数器)	√	√	√
	56	SPD	脉冲密度	√	√	√
	57	PLSY	脉冲输出	√	√	√
	58	PWM	脉宽调制	√	√	√
	59	PLSR	带加减速的脉冲输出	√	√	√
方便指令	60	1ST	初始化状态	√	√	√
	61	SER	数据查找	√	√	√
	62	ABSD	凸轮控制(绝对方式)	√	√	√
	63	INCD	凸轮控制(增量方式)	√	√	√
	64	TTMR	示教定时器	√	√	√
	65	STMR	特殊定时器	√	√	√
	66	ALT	交替输出	√	√	√
	67	RAMP	斜坡信号	√	√	√
	68	ROTC	旋转工作台控制	√	√	√
	69	SORT	数据排列	√	√	√
外围设备 I/O	70	TKY	10 字键输入	√	√	√
	71	HKY	16 字键输入	√	√	√
	72	DSW	数字开关	√	√	√
	73	SEGD	七段译码	√	√	√
	74	SEGL	七段码时分显示	√	√	√
	75	ARWS	方向开关	√	√	√
	76	ASC	ASCII 码转换	√	√	√
	77	PR	ASCII 码打印输出	√	√	√
	78	FROM	BFM 读取	√	√	√
	79	TO	BFM 写入	√	√	√

续表

分类	FNC No.	指令助记符	功能	对应可编程控制器		
				FX$_{2N}$	FX$_{2NC}$	FX$_{3U}$
外围设备 SER	80	RS	串行数据传送	√	√	√
	81	PRUN	八进制位传送	√	√	√
	82	ASCI	HEX → ASCII 转换	√	√	√
	83	HEX	ASCII → HEX 转换	√	√	√
	84	CCD	校验码	√	√	√
	85	VRRD	电位器读取	√	√	√
	86	VRSC	电位器刻度	√	√	√
	87	RS2	串行数据传送 2	—	—	√
	88	PID	PID 运算	√	√	√
	89	—	—			
浮点数	110	ECMP	二进制浮点比较	√	√	√
	111	EZCP	二进制浮点区域比较	√	√	√
	118	EBCD	二进制浮点 → 十进制浮点转换	√	√	√
	119	EBIN	十进制浮点 → 二进制浮点转换	√	√	√
	120	EADD	二进制浮点加法	√	√	√
	121	ESUB	二进制浮点减法	√	√	√
	122	EMUL	二进制浮点乘法	√	√	√
	123	EDI V	二进制浮点除法	√	√	√
	127	ESOR	二进制浮点开方	√	√	√
	129	INT	二进制浮点 → BIN 整数转换	√	√	√
	130	SIN	浮点 SIN 运算	√	√	√
	131	COS	浮点 COS 运算	√	√	√
	132	TAN	浮点 TAN 运算	√	√	√
	136	RAD	二进制浮点数角度 → 弧度的转换	—	—	√
	147	SWAP	上下字节交换	√	√	√
定位	155	ABS	ABS 现在值读取	—	—	√
	156	ZRN	原点回归	—	—	√
	157	PLS V	可变速的脉冲输出	—	—	√
	158	DRVI	相对位置控制	—	—	√
	159	DRVA	绝对位置控制	—	—	√

续表

分类	FNC No.	指令助记符	功能	对应可编程控制器		
				FX$_{2N}$	FX$_{2NC}$	FX$_{3U}$
时钟运算	160	TCMP	时钟数据比较	√	√	√
	161	TZCP	时钟数据区域比较	√	√	√
	162	TADD	时钟数据加法	√	√	√
	163	TSUB	时钟数据减法	√	√	√
	166	TRD	时钟数据读出	√	√	√
	167	TWR	时钟数据写入	√	√	√
	169	HOUR	计时仪	—	—	√
外围设备	170	GRY	格雷码变换	√	√	√
	171	GBIN	格雷码逆变换	√	√	√
	176	RD3A	模拟块读出	—	—	√
	177	WR3A	模拟块写入	—	—	√
触点比较	224	LD =	(S1) = (S2)	√	√	√
	225	LD >	(S1) > (S2)	√	√	√
	226	LD <	(S1) < (S2)	√	√	√
	228	LD < >	(S1) ≠ (S2)	√	√	√
	229	LD ≤	(S1) ≤ (S2)	√	√	√
	230	LD ≥	(S1) ≥ (S2)	√	√	√
	232	AND =	(S1) = (S2)	√	√	√
	233	AND >	(S1) > (S2)	√	√	√
	234	AND <	(S1) < (S2)	√	√	√
	236	AND < >	(S1) ≠ (S2)	√	√	√
	237	AND ≤	(S1) ≤ (S2)	√	√	√
	238	AND ≥	(S1) ≥ (S2)	√	√	√
	240	OR =	(S1) = (S2)	—	√	√
	241	OR >	(S1) > (S2)	√	√	√
	242	OR <	(S1) < (S2)	√	√	√
	244	OR < >	(S1) ≠ (S2)	√	√	√
	245	OR ≤	(S1) ≤ (S2)	√	√	√
	246	OR ≥	(S1) ≥ (S2)	√	√	√

参 考 文 献

［1］ 王兆义,程志华.可编程序控制器实用技术[M].3 版.北京:机械工业出版社,2018.

［2］ 史国生,曹弋.电气控制与可编程控制器技术[M].4 版.北京:化学工业出版社,2019.

［3］ 廖常初.FX 系列 PLC 编程及应用[M].2 版.北京:机械工业出版社,2012.

［4］ 张兵,蔡纪鹤.电气控制与 PLC 技术[M].北京:机械工业出版社,2022.

［5］ 付华,候利民,周围.电气控制与 PLC[M].北京:电子工业出版社,2016.

［6］ 吴何畏.电气控制与 PLC 技术[M].成都:西南交通大学出版社,2019.

［7］ 覃贵礼.三菱 FX_{2N} - 4DA 模拟量输出模块在变频调速中的应用[J].煤炭技术,2011, 30(8):241-243.

［8］ 张光临,孙守林,王琳,等.基于 PLC 和组态王对三轴机械手控制系统的设计[J].制造业自动化,2018,40(11):93-96.

［9］ 陈永平.基于 CC - Link 总线的 ABB 机器人控制方法研究[J].制造业自动化,2019, 41(1):36-39.

［10］ 朱俊,阮华.推杆装配自动压装机的设计与试验[J].现代制造工程, 2022(3):140-146.

［11］ 熊幸明.电气控制与 PLC[M].2 版.北京:机械工业出版社,2017.

［12］ 陈建明.电气控制与 PLC 应用[M].3 版.北京:电子工业出版社,2014.

［13］ 苗玲玉,韩光坤,殷红.电气控制技术[M].3 版.北京:机械工业出版社,2021.

［14］ 杨后川.三菱 PLC 应用 100 例[M].3 版.北京:电子工业出版社,2017.